Jens Horstmann

# Kontaktlose photoakustische Tomographie

## Realisierung und Evaluation einer optisch-holographischen Detektionsmethode

Author

**Jens Horstmann**
E-mail: jens.b.horstmann@gmail.com

Jens Horstmann

# Kontaktlose photoakustische Tomographie

Realisierung und Evaluation
einer optisch-holographischen
Detektionsmethode

Infinite Science Publishing

# Abstract

Die photoakustische Bildgebung vereint Aspekte der optischen und der Ultraschall-Bildgebung und damit einige der spezifischen Vorteile. Sie basiert auf der Emission von Ultraschall-Druckwellen, die nach gepulster Bestrahlung der Gewebeoberfläche mit Laserlicht durch kurzzeitige Temperaturerhöhung und nachfolgender thermoelastischer Expansion von optischen Absorbern im Innern ausgesandt werden. Nach Detektion der Druckwellen an der Oberfläche können diese inneren Absorberstrukturen rekonstruiert werden. Die spezifische Absorption von Gewebechromophoren wie Hämoglobin, Melanin oder Lipiden ermöglicht auf diese Weise die kontrastreiche Darstellung von Gewebestrukturen wie Blutgefäßnetzwerken, Nerven oder Tumoren in großen Tiefen von mehreren Millimetern bis hin zu Zentimetern. Weiterhin können physiologische Parameter wie die Sauerstoffsättigung der Bildinformation überlagert werden. Durch diese Eigenschaften kann die photoakustische Bildgebung potenziell zu einer klinisch relevanten Bildgebungsmodalität werden.

Insbesondere die Detektion der akustischen Wellen ist sehr anspruchsvoll. Häufig kommen hierfür piezoelektrische Sensoren zum Einsatz, die für eine hohe Auflösung als Einzelelement zusammen mit einem punktuellen Anregungsstrahl über die Objektoberfläche gerastert werden. Hierdurch liegen die Aufnahmezeiten häufig bei mehreren Minuten, weshalb hochaufgelöste photoakustische in vivo Bilder in der Regel am narkotisierten Tier aufgenommen werden. Alternativ werden Sensor-Arrays verwendet. Hiermit kann die Datenaufnahme erheblich beschleunigt werden. Eindimensionale Arrays ermöglichen jedoch nur ein Schnittbild. Zweidimensionale Arrays zur simultanen Aufnahme eines Volumens schatten das Anregungslicht ab und sind zudem für eine bestimmte Objektgröße ausgelegt und somit unflexibel in der Anwendung. Zudem erfordern piezoelektrische Sensoren grundsätzlich akustischen Kontakt, was bei sensiblen medizinischen Anwendungen hinderlich sein kann. Statt der Druck messenden piezoelektrischen Schallwandler können optische Sensoren verwendet werden. Diese arbeiten in der Regel kontaktfrei und detektieren stattdessen die akustische Auslenkung der freien Gewebeoberfläche. Zur Aufnahme eines photoakustischen Bildes muss jedoch der Detektionsstrahl ebenfalls über die Oberfläche des Objektes gerastert werden, was lange Akquisitionszeiten zur Folge hat.

Im Rahmen dieser Arbeit wird erstmalig ein optischer Detektionsansatz für die photoakustische Bildgebung präsentiert, der alle lateralen Punkte des Messfeldes simultan erfasst. Hierfür wird die freie Gewebeoberfläche mit einem zusätzlichen Laser flächig beleuchtet und auf den Sensor einer Hochgeschwindigkeitskamera abgebildet. Durch die Adaption von Verfahren aus der holographischen Interferometrie können die betragsmäßig sehr geringen Auslenkungen im Nanometerbereich detektiert werden. In einem repetitiven Messablauf wird die Oberfläche in ihren verschiedenen zeitlichen Stadien vermessen. Hierfür werden einige hundert Interferogramme aufgezeichnet. Durch den Einsatz von Komponenten, die mit einigen Kilohertz Repetitionsrate arbeiten, geschieht die gesamte Datenaufnahme in einem Bruchteil einer Sekunde. Dabei ist die Größe des Detektionsfeldes über optische Vergrößerung skalierbar.

Zur Evaluation der flächig messenden kontaktlosen photoakustischen Tomographie wird ein experimenteller Aufbau realisiert und in seiner Leistungsfähigkeit analysiert. Ein besonderes Augenmerk liegt hierbei auf der Sensitivität der Messung, da das Signal-Rausch-Verhältnis (SNR) entscheidend für die Qualität und Auflösung der Rekonstruktion ist. Die erreichbare Sensitivität wird zunächst analytisch abgeschätzt und anschließend experimentell verifiziert. In den photoakustischen Experimenten kommen Gewebephantome zum Einsatz, die aus einem Silikongemisch, welches in den optischen Eigenschaften an die menschliche Haut angepasst wird, oder Schweinehaut bestehen. Aufgrund der guten Analysierbarkeit werden zunächst Kugelabsorber in einer streuenden Silikonumgebung vermessen und die zeitliche Änderung der Oberfläche wird analysiert. Um Detektionsgrenzen auszuloten, werden in einer Parameterreihe die Absorber in ihrer Absorption, ihrem Durchmesser und ihrer Tiefe innerhalb der Phantome variiert. Die Qualität der Rekonstruktionen kann so in Abhängigkeit des SNR der Einzelmessungen und der zugrunde liegenden Parameter analysiert werden. Um den Einfluss der Umgebung zu vergleichen, werden identische Absorber in Schweinehaut eingebettet, vermessen und rekonstruiert. Zur Simulation von Blutgefäßen werden weiterhin Mikroschläuche aus Silikon, die mit absorbierendem flüssigem Silikon gefüllt werden, in verschiedenen Tiefen eingebettet.

Die Experimente zeigen, dass die kontaktlose photoakustische Bildgebung mit Akquisitionszeiten im Millisekundenbereich möglich ist. Es können Strukturen mit Durchmessern bis hinunter zu 640 µm und Tiefen bis zu 3 mm abgebildet werden. Abschätzungen zeigen, dass bei optimierten Messparametern Blutgefäße in Haut potenziell im gleichen Rahmen abgebildet werden können. Limitierend ist die im Vergleich zur piezoelektrischen Detektion geringere Sensitivität, welche sich jedoch in Anbetracht der hohen Pixelrate relativiert. Durch laterale und zeitliche Mittelung sind Sensitivitäten erreichbar, die in der gleichen Größenordnung liegen wie herkömmliche Detektionsverfahren. Die Anwendung ohne jeden physischen Kontakt zum Objekt ist aus medizinischer Sicht vorteilhaft und eröffnet prinzipiell die Adaption an ein Operationsmikroskop oder Endoskop. Durch Skalierung des Detektionsfeldes sind Bildgröße und -auflösung einstellbar. Der Zeitgewinn durch die simultane Aufnahme aller Bildpunkte beträgt mehrere Größenordnungen, was für die in vivo Bildgebung einen signifikanten Vorteil darstellt. Das Messprinzip ist zum EU- und US-Patent angemeldet (EP 2774530 / US 20140247456).

# Inhaltsverzeichnis

# 1 Einleitung

Vor 120 Jahren entdeckte Wilhelm C. Röntgen die nach ihm benannte Strahlung und revolutionierte damit die medizinische Diagnostik. Röntgenstrahlung durchdringt biologische Materie und ermöglichte seinerzeit die erste zerstörungsfreie Darstellung innerer anatomischer Strukturen als Durchlichtaufnahme. Im Jahre 1901 erhielt er für seine Entdeckung den ersten Nobelpreis für Physik. Röntgen und nachfolgende Forschergenerationen blieben fortan bestrebt, immer bessere und spezifischere Methoden für Aufnahmen des Körperinneren zu entwickeln. Durchsetzen konnten sich Methoden, die Dinge sichtbar machen, die zuvor unsichtbar waren und somit neuen, praktischen Nutzen erzeugen. Im Laufe der Zeit haben sich vor allem auf Ultraschall, Licht, Kernspinresonanz und auf nuklearen Prozessen basierende Bildgebungsverfahren in ihren ganz unterschiedlichen klinischen Disziplinen etabliert (Kramme 2007).

Klinisch weit verbreitet ist die Ultraschallbildgebung (US). Diese basiert auf der Aussendung von Ultraschallwellen in Gewebe und anschließender Detektion von im Inneren reflektierter Anteile der Wellen. Da Ultraschallwellen in Gewebe einer nur moderaten Streuung unterliegen, ist eine hohe Eindringtiefe von bis zu 20 cm möglich. Die Auflösung dieses Verfahrens ist durch die vergleichsweise große Wellenlänge der Ultraschallwellen begrenzt und nimmt mit zunehmender Tiefe aufgrund der Dämpfung des Gewebes ab. Prinzipiell einschränkend ist der geringe Kontrast dieses Verfahrens, der auf akustischen Impedanzdifferenzen verschiedener Gewebebestandteile beruht. Diese sind besonders im Fall verschiedener Weichgewebearten meist gering, sodass die erreichbare Spezifität oft keine sichere Differenzierung erlaubt.

Eine wesentlich höhere Auflösung und Spezifität wird mit optischen Methoden wie der Lichtmikroskopie, der Multiphotonenbildgebung oder der Optischen Kohärenztomographie (OCT) erreicht. Die wesentlich kürzeren Wellenlängen elektromagnetischer Strahlung im sichtbaren und infraroten Spektralbereich ermöglichen eine Auflösung bis in den Submikrometerbereich. Begrenzend ist die geringe Eindringtiefe optischer Strahlung, die durch die hohe Lichtstreuung im Gewebe limitiert ist. Tritt Licht durch eine Schicht von einigen hundert Mikrometern, haben bei den meisten Gewebearten nur noch wenige Photonen ihre ursprüngliche Richtungsinformation. Dies macht optische Bilder aus größeren Tiefen unscharf. Mit konfokalen Abbildungsoptiken lassen sich ballistische, d.h. nicht mehrfach gestreute Photonen bevorzugen. Hiervon macht z.B. die OCT Gebrauch und ermöglicht die Bildgebung streuender Medien in Tiefen um einen Millimeter. Bei höheren Anforderungen an die Eindringtiefe oder Spezifität, z.B. bei der Abbildung von Blutgefäßen in tieferen Gewebeschichten, stoßen optische und US-Ansätze an ihre Grenzen.

Ein neuartiger hybrider Ansatz ist die photoakustische Bildgebung. Diese kombiniert Aspekte optischer und akustischer Verfahren und vereint damit auch einige der spezifischen Vorteile (Beard 2011). Hierbei wird Gewebe mit gepulster Laserstrahlung angeregt. Das Licht breitet sich aus, wobei je nach Gewebeart und verwendeter Wellenlänge eine Tiefe von mehreren Zentimetern erreicht werden kann. Wenn die Strahlung lokal absorbiert wird, reagiert das absorbierende Volumen mit Temperaturerhöhung, Druckerhöhung und thermoelastischer Expansion. Die kurzzeitige Temperaturerhöhung bei der photoakustischen Anregung beträgt typischerweise nur einige hundert Millikelvin. Die entstehenden akustischen Wellen mit einer Druckamplitude von einigen Kilopascal propagieren durch das umliegende Gewebe und können an dessen Oberfläche mithilfe von Ultraschallwandlern gemessen werden. Mittels Laufzeitanalysen und Rekonstruktionsalgorithmen kann anschließend auf innere Strukturen zurückgerechnet werden, um zweidimensionale Tiefenschnittbilder oder dreidimensionale Volumendarstellungen zu erzeugen.

Ein Vorteil der photoakustischen gegenüber der klassischen US-Bildgebung ist, dass die endogene Emission von akustischen Wellen auf spezifischer Absorption basiert und aufgrund bekannter Spektren den emittierenden Gewebebestandteilen zugeordnet werden kann. Voraussetzung ist, dass zur Anregung eine Wellenlänge verwendet wird, bei der die Zielstruktur, z.B. das Hämoglobin in den Blutgefäßen, stark absorbiert und die Umgebung und andere hierin vorhandene Stoffe möglichst schwach absorbieren. Gegenüber rein optischen Verfahren hebt sich die photoakustische Bildgebung durch eine höhere erreichbare Tiefe von je nach Anwendung mehreren Millimetern bis hin zu fünf Zentimetern (Kim et al. 2010b) ab, da auch gestreute Photonen absorbiert werden und zur Bildentstehung beitragen.

Zur Detektion werden wie in der klassischen US-Bildgebung häufig piezoelektrische Detektoren eingesetzt, welche als Einzelelement rasternd über die Gewebeoberfläche gefahren werden und die Daten Punkt für Punkt aufnehmen. Dies bringt lange Akquisitionszeiten von häufig mehreren Minuten mit sich. Werden mehrere Detektoren zu einem Array zusammengeschaltet, lässt sich die Akquisitionszeit verkürzen. Mit einer eindimensionalen Detektorlinie können prinzipiell alle zur Erhebung eines Tiefenschnittbilds nötigen Daten simultan gemessen werden, mit einem zweidimensionalen Array alle Daten für ein Volumen. Einschränkend hierbei ist die feste Geometrie, die auf eine bestimmte Objektgröße ausgelegt ist und einer universellen Verwendung im Wege steht. Zudem ist bei der Verwendung piezoelektrischer Detektoren grundsätzlich akustischer Kontakt zur Objektoberfläche nötig, was bei sensiblen medizinischen Anwendungen wie der Untersuchung verletzter Haut oder des offenen Gehirns hinderlich sein kann.

Seit den 1990er Jahren hat die Forschung an der photoakustischen Bildgebung große Fortschritte gemacht und stellt aktuell mit mehreren hundert Veröffentlichungen im Jahr eines der größten Forschungsgebiete in der biomedizinischen Bildgebung dar. Trotz dem die Photoakustik das Potenzial hat, aktuelle Limitierungen von Ultraschall und optischen Bildgebungsverfahren hinsichtlich Eindringtiefe und Kontrast zu durchbrechen, ist eine Etablierung als neue Bildgebungsmodalität bisher nicht gelungen. Dies kann auf die genannten Einschränkungen bezüglich der Detektion der Ultraschallsignale zurückzuführen sein.

In dieser Arbeit wird ein neues photoakustisches Detektionskonzept erstmalig realisiert (Horstmann und Brinkmann 2013; Horstmann und Brinkmann 2014; Horstmann et al. 2015). Mithilfe optischer Messtechnik werden Auslenkungen der Objektoberfläche abgetastet, die bei Eintreffen der akustischen Wellen aus dem Objektinneren entstehen (Abbildung 1). Die Auslenkungen betragen nur wenige Nanometer (Payne et al. 2003; Rousseau et al. 2012; Speirs und Bishop 2013). Die zur Messung nötige Sensitivität wird mit einem interferometrischen Ansatz erreicht. Da hierbei eine Hochgeschwindigkeitskamera als Flächensensor zum Einsatz kommt, können alle Punkte der Fläche simultan detektiert werden. Die Akquisitionsgeschwindigkeit kann so auf weit unter eine Sekunde für ein Volumen verringert werden. Weiterhin ist die Größe des Messfeldes durch die optische Abbildung skalierbar. Photoakustische Bilder können zudem ohne physikalischen Kontakt zur Oberfläche aufgenommen werden.

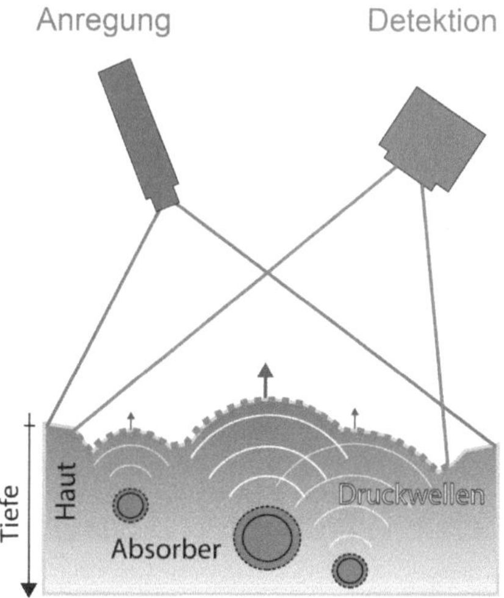


Abbildung 1: *Prinzipskizze zur kontaktlosen photoakustischen Tomographie*

Im Laufe dieser Arbeit wird zunächst auf den Stand der Technik der Photakustischen Bildgebung und der optischen Messung von Oberflächen eingegangen. Die zum Verständnis der Arbeit nötigen Grundlagen der Messtechnik und Photoakustik werden dargelegt und zwei verschiedene Rekonstruktionsansätze beschrieben. Im Methodenteil wird der experimentelle Aufbau und seine wesentlichen Komponenten vorgestellt und charakterisiert und die praktische Umsetzung der Messung von photoakustisch induzierten Oberflächenauslenkungen erläutert. Die erreichbare Genauigkeit der Messung wird modelliert und experimentell verifiziert. Es folgt die Darstellung systematischer Messreihen an Gewebephantomen aus Silikon und Schweinehaut. Tomographische Rekonstruktionen der Messungen werden auf ihre Qualität in Abhängigkeit des zugrundeliegenden Signal-Rausch-Verhältnisses der Messung analysiert. Aufgrund der festgestellten Grenzen der Methodik kann die Anwendung für die in vivo Bildgebung abgeschätzt werden.

# 2 Stand der Technik und Motivation

## 2.1 Photoakustische Bildgebung

Die Umwandlung von Licht in Schall wird als der photoakustische Effekt bezeichnet und wurde bereits im vorletzten Jahrhundert von Alexander Graham Bell (1880) beschrieben. Er bemerkte die Entstehung von Schall, als er Sonnenlicht in der Intensität modulierte und auf eine absorbierende Metallplatte fokussierte und führte dies auf thermoelastische Expansion des bestrahlten Materials zurück. Seine darauf basierenden Ideen für technische Entwicklungen konnten sich jedoch nicht durchsetzen, vermutlich auch weil seinerzeit entsprechende akustische Detektoren nicht verfügbar waren. Mit präziser werdenden akustischen Messinstrumenten machte man sich später vereinzelt den photoakustischen Effekt zu Nutzen, beispielsweise in der Gasanalytik (Viengerov 1938). Kurz nach der Erfindung des Lasers Mitte des letzten Jahrhunderts griffen Wissenschaft und Industrie den Effekt wieder vermehrt auf (White 1963; Tam 1986). Mithilfe gerichteter, monochromatischer und gepulster Strahlung mit hohen Spitzenenergien konnte die photoakustische Konversion effektiv angewendet und weiter erforscht werden. Es folgten Untersuchungen von Flüssigkeiten und Feststoffen mittels Photoakustik (Sigrist und Kneubühl 1978; Patel und Tam 1981). Auch biologische Materialien wurden Gegenstand photoakustischer Untersuchungen (Rosencwaig 1973; Kruger 1994). Die ersten tomografischen Bilder aus dem biomedizinischen Bereich wurden von Kruger et al. (1995) veröffentlicht.

### 2.1.1 Vorklinische und potenzielle klinische Anwendungen

Der Kontrast in photoakustischen Bildern beruht auf optischer Absorption. Darstellbar sind Strukturen, welche sich in der Absorption von ihrer Umgebung abheben. Endogene optische Absorber in Gewebe sind im Wesentlichen Hämoglobin, Melanin und Fett (Beard 2011; Wang und Hu 2012). Im Folgenden werden einige vorklinische und potenzielle klinische Anwendungen aufgeführt, die im Stand der Technik diskutiert werden. Die Beschreibung der entsprechenden Bildgebungskonzepte und beispielhafte photoakustische Bilder folgen im nächsten Abschnitt.

Naheliegendes Ziel ist die Darstellung von Strukturen in der Haut, da diese gut erreichbar ist und die Anforderungen an die Eindringtiefe innerhalb der Möglichkeiten der photoakustischen Bildgebung liegen. Hier können dermale und subdermale Gefäßnetzwerke visualisiert werden (Niederhauser et al. 2005; Hu und Wang 2010). Funktional kann die Sauerstoffsättigung (Zhang et al. 2006c; Hu et al. 2009) und der Blutfluss (Yao et al. 2010) in vivo untersucht werden. Hierfür wird multispektrale Anregung ähnlich der Pulsoxymetrie bzw. modulierte Anregung ähnlich dem Doppler-US eingesetzt.

Im dermatologischen Bereich können pigmentierte Hautanomalien wie Feuermale oder Muttermale (Naevi) abgebildet werden. (Favazza et al. 2011; Breathnach et al. 2015). Schwarze Hauttumore (Melanome) lassen sich ebenfalls untersuchen, sie unterscheiden sich jedoch in ihrer spektralen Absorption kaum von anderen Naevi, was dessen Unterscheidung erschwert.

Möglichkeiten der Abgrenzung werden in der Literatur diskutiert (Garcia-Uribe et al. 2011), hilfreich erscheint die Markierung mit sich anlagernden Nanopartikeln (Kim et al. 2010a). Der Fortschritt von Wundheilungsprozessen ist über die Oxygenierung beobachtbar (Tandara und Mustoe 2004).

Bei Hautverletzungen durch Verbrennung oder Verätzung, die einen Abtrag des nekrotischen Gewebes und anschließende Hauttransplantation erfordern, kann durch Analyse der Oxygenierung bestimmt werden, bis in welche Hautschichten die Verletzung reicht (Zhang et al. 2006d; Aizawa et al. 2008). Später ist transplantierte Haut auf Funktionalität prüfbar (Yamazaki et al. 2006). Für die plastische Chirurgie kann die photoakustische Detektion von Nerven nützlich sein. Als Kontrast erzeugender Absorber dient hier die lipidhaltige Myelinschicht, die Nerven umgibt (Matthews et al. 2014).

Ein vielversprechender Zweig ist die photoakustische Mammografie (Esenaliev et al. 1997; Oraevsky et al. 1999; Manohar et al. 2005; Kruger et al. 2010). Ein Vorteil gegenüber der Röntgen-Mammographie besteht darin, dass keine ionisierende Strahlung und kein Kontrastmittel verwendet wird. Entscheidend ist hier die erhöhte Gefäßdichte durch das Neuwachstum von Gefäßen (Angiogenese) in Tumorbereichen, die zum Absorptionskontrast zwischen malignem und normalem Gewebe führt. In einer Studie von Heijblom et al. (2012) wurden 12 Patientinnen untersucht und das Vorkommen, die Größe und der Umriss photoakustisch detektierter Anomalien mit Aufnahmen herkömmlicher Methoden wie Magnetresonanztomographie oder Röntgenmammographie verglichen. Es wird der Tumorkontrast ausgewertet, der als das photoakustische Signal, welches in einer Region einen bestimmten Schwellwert überschreitet, gegenüber dem mittleren Signal im gesamten Volumen definiert wird. Es konnte nachgewiesen werden, dass der mittels Photoakustik erreichbare Tumorkontrast signifikant höher ist als bei der klassischen Röntgen-Mammografie und eine Abgrenzung von Tumoren gegenüber Zysten möglich ist. Eine in der Veröffentlichung befindliche Studie von 2015 berichtet von der Untersuchung von 31 Patientinnen mit malignen Brusttumoren, wobei 30 Tumore mit einem mittleren Kontrast von 3,6 photoakustisch erkannt werden konnten.

Das Auge als transluzentes Organ gestattet die Anwendung am Augenhintergrund. Mit photoakustischer Messtechnik kann bei der retinalen Photokoagulation die Temperaturerhöhung im Bestrahlungspunkt in Echtzeit bestimmt werden. Dies macht eine gezielte Dosimetrie unabhängig von der lokal variierenden Absorption möglich, um gezielte Therapieeffekte zu erreichen (Brinkmann et al. 2012). Weitere ophthalmologische Anwendungen sind photoakustische Darstellungen retinaler (Jiao et al. 2010) und cornealer (Liu et al. 2014) Blutgefäße.

In der vorklinischen Forschung wird vielfach die multispektrale photoakustische Bildgebung eingesetzt. Kommerziell erhältliche Kleintiertomographen ermöglichen Schnittbilder durch den ganzen Körper. Dies ermöglicht insbesondere die funktionale Analyse von Organen, Tumoren und Metastasen (Merčep et al. 2015). Eine funktionale Darstellung des Gehirns ist am Kleintier durch Haut und Schädeldecke möglich (Wang et al. 2003a). In der Hirnforschung sind hämodynamische Prozesse nach Stimulation verfolgbar (Wang et al. 2003b). Epileptische Anfälle lassen sich am Tiermodell im Gehirn beobachten, was die Entwicklung neuer Therapien ermöglichen kann (Zhang et al. 2008b). Die Auswirkung verschiedener herbeigeführte Veränderungen am Gehirn, z.B. ein ischemischer Schlaganfall, können ebenfalls funktional betrachtet werden (Yang et al. 2007). Die Abbildung der Oxygenierung von Hirntumoren ermöglicht eine Abschätzung des Tumorstadiums, da nekrotische Bereiche nicht mit Sauerstoff versorgt werden (Burton et al. 2013). Durch den Einsatz von exogenen Kontrastmitteln wie Farbstoffmolekülen oder Nanopartikeln, die sich selektiv an Enzyme oder Proteine anlagern, kann die Ursache spezifischer Erkrankungen erforscht werden (Yang et al. 2009).

### 2.1.2 Bildgebungskonzepte

Ansätze aus dem Stand der Technik unterscheiden sich im Wesentlichen hinsichtlich der erreichbaren Eindringtiefe und Auflösung. Diese beiden Parameter hängen in der photoakustischen (wie auch in der klassischen akustischen) Bildgebung direkt zusammen (Beard 2011). Einerseits ist die Zentralfrequenz der photoakustisch erzeugten, transienten Druckwellen in inverser Weise von der Dimension des Absorbers abhängig. Kleine Strukturen verursachen hohe Zentralfrequenzen (Kolkman et al. 2004). Andererseits nimmt die Dämpfung akustischer Signale bei Propagation an die Oberfläche mit höherer Frequenz zu. Die erreichbare Auflösung ist somit tiefenabhängig. Ein Bildgebungskonzept kann entweder auf eine höhere Auflösung oder eine höhere Eindringtiefe abzielen.

Weiterhin gibt es unterschiedliche Konzepte für die Datenakquisition. Diese lassen sich in zwei unterschiedlichen Ausführungen klassifizieren, der photoakustischen Mikroskopie (PAM) und der photoakustischen Tomographie (PAT). Bei der PAM wird wiederum zwischen der optisch-aufgelösten PAM (engl. optical resolution / OR-PAM) und der akustisch-aufgelösten PAM (engl. acoustical resolution / AR-PAM) unterschieden. Die verschiedenen Ansätze werden im Folgenden vorgestellt und beispielhafte Implementierungen aus dem Stand der Technik gezeigt.

**OR-PAM**  Merkmal der hochauflösenden OR-PAM ist die scharf fokussierte Anregung und Detektion (Abbildung 2, Wang und Hu 2012). Der Anregungsstrahl wird auf einen möglichst kleinen Punkt von wenigen Mikrometern Größe auf der Objektoberfläche fokussiert. Durch die Lichtausbreitung wird ein Volumen unterhalb dieses Punktes ausgeleuchtet und Absorber innerhalb des Volumens angeregt. Da Anregung und Detektion im gleichen Punkt erfolgen, müssen die erzeugten Schallwellen zwecks Detektion vom optischen Strahlengang getrennt werden. Dies wird häufig durch einen Strahlteiler gelöst, der den Schall durch eine reflektierende Schicht aus geeignetem Material (z.B. Silikonöl) seitlich auskoppelt und zum Detektor lenkt. Das Anregungslicht hingegen wird transmittiert. Zur Detektion kommen hochfrequent empfindliche piezoelektrische Druckwandler mit einer Mittenfrequenz von z.B. 75 MHz zum Einsatz, die akustischen Kontakt zur Objektoberfläche erfordern. Die Detektion ist bei der OR-PAM mit einer akustischen Linse ausgestattet, die eine erhöhte Empfindlichkeit im Bereich des angeregten Volumens bewirkt. Mit dem Wissen, dass empfangene Schallsignale nur im ange-

regten Volumen erzeugt worden sein können, ergibt sich die laterale Auflösung mit der Größe
dieses Volumens bzw. mit dem Überschneidungsbereich von Anregungsvolumen und fokussier-
tem Detektionsbereich. Die Unterscheidung verschiedener Tiefen wird über Laufzeitmessungen
vorgenommen. Verglichen mit der Ausbreitung des Schalls spielt die optische Laufzeit keine
Rolle, sodass praktisch alle im Volumen vorhandene Absorber gleichzeitig angeregt werden. Da
der Zeitpunkt der Anregung bekannt ist, kann über die Ausbreitungsgeschwindigkeit die Tiefe
einer Schallquelle durch Messung der Ankunftszeit eines transienten Drucksignals bestimmt
werden. Die axiale Auflösung hängt demnach von der Abtastrate des Detektors ab. Die OR-
PAM stellt die Ausführung mit der höchsten Ortsauflösung dar. Aufgrund der fokussierten
Anregung und der hohen Dämpfung der hochfrequenten akustischen Signale ist die Eindringtiefe jedoch stark begrenzt und kommt über die von optischen Verfahren wie OCT nicht hinaus.
Typische Werte sind eine laterale Auflösung von 5 µm bei einer Eindringtiefe von weniger als
einem Millimeter. Die Akquisitionszeit liegt aufgrund der punktweisen Detektion, die ein Ab-
rastern der Oberfläche erfordert, bei mehreren Minuten (Maslov et al. 2008). Abbildung 2 zeigt
einen prinzipiellen Aufbau sowie die photoakustische Abbildung des Gefäßnetzes im Mäuseohr
als Intensitätsprojektion entlang der Tiefenachse (Maximumintensitätsprojektion, MIP).

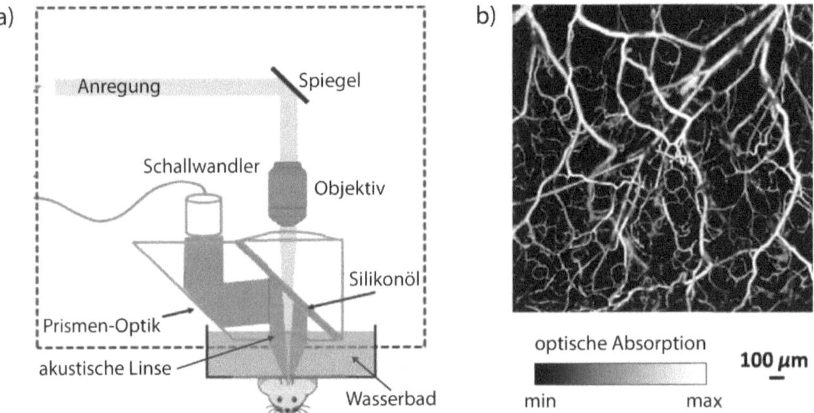


Abbildung 2: *a) Prinzipieller Aufbau zur OR-PAM. Der Anregungsstrahl wird durch das Objektiv
auf die Objektoberfläche fokussiert. Erzeugte Schallwellen werden durch den Strahlteiler mit der Schall
reflektierenden Schicht Silikonöl seitlich ausgekoppelt und mit der Prismen-Optik zum Schallwandler
gelenkt. Eine akustische Linse erhöht die Empfindlichkeit der Detektion im Bereich des angeregten
Volumens. Akustischer Kontakt wird über ein Wasserbad zwischen Strahlteiler und Objektoberfläche
hergestellt. Während der Aufnahme bleibt das Objekt ruhend, die gesamte umrandete Einheit wird
über der Oberfläche verfahren. b) Photoakustische Abbildung des Gefäßnetzes im Mäuseohr als MIP.
(Abbildungen nach Hu und Wang 2010)*

**AR-PAM**  Das Prinzip der AR-PAM ist dem der OR-PAM sehr ähnlich, verzichtet jedoch auf
eine starke optische Fokussierung bei der Anregung, wodurch die Strahlung tiefer eindringen

kann und Absorber in einem größeren Volumen anregt werden. Der Schallwandler befindet sich über dem zu messenden Bildpunkt im direkten akustischen Kontakt und ist moderat fokussiert. Das Anregungslicht wird in Richtung des zu detektierenden Punktes seitlich am Detektor vorbei oder ringförmig um den Detektor herum appliziert. Ziel der AR-PAM ist die Abbildung von z.B. Blutgefäßen aus Tiefen von mehreren Millimetern. Über die Wahl der Mittenfrequenz des Detektors kann die Auflösung im Zusammenspiel mit der Eindringtiefe in Grenzen skaliert werden. So führt z.B. ein Schallwandler mit einer Mittenfrequenz von 50 MHz zu einer lateralen Auflösung von 45 µm bei 3 mm Eindringtiefe (Zhang et al. 2006a) und ein 5 MHz-Schallwandler zu einer lateralen Auflösung von 560 µm bei 38 mm Eindringtiefe (Song und Wang 2007). Abbildung 3 zeigt das Prinzip der AR-PAM und das photoakustische Bild der subkutanen Gefäße einer Ratte.

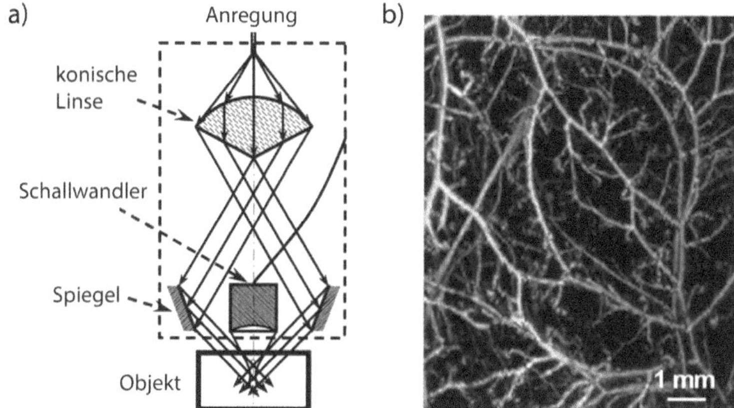


Abbildung 3: *a) Prinzipieller Aufbau zur AR-PAM. Der Schallwandler befindet sich im akustischen Kontakt direkt über dem zu detektierenden Punkt. Der Anregungsstrahl wird über die konische Linse und den ringfömigen Spiegel leicht fokussiert auf einen Ring um den Schallwandler herum abgebildet. Eine akustische Linse erhöht die Empfindlichkeit der Detektion im Bereich des angeregten Volumens. b) Photoakustische Abbildung des subkutanen Gefäßnetzes einer Ratte als MIP. (Abbildungen nach Zhang et al. 2006b)*

**PAT**  Im Gegensatz zur fokussierten oder eher kleinflächigen Anregung bei der PAM wird im Falle der PAT durch großflächigere Bestrahlung in der Größenordnung einiger Quadratzentimeter ein wesentlich größeres Volumen erreicht, in dem viele Absorber bzw. ganze Absorberstrukturen gleichzeitig zur Emission von Druckwellen angeregt werden. An der Oberfläche ist eine Überlagerung aller erzeugten Schallsignale messbar. Bei der selteneren gerasterten PAT kommt ein einzelner, fokussierender Druckabnehmer zum Einsatz, der bei repetitiver Anregung des gesamten Volumens an verschiedene Positionen auf der Oberfläche gefahren wird. Die Auflösung der Tomografie hängt dabei maßgeblich von der akustischen Fokussierung ab. In der Regel werden jedoch mehrere zusammengeschaltete Detektoren (Detektorarrays) verwendet, die im Anschluss an die Messung „elektronisch fokussiert" werden: Über eine Laufzeitanalyse werden mittels Rekonstruktionsverfahren die gemessenen Signale einem Ursprungsort zugeordnet.

Zur Detektion wird häufig auf klassische Ultraschall-Linienarrays zurückgegriffen, was die Überlagerung der photoakustischen Bilder mit klassischen US-Bildern ermöglicht. Es sind Eindringtiefen von bis zu 5,2 cm bei einer lateralen Auflösung von 1 mm möglich (Kim et al. 2010b). Durch den Einsatz von Detektorarrays kann die Bildgebung bis zur Echtzeitfähigkeit ($>$ 10 Bilder/Sekunde) beschleunigt werden (Daoudi et al. 2014; Lutzweiler et al. 2014). Je nach Sensitivitätsanforderung werden mehrere 10 bis 100 Aufnahmen gemittelt, was die Aufnahmezeit entsprechend verlängert. Da die eingesetzten Detektoren Linienarrays sind, wird zunächst wie beim US nur ein Schnittbild erzeugt, auf welches sich auch die Bildraten beziehen. Für eine Volumenaufnahme muss der Detektor bei fortwährender Datenaufnahme entsprechend gleichmäßig über die Oberfläche gefahren werden. Abbildung 4 zeigt eine mögliche Implementierung von Daoudi et al. (2014), in welcher die Lichtquelle zur Anregung im Applikator integriert ist (a). Dem US-Bild eines menschlichen Fingergelenks wird die photoakustisch erlangte Information über die örtliche Verteilung der optischen Absorption überlagert (b).

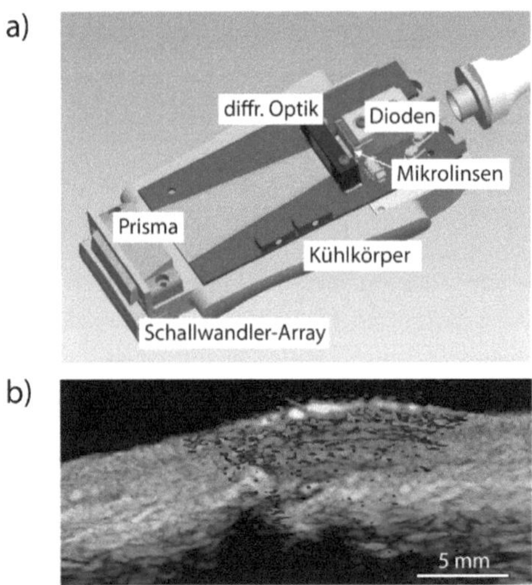


Abbildung 4: *a) Handgehaltener Applikator zur PAT mit integriertem Dioden-Array. Die Anregungsstrahlung wird über Mikrolinsen, ein diffraktives Element und ein Prisma angewinkelt neben das Schallwandler-Linienarray gelenkt. b) Die photoakustisch erlangte Information über die Verteilung optischer Absorber wird dem klassischen US-Bild überlagert. (Abbildungen nach Daoudi et al. 2014)*

Für Kleintiere können angepasste Detektorarrays verwendet werden, welche die Detektion der Schallwellen in einem größeren Raumwinkel um das Objekt herum ermöglichen (Gamelin et al. 2009). Die Auflösung verbessert sich hierdurch auf 200 µm, es wird eine Tiefe von 2 cm bei einer Bildrate von 8 Bildern pro Sekunde erreicht. Auf diesem Prinzip basiert ein kommerziell erhältlicher Tomograph für vorklinische Forschung an Kleintieren (Razansky et al. 2012). Das narkotisierte und beatmete Tier wird in einer Kammer vollständig immergiert. In einem Winkel von 270 Grad detektiert ein Ring-Array segmentweise entlang der Körperachse die Schallwellen. Mehrere Detektoren, die das Objekt im Raumwinkel umgeben, kommen auch in der Bildgebung der weiblichen Brust zum Einsatz. Die Auflösung beträgt bei 590 verwendeten Detektoren in der Tiefe axial und lateral 3 bis 4 mm (Manohar et al. 2005; Kruger et al. 2010). Abbildung 5 zeigt eine Implementierung und eine photoakustische Abbildung von Gefäßen in der weiblichen Brust.

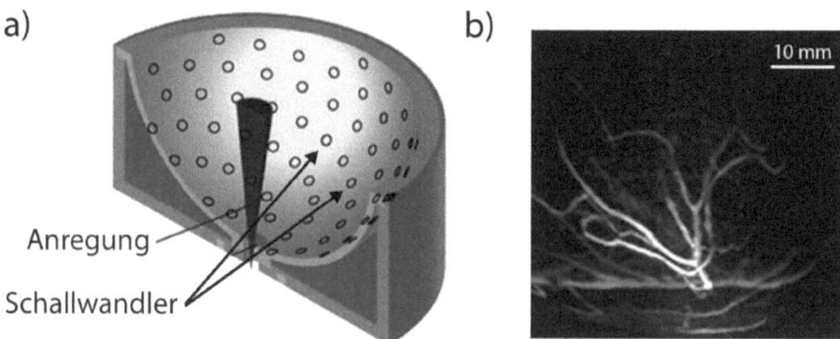


**Abbildung 5:** *a) Applikator zur photoakustischen Mammographie. Die Detektion der Schallwellen findet mit vielen verteilten Schallwandlern in großem Raumwinkel um die Brust herum statt. b) Photoakustische Abbildung von Blutgefäßen in der weiblichen Brust. (Abbildungen nach Kruger et al. 2010)*

## 2.2 Optische Messung von Oberflächen

Die Detektion der akustischen Signale mittels piezoelektrischen Sensoren ist in der photoakustischen Bildgebung weit verbreitet, da diese durch die jahrzehntelange Geschichte der Ultraschallbildgebung gut erforscht und kommerzialisiert sind. Zudem sind Piezodetektoren sehr sensitiv und vergleichsweise preisgünstig. Sie bringen jedoch auch Einschränkungen mit sich, da sie die Anregung abschatten, praktisch nur begrenzt parallelisiert anwendbar sind und zwingend akustischen Kontakt zum Objekt erfordern. Eine Alternative zur Verwendung piezoelektrischer Schallwandler stellt die optische Detektion der akustischen Signale dar, bei der anstelle des Drucks die Oberflächenauslenkung oder -geschwindigkeit durch Einwirkung der Schallwellen gemessen wird. Eine Herausforderung besteht dabei in der nötigen Sensitivität, da die Auslenkungen eine Amplitude von nur wenigen Nanometern haben (Payne et al. 2003; Rousseau et al. 2012; Speirs und Bishop 2013). Im Folgenden wird ein allgemeiner Überblick über die wesentlichen Ansätze der optischen Messung von Oberflächen bzw. deren Änderungen gegeben, welcher sich auf das Review von Berkovic und Shafir (2012) stützt.

**Intensitätsbasierte Sensoren**   Die einfachste Möglichkeit zur Abstandsmessung stellt die intensitätsbasierte Messung dar. Eine Oberfläche wird beleuchtet und die reflektierte Intensität wird detektiert. Mit zunehmenden Abstand des Sensors und / oder der Lichtquelle von der Oberfläche nimmt die detektierte Intensität ab. Zur Abstandsmessung muss die Intensitätsfunktion in Abhängigkeit des Abstandes zur Oberfläche vor der Messung kalibriert werden. Ein simples, häufig fasergekoppeltes System besteht aus einer Lichtquelle und einem Lichtdetektor. Die detektierte Intensität ist eine Funktion der Beleuchtungs- und Detektionsgeometrie (Trudel und St. Amant 2008). Die Genauigkeit der Messung beträgt bis zu 1 µm. Vorteile der Methode sind ihre Einfachheit und die hohe erreichbare Geschwindigkeit von mehreren Kilohertz. Nachteilig ist die Störungsanfälligkeit, da jede Intensitätsfluktuation als Abstandsänderung interpretiert wird, sowie die begrenzte Auflösung bei parallelisierter Messung durch Nutzung mehrerer unabhängiger Fasern.

**Triangulationssensoren**    Triangulation basiert auf Winkelmessung und der Kenntnis ähnlicher Dreiecke. Beim einfachen Triangulationssensor wird auf der zu messenden Oberfläche mittels kollimierter Lichtquelle ein Punkt erzeugt. Lateral versetzt zur Lichtquelle befindet sich ein Kamerasensor. Die Oberfläche wird über eine Optik auf den Sensor abgebildet. Ändert sich der Abstand zwischen Detektor und Oberfläche, verschiebt sich die laterale Position des Punktes im Bild. Anhand geometrischer Verhältnisbildung wird der Abstand zur Oberfläche gemessen (Abbildung 6). Die Auflösung hängt von der Geometrie, dem Abbildungsmaßstab sowie der Größe des Punktes und der Pixel ab und beträgt bis zu einigen Mikrometern (Dorsch et al. 1994). Abhängig von der Geschwindigkeit der Kamera lassen sich Messraten von mehreren Kilohertz erreichen.

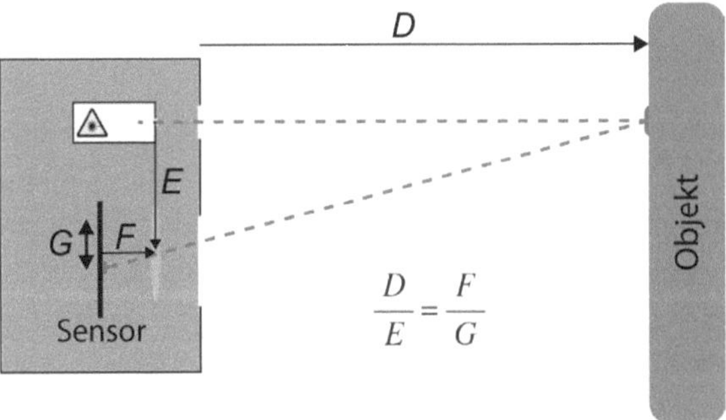


Abbildung 6: *Prinzipdarstellung der Triangulationsmessung: Über die Lageänderung des abgebildeten Punktes auf dem Detektor kann die zugrundeliegende Abstandsänderung zur Oberfläche bestimmt werden. (Abbildung nach Berkovic und Shafir 2012)*

Zur Erweiterung des punktuellen Triangulationssensors auf eine Linie kann statt eines Punktes ein Lichtband mit scharfem Hell-Dunkel-Wechsel auf die Oberfläche abgebildet werden. Dies ermöglicht die Abstandsmessung entlang dieser Linie nach dem oben beschriebenen Prinzip. Für die flächig aufgelöste Tiefenmessung wird ein zweidimensionales Streifenmuster verwendet, was die Triangulation einer zweidimensionalen Oberfläche ermöglicht (Wiora 2001). Für eine hohe Auflösung der Abstandsmessung werden nacheinander verschiedene Streifenmuster mit zunehmender Ortsfrequenz verwendet. Die Auflösung der Abstandsmessung ist dabei von der Geometrie der Messung und der Auflösung der Abbildung der Oberfläche abhängig. Eine Mess-Sequenz dauert typischerweise einige Sekunden.

**Puls-Echo-Sensoren**  Ähnlich dem Radar und auch dem Prinzip der US-Bildgebung werden beim Puls-Echo-Sensor Lichtpulse zur zu messenden Oberfläche gesandt und die Zeit bis zum Eintreffen ihres Echos gemessen. Der Abstand ergibt sich aus der halben „Flugzeit" (engl.: Time-of-Flight, TOS-Sensor) multipliziert mit der Lichtgeschwindigkeit im Medium. Bei einfachen Systemen bestimmt die Pulsdauer die erreichbare Genauigkeit und den Mindestabstand. Emittierter und detektierter Puls können bei zu kurzem Abstand oder zu langer Pulsdauer zeitlich überlappen, mittels sehr schneller Detektion und Autokorrelationsanalyse lässt sich der Abstand dennoch ableiten (Pehkonen et al. 2006). Weiterhin kann statt gepulstem Licht intensitätsmoduliertes verwendet werden (Besl 1988). Analysiert wird der Phasenversatz zwischen emittiertem und detektiertem Intensitätsverlauf. TOS-Systeme lassen sich unter dem Einsatz von Kameradetektoren örtlich aufgelöst realisieren. Die Auflösung der Distanzmessung beträgt einige Millimeter bis Zentimeter.

**Konfokale Sensoren**

Zur präzisen Messung bei kleinem Arbeitsabstand können Konfokalsensoren eingesetzt werden. Hierbei wird ein und dieselbe Optik genutzt, um Licht auf einen kleinen Punkt zu fokussieren und in Gegenrichtung dessen Reflexion zu detektieren. Licht, welches genau aus dem Fokuspunkt stammt, kann auf dem Weg zum Detektor die konfokale Apertur passieren, während Licht aus anderen axialen Ebenen abgeschwächt wird (Abbildung 7). Zur ortsaufgelösten Oberflächenmessung wird der Strahl oder das Faserende lateral über der Oberfläche verfahren (Yang et al. 2000). Dieses Prinzip findet auch in der Konfokalmikroskopie Anwendung.

Bei einem monochromatischen Sensor (Abbildung 7a) kann über die Messung der Lichtintensität nach Kalibration oder über Maximieren der Intensität durch Verfahren der Optik eine Lageänderung der Oberfläche mit Mikrometer-Auflösung gemessen werden (Jordan et al. 1998). Ein polychromatischer Sensor (Abbildung 7b) arbeitet mit mehreren Lichtwellenlängen oder einer breitbandigen Quelle. Hierbei wird chromatische Dispersion in die Optik eingeführt, die dazu führt, dass unterschiedliche Wellenlängen in verschiedenen Ebenen abgebildet werden. Aus spektralen Messungen kann auf den Abstand zur Oberfläche geschlossen werden (Tiziani und Uhde 1994). Die erreichbare Genauigkeit liegt bei unter 1 µm. Messraten von mehreren Kilohertz können für Punktmessungen realisiert werden, die Messung in zwei Dimensionen dauert einige Sekunden.

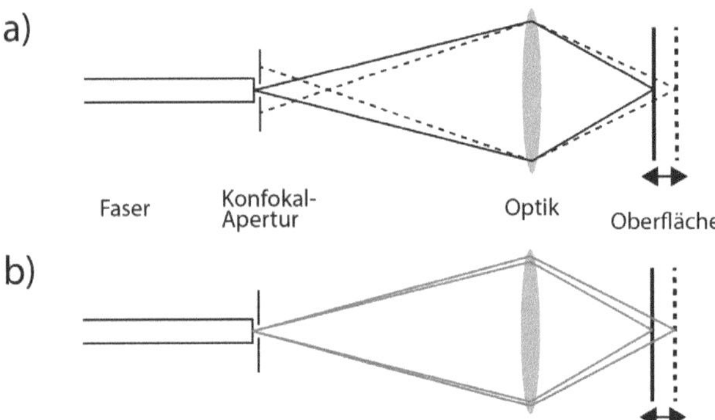


Abbildung 7: *a) Beim monochromatischen konfokalen Sensor liegt die zu messende Oberfläche innerhalb (durchgehende Linie) oder außerhalb (gestrichelte Linie) der Abbildungsebene der Konfokaloptik.
b) Beim polychromatischen Sensor hängt die Abbildungsebene von der Wellenlänge ab. Verschiedenen Wellenlängen erfüllen die Konfokalgeometrie für verschiedene Oberflächenlagen. (Abbildung nach
Berkovic und Shafir 2012)*

**Interferometrische Sensoren**

**Monochromatische Interferometer**   Beim monochromatischen Interferometer wie einem
Mach-Zehnder-Interferometer (Abbildung 8) wird das Licht in Objekt- und Referenzstrahl
aufgespalten und nach Reflexion an der Probe, beziehungsweise nach Durchlaufen einer Refe-
renzstrecke wieder auf einem Detektor kombiniert. Innerhalb der Kohärenzlänge kommt es zur
Interferenz zwischen den Teilstrahlen. Diese kann bei einigen Laserarten mehrere Meter betragen, bei gepulsten Lasern jedoch selten mehr als einige Millimeter. Die detektierte Intensität
hängt von der Phasendifferenz zwischen den Teilstrahlen ab. Wird vom Punkt gleicher Weglängen der Teilstrahlen eine der beiden Weglängen verändert, wird die detektierte Intensität
moduliert. Eine einfache Möglichkeit, mit einem derartigen Interferometer Lageänderungen zu
messen, ist demnach das Zählen von Hell-Dunkel-Wechseln. Jeder Wechsel entspricht dabei
einer halben Wellenlänge Lageänderung der Oberfläche. Diese Messung ist bei Nutzung eines Flächensensors auch ortsaufgelöst möglich. Für eine höhere Genauigkeit kann neben dem
Zählen von Hell-Dunkel-Wechseln die absolute Phasenänderung ausgewertet werden (Burke
2000). Die Lageänderung kann so auf weniger als 1/100 der verwendeten Wellenlänge bestimmt werden. Die Messgenauigkeit ist, wenn keine mechanischen Vibrationen vorliegen, von
der detektierten Lichtintensität abhängig.

14

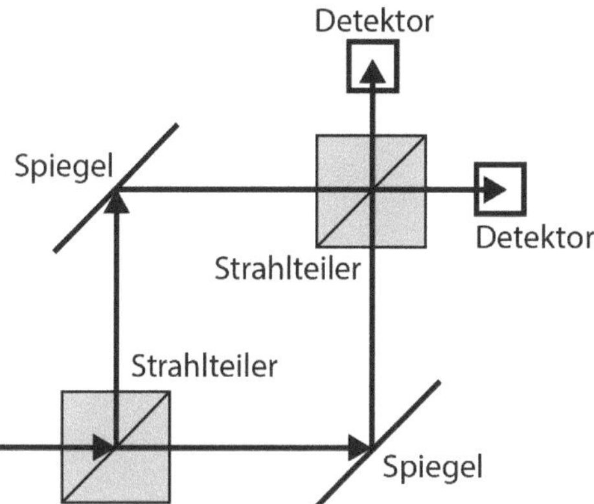


Abbildung 8: *Mach-Zehnder-Interferometer: Nach Aufspalten des Laserstrahls in Objekt- und Referenzstrahl und deren Reflexion an Spiegeln werden die Strahlen in einem zweiten Strahlteiler wieder vereinigt und interferieren. Weglängenänderungen resultieren in Modulation der Interferenz.*

**Laser-Doppler-Sensoren**  Laser-Doppler-Sensoren arbeiten ebenfalls interferometrisch und führen dabei eine Modulation des Referenzlichtes ein, um niederfrequentes Rauschen zu unterdrücken. Die Trägerfrequenz entspricht dann der ruhenden Oberfläche und Änderungen sind als positive oder negative Abweichung messbar. Die Frequenzverschiebung $\Delta f$ in Abhängigkeit der Oberflächengeschwindigkeit v und der Lichtwellenlänge $\lambda$ beträgt

$$\Delta f = 2v/\lambda \tag{1}$$

Die auftretenden Frequenzverschiebungen im Kilohertz-Bereich sind mit Photodetektoren messbar. Die auch als Vibrometer bezeichneten Ansätze erfassen die Geschwindigkeit ausgelenkter Oberflächen. Durch Zählen der Perioden ist zugleich der Betrag der Auslenkung messbar.

**Weißlichtinterferometer**  Beim Weißlichtinterferometer (Koch und Ulrich 1990; Rao und Jackson 1996) werden Lichtquellen mit einem Spektrum von einigen hundert Nanometern Breite verwendet. Hierdurch wird die Kohärenzlänge reduziert und damit das Messvolumen verkleinert, um Störungen durch Reflexe von Strukturen außerhalb zu minimieren. Weißlichtinterferometer werden häufig fasergekoppelt realisiert. Das Licht wird mittels Strahlteiler/Faserkoppler in Objektstrahl und Referenzstrahl aufgespalten. Der Referenzstrahl wird mit dem vom Objekt reflektierten Licht überlagert und detektiert (Abbildung 9a). Liegt dabei die Weglängendifferenz zwischen Objekt- und Referenzstrahl innerhalb der Kohärenzlänge, kommt es zur Interferenz. Das in Abhängigkeit der Weglängendifferenz gemessene Interferenzsignal besteht aus mehreren Modulationen durch konstruktive und destruktive Interferenz. Die lokalen Maxima haben dabei einen Abstand von einer halben Zentralwellenlänge. Genutzt wird bei der Abstandsmessung die Einhüllende und die Phase des Interferenzsignals.

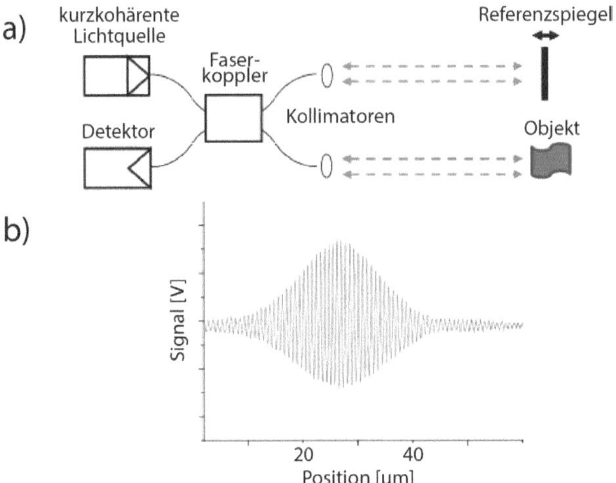


Abbildung 9: *a) Fasergekoppeltes Weißlichtinterferometer: Das Licht wird in Objekt- und Referenzarm geteilt und nach Reflexion am Objekt bzw. Referenzspiegel wieder überlagert. b) Intensitätsfunktion in Abhängigkeit der Weglängendifferenz. (Abbildung nach Berkovic und Shafir 2012)*

Während einer Messung wird der Referenzspiegel verfahren und die Intensitätsfunktion aufgezeichnet. Im globalen Maximum dieser Funktion entspricht der Abstand zur Objektoberfläche der Position des Referenzspiegels gegenüber einer zuvor bestimmten Bezugsposition. Der mechanische Verfahrweg des Referenzspiegels bestimmt den maximalen Messbereich. Die Auflösung hängt von der verwendeten Zentralwellenlänge, ihrer Bandbreite sowie der Einstellgenauigkeit des Referenzspiegels ab und kann unter 1 µm betragen. Da für die Aufnahme eines Messpunktes der Referenzspiegel mechanisch bewegt werden muss, ist dieser Ansatz, der auch in OCT-Systemen der ersten Generation (Time-Domain-OCT) Anwendung findet, mit bis zu einigen hundert Hz vergleichsweise langsam. Für relative Messungen kann der Referenzspiegel fixiert und die Phase ausgewertet werden. So lassen sich relative Änderung von wenigen Nanometern detektieren.

Eine Alternative zum mechanischen Verfahren des Referenzspiegels ist die Messung der spektralen Interferenz bei stationärem Referenzspiegel. Durch Fouriertransformation des Spektrums ist die ortsaufgelöste Messung der Rückstreuung möglich. Hierbei kann entweder das rekombinierte Licht von Objekt und Referenz mittels Beugungsgitter oder Prisma in seine spektralen Anteile zerlegt werden und die Intensität aller Anteile des Spektrums mit einem Zeilendetektor zeitgleich gemessen werden. Dies entspricht dem heutigen Spectral Domain OCT (Fercher 1996). Eine weitere Möglichkeit ist die Nutzung einer Lichtquelle, dessen emittierte Wellenlänge sich schnell durchstimmen lässt. In diesem Fall wird ein Punktdetektor verwendet. Das auch zur OCT-Bildgebung genutzte Prinzip wird als Swept-Source-OCT bezeichnet (Choma et al. 2005). Der Vorteil liegt vor allem in der sehr hohen möglichen Abtastrate von bis zu 1 MHz (Klein et al. 2011). Die Genauigkeit hängt in erster Linie von der Bandbreite bzw. dem Durchstimmbereich der Lichtquelle ab und beträgt typischerweise 5 - 10 µm.

**Fabry-Perot-Interferometer**   Beim Fabry-Perot-Interferometer wird ein optischer Resonator aus zwei teilreflektierenden Spiegeln eingesetzt, zwischen denen das Licht reflektiert wird (Abbildung 10 a). Das von der Probe reflektierte Licht durchläuft somit die gleiche Optik wie das Referenzlicht. Zudem wird das Signal durch Mehrfachreflexion verstärkt. Transmittiert wird Licht vom Resonator nur, wenn die Resonanzbedingung erfüllt ist, die sich aus dem Plattenabstand $d$, dem Einfallwinkel $\Theta$ und der Brechzahl $n$ des Mediums zwischen den Platten ergibt (Hecht 1987, S.416ff):

$$\lambda = 2\,n\,d\cos(\Theta) \tag{2}$$

Ändert sich die Wellenlänge, lässt der Transmissionsgrad je nach Auslegung des Resonators sehr schnell nach. Je höher die Finesse $F$, desto schmaler sind die Transmissionbanden. Diese ergibt sich aus der Reflektivität $R$ der beiden Spiegel:

$$F = \left(\frac{2r}{1-r^2}\right)^2 \tag{3}$$

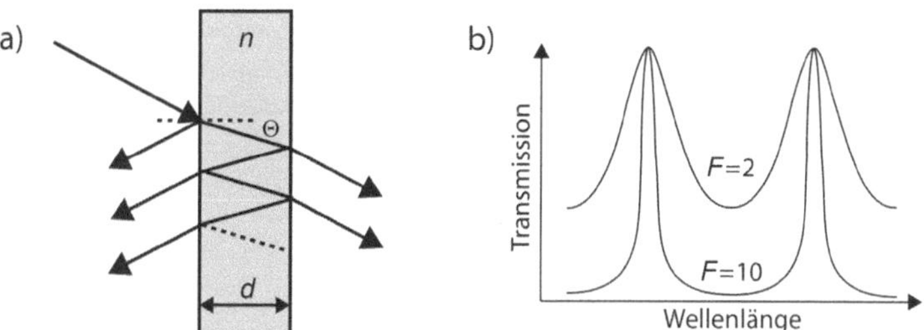


Abbildung 10: *a) Vielstrahlinterferenz im Fabry-Perot-Interferometer. Die Transmissionfunktion (b) hängt vom Abstand der Platten d, vom Einstrahlwinkel Θ, dem Brechungsindex n sowie der Finesse F ab.*

Fabry-Perot-Interferometer werden häufig für hochaufgelöste spektrale Messungen eingesetzt. Jedoch ist auch die sehr empfindliche Bestimmung der Abstände der Spiegel möglich, da sich bei Änderungen die Maxima der Transmission verschieben. Wählt man eine Wellenlänge in einem steilen Bereich der Transmissionskurve, geht dies mit einer deutlichen Intensitätsmodulation des transmittierten Lichts einher. Die Genauigkeit kann bei dieser Messung von Abstandsänderungen bis zu Pikometer betragen (Rousseau et al. 2012).

Tabelle 1 stellt die Parameter der beschriebenen Messprinzipien gegenüber.

| Prinzip | A<br>Auflösung<br>axial | B<br>Punkt-<br>Messrate | C<br>Parallelisier-<br>barkeit | D<br>Auflösung<br>lateral | E<br>Feld-<br>Messdauer |
|---|---|---|---|---|---|
| Intensitätsbasiert | µm | kHz | Fasern | µm bis mm | ms |
| Triangulation | µm | kHz | Streifenproj. | µm | s |
| Puls-Echo | mm bis cm | | Flächensensor | mm | |
| Konfokal | µm | ms | Rastern | µm | s |
| monochrom.<br>Interferometer | nm | MHz | Flächensensor | nm | ms |
| Laser Doppler-<br>Interferometer | nm | MHz | Rastern | nm | s |
| Weißlicht-<br>Interferometer | nm | kHz/MHz | Rastern | µm | s |
| Fabry-Perot-<br>Interferometer | pm | MHz | Rastern | pm | s |

Tabelle 1: *Vergleich optischer Messmethoden der Oberflächenänderung. Die axiale Auflösung (Spalte A) bezieht sich auf eine Punkt-Messung, deren typische Dauer in der Spalte B angegeben ist. Alle Verfahren lassen sich zur ortsaufgelösten Abstandsmessung parallelisieren. Hierfür sind jeweils mögliche Ansätze in Spalte C aufgeführt. Die bei parallelisiertem Betrieb möglichen lateralen Auflösungen sind Spalte D zu entnehmen, typische Messzeiten für die Dauer eines zweidimensionalen Messfeldes Spalte E. Beim Puls-Echo-Sensor sind keine Messraten oder -zeiten aufgeführt. Diese hängen von der Entfernung zum Objekt ab. Im Bereich einiger Meter liegen die Echozeiten bei einigen Nanosekunden. Mit einer sehr schnellen Photodiode lassen sich Oberflächenänderungen mit einer Abtastrate im Megahertz-Bereich messen, bei der ortsaufgelösten Messung ist die Geschwindigkeit des Bildsensors entscheidend.*

## 2.3  Optische Photoakustikansätze

Die Anforderungen der optischen Messung photoakustischer Oberflächenauslenkungen sind vor allem durch eine extrem hohe Auflösung geprägt, da die Auslenkungen wenige Nanometer betragen (Payne et al. 2003; Rousseau et al. 2012; Speirs und Bishop 2013). Insofern kommen von den in Tabelle 1 aufgeführten Verfahren die monochromatische, die Weißlicht-, die Fabry-Perot- sowie die Laser-Doppler-Vibrometrie infrage. Diese Verfahren wurden bereits zur optischen Messung photoakustischer Signale eingesetzt, wie anhand einiger Beispiele im Folgenden gezeigt wird. Die Detektion erfolgte bei allen Ansätzen punktweise. Zur flächigen Datenerhebung wurde der Messstrahl oder das Objekt lateral bewegt.

**Photoakustik mittels Fabry-Perot-Detektion**  Fabry-Perot-Interferometer wurden auf unterschiedliche Weise zur Messung der Oberflächenauslenkung durch das photoakustische Signal einsetzt. Eine Implementierung nutzt eine als optischer Resonator fungierende Polymerfolie, welche im akustischen Kontakt auf der Objektoberfläche aufliegt (Laufer et al. 2009, Abbildung 11). Die Folie ist so ausgelegt, dass die Anregungsstrahlung transmittiert und die Detektionsstrahlung reflektiert wird. Bei Eintreffen einer Druckwelle aus dem Objektinneren propagiert diese in die Folie und verändert deren optische Dicke, was in einer Modulation der Detektionsstrahlung resultiert.

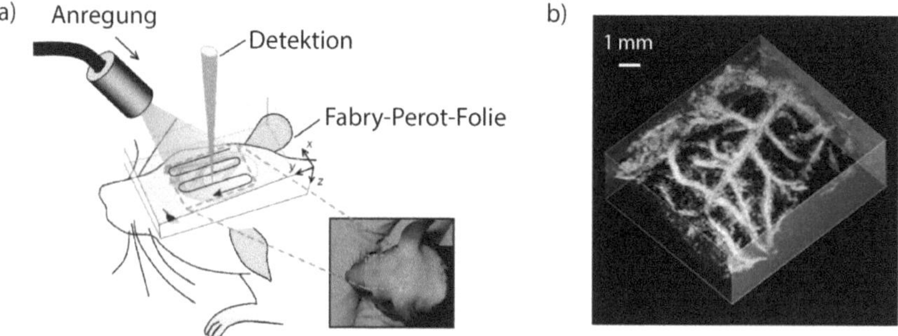


Abbildung 11: *a) Eine für das Anregungslicht durchlässige Polymerfolie, die auf der Objektoberfläche aufliegt, dient als Fabry-Perot-Resonator. Als photoakustisches Signal wird die Modulation des reflektierten Detektionsstrahls aufgenommen. b) Mit diesem Prinzip erzeugte photoakustische Abbildung der Gefäßstrukturen im Mäusegehirn. (Abbildung nach Laufer et al. 2009)*

Das in Abbildung 11b gezeigte Bild der Blutgefäße im Gehirn einer Maus hat eine laterale Größe von 9x10 mm, wobei mit einem Pixelabstand von 100 µm gemessen wurde. Die Anzahl der Punkte beträgt demnach 9.000. Die Aufnahmedauer betrug 15 Minuten. Die laterale Auflösung der Rekonstruktion beträgt etwa 100 µm, die axiale 50 µm.

Eine andere, technisch komplexere Implementierung verwendet einen konfokalen Fabry-Perot-Resonator von 1 m Länge und arbeitet mit der direkten Reflexion auf der Objektoberfläche. Eine Auslenkung der Oberfläche verändert die Phase des reflektierten Lichts (gelber Strahlengang in Abbildung 12b). Dies bewirkt eine Modulation des Lichts, welches den Resonator passiert hat und von einem Photodetektor aufgenommen wird.

Ein Teil des Objektlichts wird vor dem Durchqueren des Resonators ausgekoppelt und dem differentiellen Eingang des Detektors zugeführt. Hierdurch werden nur die schnellen Modulationen aufgenommen, die Auswirkung globaler Intensitätsschwankungen kann so vernachlässigt werden. Zusätzlich wird ein Referenzstrahl (roter Strahlengang in Abbildung 12), der vor Erreichen der Objektoberfläche abgespalten wurde und orthogonal polarisiert ist, auf die gleiche Weise durch den Aufbau geführt und mit einem zusätzlichen, ebenfalls differentiellen Detektor aufgenommen. Hiermit wird das Phasenrauschen der Lichtquelle aufgenommen und kann im Zuge der späteren Signalverarbeitung berücksichtigt werden. Durch die Minimierung der Auswirkungen von Intensitäts- und Phasenrauschen kann eine Auflösung von unter 1 pm erreicht werden (Rousseau et al. 2011).

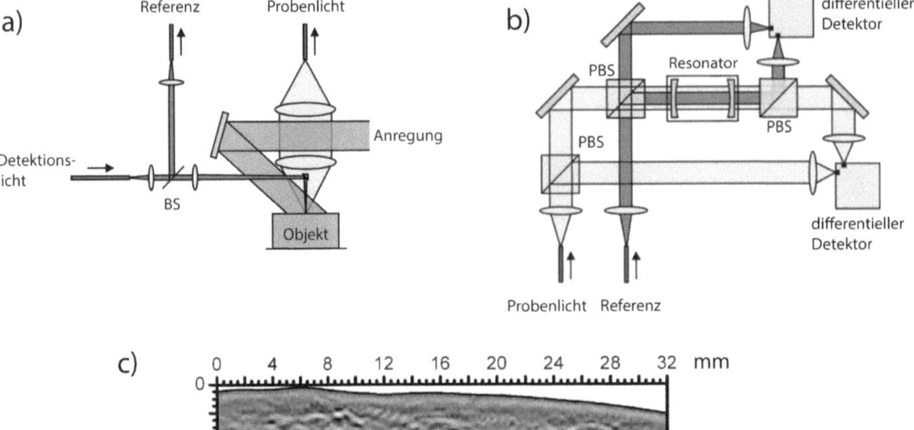


Abbildung 12: *a) Das Detektionslicht wird am Strahlteiler (BS) in Objekt- und Referenzlicht aufge-*
*teilt. Das Objektlicht wird in einen kleinen Punkt auf der Oberfläche fokussiert. Von dort reflektiertes*
*Licht wird von einer Optik gesammelt und mittels Faser dem Messaufbau (b) zugeführt. b) Gelber*
*Strahlengang: Das vom Objekt reflektierte Licht passiert den Resonator. Auslenkungen der Oberfläche*
*führen zu messbarer Modulation des transmittierten Objektlichts. Zur Minimierung der Auswirkung von*
*Intensitätsschwankungen wird am differentiellen Eingang des Detektors ein Teil des Objektlichts einge-*
*speist, der nicht den Resonator durchquert hat. Der zusätzliche rote Referenzstrahlengang zeichnet des*
*Phasenrauschen der Lichtquelle auf. Die beiden orthogonal polarisierten Strahlen werden mittels pola-*
*risierender Strahlteiler (PBS) geführt und separiert. c) Photoakustische Aufnahme einer Hühnerbrust*
*mit verschiedenen, im Bild markierten künstlichen Absorbern zwischen 0,3 und 0,8 mm Durchmesser.*
*(Abbildung nach Rousseau et al. 2011)*

**Photoakustik mittels monochromatischer Interferometrie**  Die Implementierung eines Michelson-Interferometers zur Messung der Oberflächendeformation wird von Speirs und Bishop (2013) beschrieben. Hier wird einer der Spiegel des Interferometers akustisch an das Objekt gekoppelt (Abbildung 13). Dabei hat der Spiegel eine im Verhältnis zur akustischen Wellenlänge geringe Dicke von 150 µm. Propagieren Druckwellen in den Spiegel, verändern sie dessen Position und modulieren das Licht in Cosinusabhängigkeit der induzierten Phasendifferenz zwischen Objekt und Referenzspiegel. Für eine hohe Messauflösung auf der Cosinusfunktion muss ein passender Arbeitspunkt gewählt werden. Um dieses Problem zu umgehen, verwenden Speirs und Bishop (2013) die sogenannte Quadratur-Phasen-Detektion, die mit zwei polarisationsabhängigen Detektoren zusätzlich das um $\pi/2$ phasenverschobene Interferenzsignal aufnimmt. Mindestens eine der beiden Polarisationen ist so im sensitiven Bereich der Auslenkungsmessung. Die Sensitivität beträgt mit einer Mittelung über 64 Einzelmessungen 0,5 nm.

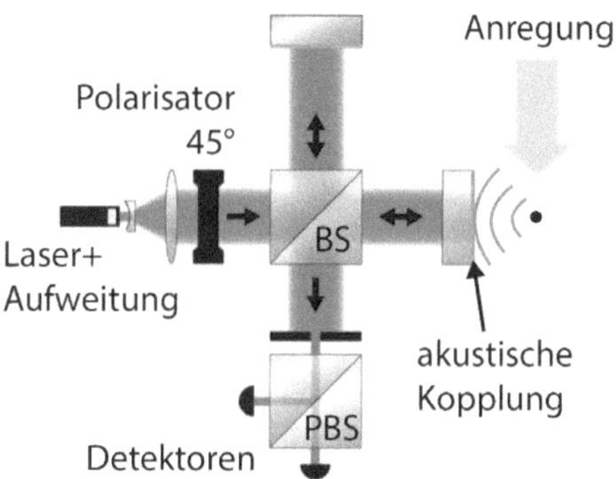


Abbildung 13: *Eintreffende Druckwellen ändern die Position eines akustisch an das Objekt gekoppelten Spiegels und modulieren das reflektierte Licht in der Phase. Für die Quadratur-Phasen-Detektion wird die Polarisation des Laserlichts auf 45° gedreht. Der unpolarisierte Strahlteiler (BS) beeinflusst die Polarisation nicht. Der polarisationsabhängige (PBS) trennt das interferierende Licht in horizontale bzw. vertikale Polarisation. (Abbildung nach Speirs und Bishop 2013)*

Die Detektion von Drucksignalen kann mittels Mach-Zehnder-Interferometer realisiert werden, wenn der Objektstrahl durch ein Wasserbecken geführt wird, in dem sich das Objekt befindet (Paltauf und Schmidt-Kloiber 1996). Die propagierende Druckwelle führt zu Brechungsindexunterschieden und somit zur Modulation der interferometrischen Intensität. Dabei integriert der Detektor entlang des Strahls. Zur Bildgebung bleibt der Detektionsstrahl stationär, während das Objekt in der Höhe verfahren wird und an jeder Position schrittweise um die Hochachse rotiert (Abbildung 14a). Die Messdauer beträgt bis zu einer Stunde. Die photoakustische Abbildung des Zebrafisches in Abbildung 14b basiert auf 36.000 Druckmessungen. Der Zebrafisch wurde hierfür zur Stabilisierung und mechanischen Adaption in Gelatine gehüllt. Die Auflösung beträgt etwa 100 µm.

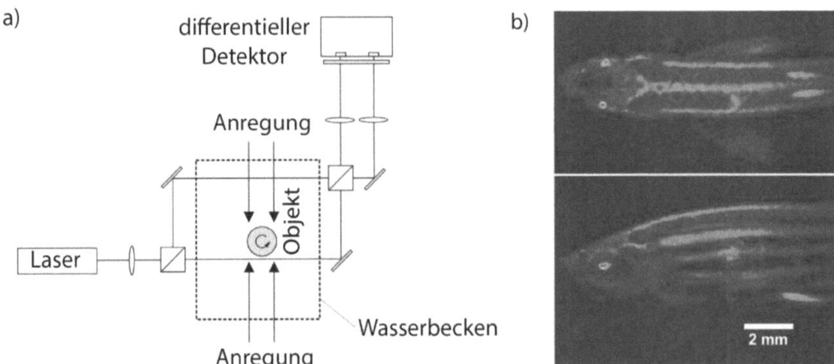



Abbildung 14: *a) Der Objektstrahl des Mach-Zehnder-Interferometers geht durch das Wasserbecken, in dem auch das Objekt immergiert ist und führt in geringem Abstand daran vorbei. Die propagierende Druckwelle führt zur Modulation der interferometrischen Intensität. b) Mit diesem Prinzip erzeugte photoakustische Abbildung eines Zebrafischs. (Abbildungen nach Paltauf et al. 2007b; Paltauf 2013)*

**Photoakustik mittels Laser-Doppler-Vibrometrie**   Mehrere Arbeiten verwenden die Frequenzänderung durch den Doppler-Effekt (Gleichung 1) durch Auslenkung der Oberfläche (Carp und Venugopaplan 2007; Olsson et al. 2011; Johnson et al. 2013; Eom et al. 2015). In der Implementierung von Carp et al. (Abbildung 15) wird der Referenzstrahl mittels akustooptischem Modulator (AOM) mit 110 MHz moduliert. Ist die Objektoberfläche in Ruhe, oszilliert die interferometrische Intensität mit dieser Frequenz. Bei Auslenkung der Oberfläche wird der Objektstrahl in seiner Frequenz verändert, was je nach Richtung der Auslenkung zu einer positiv oder negativ abweichenden Modulationsfrequenz führt. Die Auflösung der Messung beträgt 0,1 nm. Die Detektion ist konfokal ausgelegt, die Strahlführung geschieht mithilfe von Polarisationselementen.

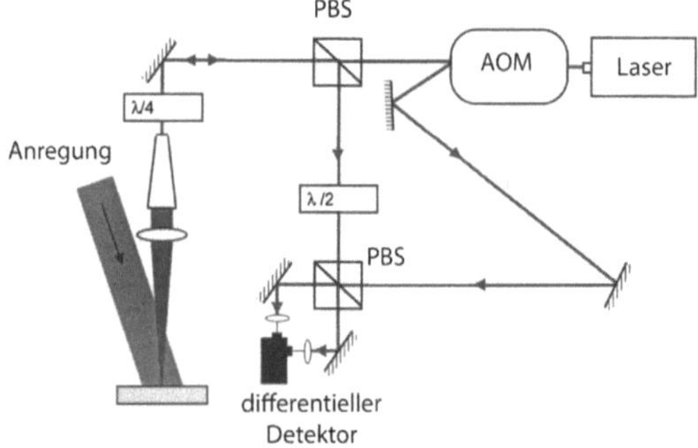



Abbildung 15: *Das Detektionslicht wird am akusto-optischen Modulator (AOM) in Objekt- und Referenzstrahl aufgespalten. Eine Auslenkung der Oberfläche wird durch Abweichungen von der Modulationsfrequenz messbar. (Abbildung nach Carp und Venugopaplan 2007)*

## 2.4  Motivation

Den Stand der Technik zusammenfassend, benötigen punktmessende piezoelektrisch oder optisch detektierende Ansätze zur Zeit Akquisitionszeiten im Bereich mehrerer Minuten, wenn die Bilder durch Rastern der Oberfläche aufgenommen werden. Bei der in vivo Anwendung einer Bildgebungstechnik besteht eine Herausforderung darin, die hohe notwendige Bildgebungsgeschwindigkeit technisch zu realisieren. Dauert die Datenaufnahme länger als einige hundert Millisekunden, treten bei vielen der möglichen Anwendungen Bewegungsartefakte auf, welche die Daten unbrauchbar machen können. Hochaufgelöste in vivo Bilder wurden bisher nur am narkotisierten Tier aufgenommen. Deshalb verwenden einige aktuelle Ansätze statt einer gerasterten Einzelelement-Detektion eindimensionale Detektorarrays, die klassischen Ultraschall-Köpfen ähnlich sind. Der Einsatz solcher Detektorarrays kann die Aufnahme gegenüber der Einzelelement-Detektion erheblich beschleunigen. Mit eindimensionalen Arrays werden jedoch zunächst nur zweidimensionale Schnittbilder ermöglicht; Morphologien und besonders Fragestellungen, die ein Zusammenspiel von Morphologie und Funktionalität erfordern, lassen sich so nur eingeschränkt erschließen. Für eine Volumendarstellung muss der Sensorkopf entsprechend gleichmäßig über die Oberfläche gefahren werden, wodurch die Aufnahmegeschwindigkeit verlängert wird. Eine weitere Einschränkung ist, dass der Einsatz von piezoelektrischen Detektoren im akustischen Kontakt erfolgt. Dies kann zum einen bei sensiblen Objekten oder Regionen wie verletzter Haut oder dem offenen Hirn problematisch sein und sterile Überzüge erfordern. Zum anderen sind damit bestimmte medizinische Anwendungen, wie etwa die Ankopplung an ein Operationsmikroskop, nicht ohne Weiteres möglich.

Die kontaktlose optische Detektion der Oberflächenänderung durch photoakustische Druckwellen wurde demonstriert, jedoch arbeiten alle bekannten Verfahren mit gerasterter punktueller Messung. Hierdurch liegen die Aufnahmezeiten mindestens im Bereich einiger Minuten. Während hier das Kontaktproblem adressiert wird, tritt das Problem der langen Aufnahmezeiten wieder in der Vordergrund.

Im Sinne einer kontaktfreien und schnellen Datenaufnahme wird in dieser Arbeit ein neuartiger Detektionsansatz erstmalig realisiert, der die Oberflächenveränderung nach photoakustischer Anregung flächig erfasst. Hierbei wird der gesamte relevante Teil der Oberfläche des Objekts mit einem Laser beleuchtet und auf den Detektorchip einer Kamera abgebildet (Abbildung 16). Um Bewegungsartefakte zu vermeiden, wird für die optische Detektion kurz gepulste Laserstrahlung verwendet; jede Aufnahme entsteht mit dem Licht eines Pulses mit einer Dauer von wenigen Nanosekunden. Durch die photoakustischen Oberflächenauslenkungen ändert sich lokal die Phase des Lichts, welches von der Objektoberfläche auf die Kamera rückgestreut wird. Diese Phasenänderungen werden zeitabhängig interferometrisch erfasst. Dazu wird in einem repetitiven Messablauf ein nach photoakustischer Anregung aufgenommenes Bild auf ein zuvor in Ruheposition aufgenommenes referenziert. Aus beiden Bilder wird die Verschiebung mit Nanometer-Genauigkeit berechnet. Aus einem Zeitstapel von Differenzbildern kann dann ein photoakustisches tomographisches Bild rekonstruiert werden.

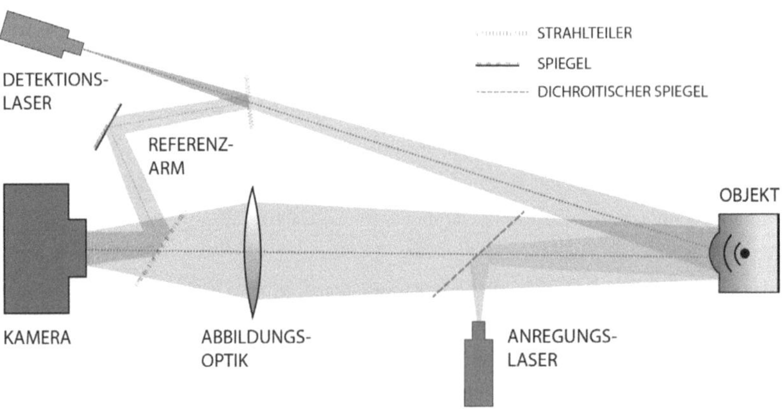


Abbildung 16: *Die Abbildung zeigt prinzipiell den in dieser Arbeit realisierten flächig-interferometrischen Detektionsansatz. Der gesamte relevante Teil der Objektoberfläche wird monochromatisch beleuchtet, auf einen Kamerasensor abgebildet und mit einer Referenz überlagert. Die Anregung wird über einen dichroitischen Spiegel integriert.*

Die vorgeschlagene Methode bringt folgende Vorteile mit sich:

- **Flächige Detektion:** Auslenkungen werden im gesamten Bildfeld simultan gemessen. Hierdurch ergibt sich eine sehr große Anzahl an Messpunkten, typischerweise mehrere Zehntausend pro Interferogramm.

- **Kurze Aufnahmezeit:** Abhängig von der gewünschten Detektionstiefe und Zeitauflösung einer Messung sind typischerweise einige hundert Bilder für einen vollständigen Datensatz nötig. Lasersysteme und Hochgeschwindigkeitskameras erlauben Messraten von mehreren Kilohertz. Somit ist eine Messung in einem Bruchteil einer Sekunde durchführbar.

- **Potentiell in vivo tauglich:** Kleinere Objektbewegungen haben durch fortwährende Referenzierung eines Interferogramms nach Anregung auf ein zuvor aufgenommenes in Ruheposition keinen Einfluss auf die Messung.

- **Kontaktfreiheit:** Gemessen wird ohne jeden physikalischen Kontakt zur Oberfläche.

- **Flexibles Messfeld:** Durch optische Vergrößerung kann das Messfeld an die jeweilige Anforderung angepasst werden.

Nachteil dieses Ansatzes ist die geringere Sensitivität der optischen Messung photoakustischer Signale gegenüber der piezoelektrischen Detektion (Yao und Wang 2014). Auf Sensitivität optimierte, optische Punktmessungen (Zhang und Beard 2011; Rousseau et al. 2011) sind bei vergleichbarer Bandbreite mindestens eine Größenordnung weniger sensitiv als sehr sensitive piezoelektrische Messungen (Winkler et al. 2013). Für parallele Messungen mit Hochgeschwindigkeitskameras ist zudem aufgrund von schlechteren Detektionseigenschaften wie niedrigerer Quanteneffizienz und höherem Rauschen durch die hohe Messgeschwindigkeit von einer noch niedrigeren Sensitivität auszugehen. Dies könnte allerdings durch Mittelung, die durch die höhere Pixelrate möglich ist, ausgeglichen werden.

Aus der Diskussion der potenziellen Vor- und Nachteile der optischen Detektion leitet sich als Hauptthema dieser Arbeit die Evaluation der kontaktlosen photoakustischen Tomographie ab. Eine parallele optische Detektion der photoakustischen Signale wird realisiert und auf ihre Grenzen hin untersucht. Es wird betrachtet, ob aktuelle Limitierungen technischer oder methodischer Natur sind. Zur experimentellen Validierung kommen Gewebephantome aus Silikon zum Einsatz, welche für die systematische Evaluation der kontaktlosen photoakustischen Tomographie in ihren optischen Eigenschaften und ihrer Geometrie einstellbar sind. Durch Variation von Absorbertiefe, Absorberdurchmesser und Absorptionskoeffizient wird die Abhängigkeit der gemessenen Auslenkung von diesen Parametern experimentell bestimmt. Die erreichbare Qualität der Rekonstruktionen der Phantomgeometrie aus den photoakustischen Messungen wird in Abhängigkeit der Signalqualität diskutiert. Zur Validierung und zum Vergleich werden weiterhin Phantome aus Schweinehaut mit künstlichen absorbierenden Strukturen eingesetzt. Anhand der erkannten und quantifizierten technischen Grenzen kann das Potenzial der Methode für den Einsatz in der biomedizinischen Bildgebung abgeschätzt werden.

# 3 Grundlagen

In diesem Kapitel werden optische und akustische Grundlagen gegeben, die dem Verständnis der im Laufe der Arbeit angewandten Methoden und Parameter dienen. Hierbei wird zunächst die Funktionsweise des angewandten optisch-interferometrischen Messprinzips hergeleitet. Die Ursachen von Rauschen, welches die Messgenauigkeit limitiert, werden dargestellt. Aspekte der Gewebeoptik und die Ermittlung von Grenzen der erlaubten optischen Bestrahlung werden erläutert. In beispielhaften Berechnungen wird die Dimension der Temperaturerhöhung des Gewebes im Rahmen der photoakustischen Anregung abgeschätzt. Die Erzeugung von akustischen Wellen im Gewebe und der Zusammenhang von Druck und Auslenkung als messbare Parameter akustischer Wellen werden erörtert. Weiterhin werden verschiedene mathematische Verfahren zur Rekonstruktion photoakustischer Tomographien vorgestellt.

## 3.1 Optische Messtechnik

Aufgrund von Interferenz entsteht bei Betrachtung oder Abbildung kohärent beleuchteter, optisch rauer Oberflächen ein Fleckenmuster, welches dem Bild überlagert ist. Verfahren zur Messung solcher Oberflächen sind daher auch unter der Bezeichnung Elektronische Speckle-Interferometrie (ESPI) bekannt. Relevante Eigenschaften von Speckles werden im Abschnitt 3.1.1 beschrieben. Anschließend wird das Prinzip der Speckle-Interferometrie erklärt.

### 3.1.1 Speckles

Eine umfangreiche Analyse der physikalischen Eigenschaften von Speckles veröffentlichte J. W. Goodman im Jahr 1976. Die folgenden Betrachtungen sind im Wesentlichen seinem Buch entnommen (Goodman 2007, S.7ff). Die Entstehung von Speckles basiert auf der zufälligen Rauheit von reflektierenden Oberflächen. Als optisch rau wird eine Oberfläche bezeichnet, welche Unebenheiten in der Größenordnung der Wellenlänge oder größer aufweist. Gemäß dem Huygen-Fresnelschen-Prinzip lässt sich die Entstehung eines Specklefelds als Folge der Interferenz der von unterschiedlichen Bereichen der Oberfläche ausgehenden sekundären sphärischen Elementarwellen erklären (Lehmann 2003). Diese weisen im Falle der rauen Oberfläche eine zufällige Phase auf, interferieren am Ort der Betrachtung und führen zu einer fleckigen Intensitätsverteilung. Ein heller Fleck wird als ein Speckle bezeichnet. Das Intensitätsbild eines Specklefeldes wird in Abbildung 17 gezeigt.

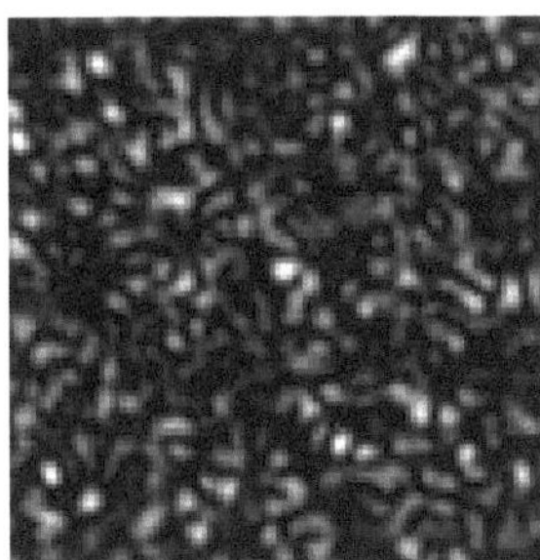

Abbildung 17: *Intensitätsverteilung von kohärentem Licht, welches an einer rauen Oberfläche rückgestreut wurde. Interferenz vieler Wellen mit zufälliger Phase führt lokal zu Verstärkung und Auslöschung.*

Speckles sind dreidimensionale Intensitätsverteilungen eines Lichtfeldes. Betrachtet man sie in einer Ebene, sieht man einen Querschnitt durch das gesamte Specklefeld. Bei direkter Detektion mit einem Film oder sonstigen Detektor hängt die minimale laterale Größe $l$ eines Speckles von der verwendeten Wellenlänge $\lambda$, dem Betrachtungsabstand $z$ zur streuenden Oberfläche sowie von der Größe des ausgeleuchteten Bereichs $D$ ab (Francon 2012). Bei direkter Detektion der Intensitätsverteilung spricht man vom objektiven Specklemuster.

$$l \sim \frac{\lambda z}{D} \tag{4}$$

Abbildung 18 verdeutlicht die Beleuchtungs- und Detektionsgeometrie.

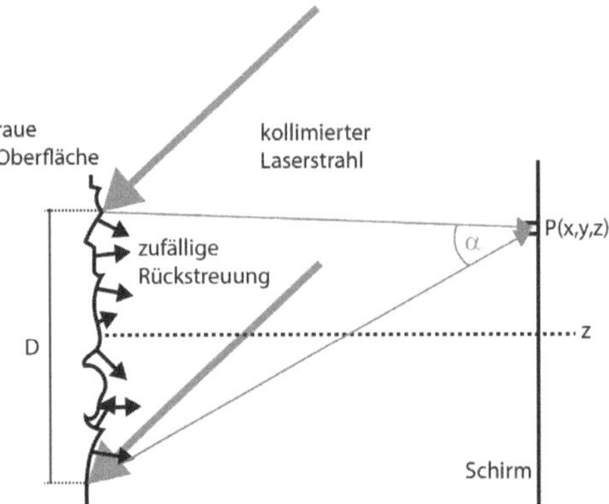


Abbildung 18: *Detektion eines objektiven Specklemusters. Die Dimension der kohärent beleuchteten Fläche D und der Abstand z zum Detektionsort P beeinflussen die mittlere Specklegröße.*

Aus Gleichung (4) geht hervor, dass bei größer werdendem beleuchteten Bereich $D$ die Speckles kleiner werden. Dies hängt mit dem maximalen Interferenzwinkel zusammen, unter dem Licht im Punkt $P(x, y, z)$ interferieren kann. Der wellenoptische Zusammenhang zwischen Interferenzwinkel $\alpha$, Wellenlänge $\lambda$ und Größe der Interferenzstruktur $l$ lautet (Hecht 1987, S.13):

$$\sin(\alpha) = \frac{\lambda}{l} \tag{5}$$

Wird der maximale Interferenzwinkel am Detektionsort durch eine Apertur beschränkt, wie dies bei optischen Abbildungen häufig der Fall ist, so geht statt des Durchmessers des ausgeleuchteten Bereichs $D$ der Durchmesser der Apertur $D_{Ap}$ ein. Bei einer Abbildung der Oberfläche wird häufig das Specklemuster beeinflusst. Die hierbei entstehende Intensitätsverteilung wird deshalb subjektives Specklefeld genannt. Der Abstand $z$ bezieht sich nun auf die Entfernung zwischen der Apertur und der Betrachtungsebene. Dies wird durch Abbildung 19 verdeutlicht:

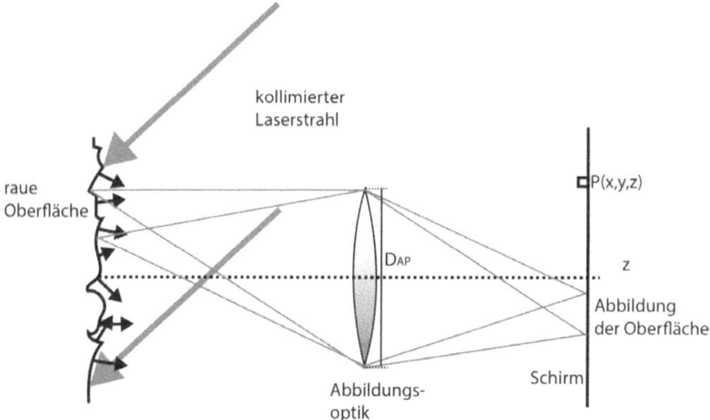


Abbildung 19: *Entstehung eines subjektiven Specklemusters. Die Apertur der abbildenden Linse $D_{AP}$ beschränkt den Interferenzwinkel. Dies führt zu einer höheren mittleren Specklegröße.*

Die minimale Specklegröße ist nun gegeben durch

$$l \sim \frac{\lambda z}{D_{Ap}} \tag{6}$$

Sowohl bei objektiven als auch bei subjektiven Specklefeldern ist das Lichtfeld in einem Detektionspunkt die Überlagerung einer großen Zahl $N$ von Elementarwellen, die von der Oberfläche des rauen Objekts ausgehen. Mit der Entfernung $r_j$ vom Oberflächenelement mit dem Index $j$ zum Punkt $P(x, y, z)$ kann das komplexe Wellenfeld $U(P)$ in diesem Punkt als Überlagerung der komplexen Einzelwellen $u_j$ wie folgt ausgedrückt werden (Dainty 1977):

$$U(P) = \frac{1}{\sqrt{N}} \sum_{j=1}^{N} u_j(P) = \frac{1}{\sqrt{N}} \sum_{j=1}^{N} |u_j| \exp(i\,\psi_j) \tag{7}$$

$|u_j|$ ist hierbei die Amplitude und $\psi_j$ die Phase der komplexen Welle $u_j$. Die resultierende

Amplitude und Phase in einem Punkt eines Specklefeldes $U(P)$ ist das Ergebnis der Summation vieler Einzelwellen $u_j$, die alle unabhängig in Betrag und Phase sind. Die Phase nimmt hierbei zufällige Werte zwischen $-\pi$ und $\pi$ an. Für einige Einzelwellen ist dies anschaulich in Abbildung 20 dargestellt.

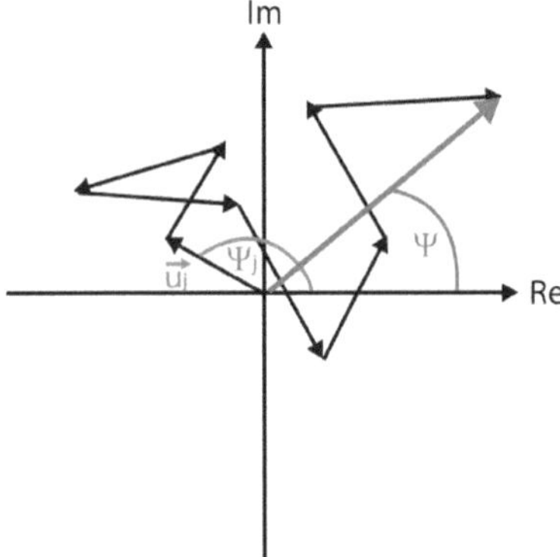


Abbildung 20: *Kohärente Überlagerung von mehreren Elementarwellen gleicher Amplitude aber zufälliger Phase. Die resultierende Amplitude und Phase in einem Punkt werden von den zufälligen Einzelphasen $\psi_j$ der Lichtwellen $u_j$ bestimmt.*

Sogenannte voll entwickelte Speckles mit maximalem Kontrast entstehen unter folgenden Bedingungen:

- die Oberflächenrauheit ist größer als die Wellenlänge

- die erzeugende Strahlung ist polarisiert und die Streuung an der Oberfläche ist polarisationserhaltend

- es liegt eine große Anzahl an Streuzentren vor

Abweichungen von diesen Bedingungen resultieren in einem niedrigeren Specklekontrast. Im Falle einer im Vergleich zur Wellenlänge kleineren Rauheit kommt ein Anteil gerichteter Reflexion hinzu, welcher den Kontrast senkt. Hier spricht man von teilweise entwickelten Speckles. Wird die Oberflächenrauheit größer als die Kohärenzlänge des verwendeten Lichts oder ändert sich bei der Rückstreuung die Polarisation, nimmt der Kontrast aufgrund der reduzierten Kohärenz ab. Die Abhängigkeit von Specklekontrast und räumlicher Intensitätsverteilung von der Oberflächenbeschaffenheit im Zwischenbereich ist komplex und wurde von Dainty (1977) ausführlich behandelt. Bei Objekten mit wenigen Streuzentren zeigen sich Abweichungen der Specklegröße und des Kontrastes, welche stark von der Beleuchtungsrichtung und der Oberflächenstruktur abhängen. Die nötige Anzahl an Streuzentren für vollentwickelte Speckle liegt bei rauen Oberflächen in der Regel vor.

Für monochromatische und polarisierte Strahlung sowie eine große Anzahl unabhängiger Streu-zentren lässt sich die Wahrscheinlichkeitsdichte $p(I)$ für die Intensität $I$ innerhalb eines Speck-lefeldes als Exponentialfunktion herleiten:

$$p(I) = \frac{I}{\langle I \rangle} \exp\left(-\frac{I}{\langle I \rangle}\right) \tag{8}$$

$\langle I \rangle$ drückt hierbei die mittlere Intensität im Specklefeld aus. Die wahrscheinlichste Intensität ist 0, weshalb Specklefelder einen hohen optischen Kontrast haben. Die Standardabweichung ist gleich der mittleren Intensität:

$$\sigma_I = \langle I \rangle \tag{9}$$

Der Kontrast $C$ berechnet als Verhältnis der Standardabweichung zur mittleren Intensität beträgt damit 1:

$$C = \frac{\sigma_I}{\langle I \rangle} = 1 \tag{10}$$

Goodman leitete über die Aufstellung der Wahrscheinlichkeitsdichtefunktion der realen und imaginären Anteile der komplexen Wellen eine konstante Wahrscheinlichkeitsdichte $p(\psi)$ für die Phase $\psi$ her:

$$p_\psi(\psi) = \frac{1}{2\pi} \tag{11}$$

Betrachtet man die fluktuierende Intensität innerhalb eines Specklefelds als Rauschen, so ergibt sich das Signal-Rausch-Verhältnis (SNR) als Inverse des Kontrast:

$$\mathrm{SNR} = \frac{1}{C} = \frac{\langle I \rangle}{\sigma_I} \tag{12}$$

### 3.1.2  Speckle-Interferometrie

Aufgabe der Speckle-Interferometrie ist es, Zustände von Oberflächen zu bestimmen. Hierbei ist nicht die Messung der absoluten Oberfläche (Topographie) das Ziel, sondern das Erfassen von Änderungen der Oberfläche. Die Oberfläche wird mit kohärentem Licht beleuchtet. Das Licht, welches die Oberfläche zurück streut, wird analysiert. Eine zentrale Rolle spielt die Phase $\psi$ des rückgestreuten Lichts, die sich bei lokaler Auslenkung der Oberfläche ändert. Im Folgenden werden die Faktoren diskutiert, die zur Entstehung des absoluten Phasenfelds beitragen. Die Darstellung folgt im Wesentlichen dem Review von Doval (2000). Im Anschluss wird das ESPI-Messverfahren vorgestellt.

**Phase und Phasenunterschiede**  Zunächst wird in Abbildung 21 das den Betrachtungen zugrundeliegende Koordinatensystem festgestellt:

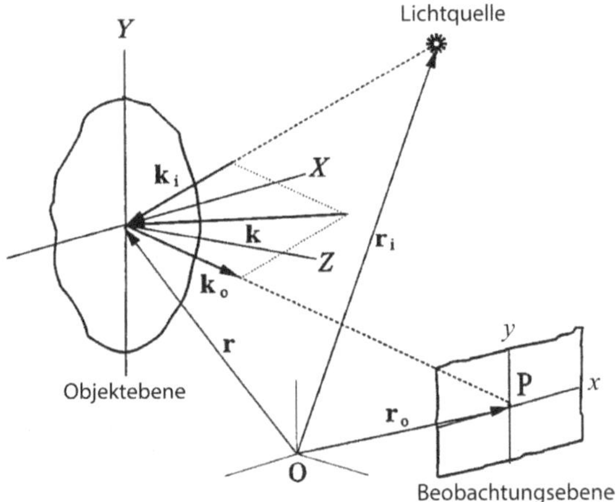



Abbildung 21: *Koordinatensystem mit Bezugspunkt O, Objektebene X/Y, Beobachtungsebene x/y und der Lichtquelle. (Abbildung nach Doval 2000)*

Der Bezugspunkt ist mit O gekennzeichnet. Die Objektebene hat die lateralen Achsen X und Y. Die räumliche Achse Z zeigt positiv in Richtung des Detektors. Detektiert wird im Punkt P der Detektorebene, die durch die Koordinaten x und y beschrieben wird. Jeweils vom Ursprung zeigen die Vektoren

- $\vec{r}$ zu einem Punkt der zu vermessenden Oberfläche,

- $\vec{r_i}$ zum Zentrum der Lichtquelle und

- $\vec{r_o}$ zum Ort der Detektion P.

Weiterhin werden die Wellenvektoren in Richtung des einfallenden Lichts $\vec{k_i}$ und des reflektierten Lichts $\vec{k_o}$ eingeführt:

$$\vec{k_i} = \frac{2\pi}{\lambda}\vec{e_i} \quad \text{und} \quad \vec{k_o} = \frac{2\pi}{\lambda}\vec{e_o} \tag{13}$$

wobei $\vec{e_i}$ und $\vec{e_o}$ die entsprechenden Einheitsvektoren darstellen. Die absolute Phase $\psi$ in einem Punkt in der Detektionsebene kann mit den Wellenvektoren wie folgt beschrieben werden.

$$\psi = \psi_{\mathrm{Sp}} + \phi \quad,\text{mit} \tag{14}$$

$$\phi = \phi_i + \vec{k_i}\,(\vec{r} - \vec{r_i}) + \vec{k_o}\,(\vec{r_o} - \vec{r}) \tag{15}$$

Hierbei hängt der zufällige Anteil $\psi_{\mathrm{Sp}}$ von der jeweiligen Rauheit auf der Oberfläche ab. Der deterministische Anteil $\phi$ berücksichtigt die Startphase $\phi_i$ und die Phasenverzögerungen, die sich aus den geometrischen Distanzen ergeben. Anschaulich zeigt $\vec{k_i}$ von der Lichtquelle aus in Richtung der zu messenden Oberfläche und $\vec{k_o}$ zeigt von der Oberfläche in Richtung der Detektionsebene.

Es wird der Sensitivitätsvektor $\vec{k_S}$ eingeführt. Dieser beschreibt die Raumrichtung, in welcher eine Phasenänderung durch Änderung der Oberflächenlage bei gegebener Geometrie messbar wird. Treten dreidimensionale Veränderungen auf, so tragen lediglich die Projektionen der drei Dimensionen auf den Sensitivitätsvektor zu einer resultierenden Phasenänderung bei. Der Sensitivitätsvektor zeigt in die Richtung der Differenz zwischen den Vektoren $\vec{k_i}$ und $\vec{k_o}$, welche die Richtung des einfallenden und reflektierten Lichtes beschreiben:

$$\vec{k_S} = \vec{k_i} - \vec{k_o} = \frac{2\pi}{\lambda}(\vec{e_i} - \vec{e_o}) \tag{16}$$

Mithilfe des Sensitivitätsvektors $\vec{k_S}$ kann Ausdruck 14 nun wie folgt erweitert werden. Die Vektorprodukte projizieren hierbei Raumrichtungen auf den Sensitivitätsvektor bzw. die Wellenvektoren.

$$\psi = \psi_{Sp} + \phi' + \vec{k_S} \cdot \vec{r} \quad \text{mit} \tag{17}$$
$$\phi' = \phi_i + \vec{k_o} \cdot \vec{r_o} - \vec{k_i} \cdot \vec{r_i} \tag{18}$$

Bei einer Lageänderung der Objektoberfläche, der Lichtquelle oder des Detektors kann die resultierende Phasenänderung wie folgt beschrieben werden:

$$\Delta\psi = \Delta\psi_{Sp} + \Delta\phi' + \Delta(\vec{k_S} \cdot \vec{r}) \quad \text{mit}$$
$$\Delta\phi' = \Delta\phi_i + \Delta(\vec{k_o} \cdot \vec{r_o}) - \Delta(\vec{k_i} \cdot \vec{r_i}) \quad \text{und}$$
$$\Delta(\vec{k_S} \cdot \vec{r}) = \left[(\vec{k_S} + \Delta\vec{k_S}) \cdot (\vec{r} + \Delta\vec{r})\right] - (\vec{k_S} \cdot \vec{r})$$
$$= \Delta\vec{k_S} \cdot \vec{r} + \vec{k_S} \cdot \Delta\vec{r} + \Delta\vec{k_S} \cdot \Delta\vec{r}$$

Hierin stehen $\Delta\phi'$ und $\Delta\vec{k_S} \cdot \vec{r}$ für Änderungen an der Beleuchtungs- und Detektionsgeometrie sowie Änderungen im Brechungsindex des umgebenden Mediums, der Wellenlänge oder der Startphase. Phasenänderung durch die Auslenkung der Oberfläche betragen $\vec{k_S} \cdot \Delta\vec{r}$. Gleichzeitige Änderungen dieser beiden Gruppen werden in $\Delta\vec{k_S} \cdot \Delta\vec{r}$ zusammengefasst. Unter der Annahme, dass Änderungen der Oberfläche so klein sind, dass sie die Mikrostruktur der Oberfläche nicht global ändern wird $\Delta\psi_{Sp}$ zu 0. Man spricht von korrelierbaren Specklefeldern. Nimmt man weiterhin an, dass die Messsituation so stabil ist, dass sich die Umgebungsbedingungen sowie die Messgeometrie nicht ändern, werden $\Delta\vec{k_S} \cdot \vec{r}$ und $\Delta\vec{k_S} \cdot \Delta\vec{r}$ zu null und $\Delta(\vec{k_S} \cdot \vec{r})$ wird zu $\vec{k_S} \cdot \Delta\vec{r}$. Damit vereinfacht sich die Phasenänderung zu $\vec{k_S} \cdot \Delta\vec{r}$. Eine detektierte Phasenänderung beruht dann ausschließlich auf der Auslenkung $S(\vec{r}, t)$ eines Punktes der X/Y-Ebene in Richtung des Sensitivitätsvektors $\vec{k_S}$. Die resultierende Phasenänderung hängt über $\vec{k_S}$ mit der Auslenkung zusammen:

$$\Delta\psi = |\vec{k_S}| \, S(\vec{r}, t) \tag{19}$$

Sind Beleuchtungs- und Detektionsrichtung parallel, beträgt die resultierende Phasenänderung:

$$\Delta\psi = \frac{4\pi}{\lambda}\, S(\vec{r}, t) \tag{20}$$

**Visualisieren von Phasenunterschieden**    Die Speckle-Interferometrie dient dem Erfassen
verschiedener Zustände einer Oberfläche. Hierfür werden zwei Aufnahmen der Oberfläche, die
zu verschiedenen Zeitpunkten aufgenommen wurden, auf Phasenunterschiede analysiert. Die
Phase eines Wellenfeldes ist keine messtechnisch direkt zugängliche Größe. Um eine Phasenänderung in eine messbare Änderung der Intensität zu wandeln, wird interferometrisch eine
Referenzwelle überlagert. Hierfür eignen sich ebene Wellen homogener Intensität. Die resultierende Intensität $I$ zweier kohärenter Wellen mit den Intensitäten $I_O$ und $I_R$ und den Phasen
$\psi_O$ und $\psi_R$ beträgt:

$$I(x,y) = I_O(x,y) + I_R(x,y) + 2\sqrt{I_O(x,y)I_R(x,y)}\cos\left(\psi_O(x,y) - \psi_R(x,y)\right) \tag{21}$$

Aus Gründen der besseren Lesbarkeit wird im Folgenden zunächst die Ortsabhängigkeit $(x,y)$
vernachlässigt und für die Phase der Referenz $\psi_R = 0$ angenommen.

Für eine Messung sind mindestens zwei Aufnahmen $I_1$ und $I_2$ nötig. Verschiebt sich zwischen
den Aufnahmen die Oberfläche entlang des Sensitivitätsvektors um den Betrag $S$, resultiert
dies in einer Phasenänderung $\Delta\psi_O$:

$$I_1 = I_O + I_R + 2\sqrt{I_O I_R}\cos\left(\psi_O\right) \tag{22}$$
$$I_2 = I_O + I_R + 2\sqrt{I_O I_R}\cos\left(\psi_O + \Delta\psi_O\right) \tag{23}$$

Hierbei wird davon ausgegangen, dass die Referenzintensität während der Aufnahme der beiden
Interferogramme stabil ist und dass die Änderung der Objektoberfläche so gering ist, dass
die Objektintensität sich nicht ändert, die Specklemuster also korrelierbar sind. Die einfachste
Möglichkeit der Visualisierung von Objektunterschieden ist das Subtraktionsverfahren, welches
die Differenzen der beiden Interferogramme berechnet:

$$I_2 - I_1 = 2\sqrt{I_O I_R}\left(\cos\left(\psi_O + \Delta\psi_O\right) - \cos\left(\psi_O\right)\right) \tag{24}$$
$$= -4\sqrt{I_O I_R}\left(\sin\left(\psi_O + \frac{\Delta\psi_O}{2}\right)\sin\left(\frac{\Delta\psi_O}{2}\right)\right) \tag{25}$$

Nach Betragsbildung dieser Differenz werden Korrelationsstreifen sichtbar, die Punkte gleicher Veränderung verbinden. Der rechte Sinusterm steht für die Streifen, der linke für die
Intensitätsfluktuation durch die Speckles.


**Phasenschieben**    Das Subtraktionsverfahren unterliegt der Einschränkung, dass eine Unterscheidung der Richtung der Oberflächenänderung nicht möglich ist, da die Korrelationsstreifen
aufgrund der Cosinusabhängigkeit eine gerade Funktion von $\Delta\psi$ sind. Um diese Unterscheid-

barkeit zu gewährleisten, muss a priori Information eingebracht werden. Ein gängiger Weg ist das sogenannte Phasenschieben, wobei in mehreren Aufnahmen der Referenz bekannte Zusatzphasen zugeführt werden. So wird ein Gleichungssystem aufgestellt, in dem jedes Interferogramm, welches in der Referenzphase um einen Betrag $\Delta\psi_R$ zwischen 0 und $2\pi$ weitergeschoben wurde, eine Gleichung darstellt. Der Zusammenhang (22) mit den drei Unbekannten $I_O$, $I_R$ und $\psi_O$ kann nach der Phase gelöst werden, wenn ein Gleichungssystem mit mindestens ebenso vielen Gleichungen wie Unbekannten aufgestellt wird, die Phase also mindestens zwei mal um einen bekannten Betrag geschoben wird. Neben diesem sogenannten Drei-Schritt-Algorithmus sind Vier- und Fünf-Schritt-Algorithmen bekannt. Das Phasenschieben wurde von Creath (1985) vorgeschlagenen und wird von Schreiber und Bruning (2007) in einem Buchkapitel ausführlich dargestellt. Der Lösungsweg wird hier für den gut nachvollziehbaren Vier-Schritt-Algorithmus gezeigt, wobei zwischen den Aufnahmen $I_A$ bis $I_D$ die Referenzphase jeweils um $\pi/2$ geschoben wird.

$$
\begin{aligned}
I_A &= I_O + I_R + 2\sqrt{I_O I_R}\cos\left(\psi_O\right) \\
I_B &= I_O + I_R + 2\sqrt{I_O I_R}\cos\left(\psi_O + \pi/2\right) \\
I_C &= I_O + I_R + 2\sqrt{I_O I_R}\cos\left(\psi_O + \pi\right) \\
I_D &= I_O + I_R + 2\sqrt{I_O I_R}\cos\left(\psi_O + 3\pi/2\right)
\end{aligned}
\tag{26}
$$

Mithilfe trigonometrischer Symmetrien und Identitäten können die Gleichungen wie folgt umgeformt werden.

$$
\begin{aligned}
I_A &= I_O + I_R + 2\sqrt{I_O I_R}\cos\left(\psi_O\right) \\
I_B &= I_O + I_R - 2\sqrt{I_O I_R}\sin\left(\psi_O\right) \\
I_C &= I_O + I_R - 2\sqrt{I_O I_R}\cos\left(\psi_O\right) \\
I_D &= I_O + I_R + 2\sqrt{I_O I_R}\sin\left(\psi_O\right)
\end{aligned}
\tag{27}
$$

Anschließend werden jeweils die cosinusabhängigen Terme $I_A$ und $I_C$ und die sinusabhängigen Terme $I_B$ und $I_D$ voneinander abgezogen, wodurch die Ausdrücke unabhängig von der Hintergrundintensität $I_O + I_R$ werden.

$$
\begin{aligned}
I_A - I_C &= 4\sqrt{I_O I_R}\cos\left(\psi_O\right) \tag{28} \\
I_D - I_B &= 4\sqrt{I_O I_R}\sin\left(\psi_O\right) \tag{29}
\end{aligned}
$$

Diese beiden Ausdrücke werden ins Verhältnis gebracht.

$$
\frac{I_D - I_B}{I_A - I_C} = \frac{\sin\left(\psi_O\right)}{\cos\left(\psi_O\right)} = \tan\left(\psi_O\right)
\tag{30}
$$

Durch diesen Lösungsweg wird aus der ursprünglichen Cosinusabhängigkeit von Gleichung (22) eine Tangensabhängigkeit. Mit der ungeraden Tangensfunktion der Phasenänderung ist nun auch die Richtung der Auslenkung messbar.

Bei der Phasenbestimmung können vorzeichenabhängig Mehrdeutigkeiten auftreten. Weiterhin bildet die Arkustangensfunktion Phasenänderung im Bereich $-\pi$ bis $\pi$ nur auf einen Wertebereich von $-\pi/2$ bis $\pi/2$ ab. Um Mehrdeutigkeiten zu verhindern und den Bereich von $-\pi$ bis $\pi$ zu erschließen, müssen folgende Fallunterscheidungen vorgenommen werden (Creath 1988).

| $\sin(\psi)$ | $\cos(\psi)$ | $\psi \bmod 2\pi =$ |
|:---:|:---:|:---:|
| positiv | positiv | $\psi$ |
| positiv | negativ | $\pi - \psi$ |
| negativ | negativ | $\pi + \psi$ |
| negativ | positiv | $2\pi - \psi$ |

Effizienter gestaltet sich die Berechnung unter Verwendung der Funktion *atan2*, welche die Fallunterscheidungen impliziert.

Das Phasenschieben kann zeitlich oder räumlich ausgeführt werden. Beim ursprünglich von Creath (1988) vorgeschlagenen zeitlichen Phasenschieben wird die Referenzwelle über einen Spiegel geführt, der auf einen Piezoaktor montiert ist. Nach Kalibrierung kann durch Anlegen einer Spannung der Spiegel um den Betrag verfahren werden, der zur gewünschten Phasenänderung führt. Hierbei ist schrittweises Verfahren und Aufnehmen oder kontinuierliches Verfahren mit Aufnahmen zu entsprechenden Zeitpunkten möglich (Schreiber und Bruning 2007). Nachteilig beim zeitlichen Phasenschieben ist die lange Akquisitionsdauer. Da für jeden Objektzustand entsprechend der oben hergeleiteten Phasenbestimmung mindestens drei Aufnahmen nötig sind, ist das Verfahren nur für quasi-stationäre Prozesse geeignet.

**Räumliches Phasenschieben**    Um einen Objektzustand mit nur einer Belichtung zu erfassen, kann die Phasenverschiebung der Referenzwelle auf dem Detektor örtlich realisiert werden. Dieser Ansatz wurde von Küchel (1992) vorgeschlagen. Voraussetzung hierfür ist eine bekannte Phasenverschiebung der Referenzwelle im Vergleich benachbarter Pixel. Realisiert werden kann diese über eine starre Filtermaske auf einem Detektorarray, welche durch Polarisationsfilter das Licht pixelweise verzögert (Millerd et al. 2004) oder über einen Phasengradienten auf dem Detektor. Dieser kann bei entsprechender Polarisationseinstellung beispielsweise mit einem Wollastonprisma realisiert werden. Ein flexiblerer Weg ist die Einführung über eine angewinkelte Referenzwelle, wie von Pedrini et al. (1993) vorgeschlagen. Nach $\sin(\alpha) = \lambda/d$ kann ein Phasengradient mit der Periode $d$ über einen Interferenzwinkel $\alpha$ zwischen der Objekt- und Referenzwelle hergestellt werden. Über Variation von $\alpha$ lässt sich somit der Phasenunterschied $\Delta\psi_R$ von einem Pixel $m$ zum benachbarten Pixel $m + 1$ frei einstellen (siehe Abbildung 22, links). In diesem Fall besteht das resultierende Interferogramm aus dem Specklemuster und überlagerten Interferenzstreifen, wie in Abbildung 22b dargestellt.

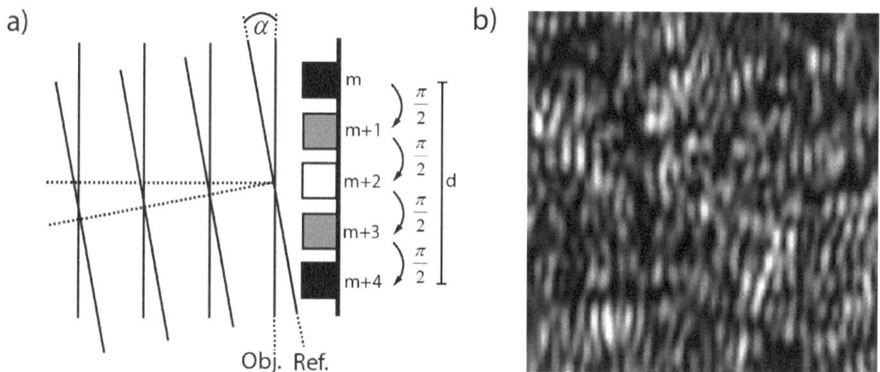


Abbildung 22: a) Anwinkeln der Referenzwelle unter dem Winkel $\alpha$ zur Realisierung des Phasengradienten $\Delta\psi_R$ auf dem Detektor. b) Resultierendes Speckle-Interferogramm mit Interferenzstreifen

Hat der Detektor $m = 1, ..., M$ Pixelspalten und $n = 1, ..., N$ Pixelreihen, setzt sich das resultierende Interferogramm wie folgt zusammen:

$$I_{m,n} = I_{O,m,n} + I_{R,m,n} + 2\sqrt{I_{O,m,n}I_{R,m,n}} \tag{31}$$
$$\cos(\psi_{O,m,n} - \psi_{R,m,n} - m\Delta\psi_{R,x} - n\Delta\psi_{R,y})$$

Dabei sind $\psi_{R,x}$ und $\psi_{R,y}$ jeweils die Phasendifferenzen zweier Pixel in x- und y-Richtung. Im Gegensatz zum zeitlichen Phasenschieben, bei dem pixelweise die Differenz zwischen verschiedenen Interferogrammen berechnet wird, werden bei der Phasenberechnung mittels örtlichem Phasenschieben benachbarte Pixel verrechnet. Bei einem Phasengradienten von $\Delta\psi_{R,x} = \pi/2$ und $\Delta\psi_{R,y} = 0$ lautet Berechnungsvorschrift (30) nun wie folgt. Der Term $m\,\Delta\psi_{R,x}$ entfällt bei der Differenzbildung zweier Datensätze.

$$\tan(\psi_O) + m\Delta\psi_{R,x} = \frac{I_{m+4} - I_{m+2}}{I_m - I_{m+3}} \tag{32}$$

Da mindestens drei nebeneinander liegende Pixel zu einer Phasenänderung zwischen zwei Zuständen gehört, unterliegt das örtliche Phasenschieben der Randbedingung, dass ein Speckle von mindestens drei Pixeln aufgelöst wird. Demnach beträgt die kleinste Größe eines gemessenen Punktes drei Pixel und zwei unterscheidbare Punkte liegen zuzüglich dem intensitätslosen Specklezwischenbereich mehrere Pixel voneinander entfernt. Gegenüber dem zeitlichen Phasenschieben, bei dem die Speckles nicht zwangsläufig aufgelöst werden müssen, ist die örtliche Auflösung somit wesentlich geringer. Der Vorteil des Verfahrens im Kontext dieser Arbeit liegt hauptsächlich in der simultanen Aufnahme aller für die Phasenberechnung nötigen Daten. Dadurch muss je Objektzustand nur ein Interferogramm aufgenommen werden. Dies beschleunigt die Datenaufnahme erheblich und eröffnet die Möglichkeit, eine gepulste Lichtquelle zu verwenden. Auch bei sehr schnellen Änderungen der Oberfläche sind so scharfe Momentaufnahmen der Veränderungen im Oberflächenzustand möglich. Wird beispielsweise ein Laserpuls von 10 ns Dauer verwendet, lassen sich Oberflächenbewegungen bis 100 MHz eindeutig feststellen. Somit ist die Methode geeignet, um sehr schnelle transiente Oberflächenänderungen abzutasten, wie sie als Folge des Eintreffens von Ultraschall-Druckwellen an einer Grenzfläche für die photoakustische Detektion erwartet werden.

**Fourier-Algorithmus zur Phasenbestimmung**   Zum Schluss dieses Abschnitts wird eine alternative Berechnungsmethode vorgestellt, die im Verlauf der Arbeit bei der Berechnung der Phasendifferenzbilder Anwendung findet. Hierbei werden die Interferogramme $I(x,y)$ mittels zweidimensionaler Fouriertransformation $\mathscr{F}_{x,y}$ in den Bereich der Ortsfrequenzen $k_x$ und $k_y$ übertragen. Nach spektraler Filterung und Rücktransformation liegen die Interferogramme als komplexwertige Daten in Betrag und Phase vor. Die Multiplikation der komplexen Datensätze macht Phasendifferenzen zugänglich. Im Kontext mit der Speckle-Interferometrie wurde diese Methode von Saldner et al. (1996) vorgeschlagen; die folgende Darstellung beruft sich auf (Burke 2000) und (Kemper et al. 2003).

Ist $O(x,y) = |O(x,y)|\exp(i\psi_O(x,y))$ das komplexwertige Lichtwellenfeld des vom Objekt zurückgestreuten Lichts und $R(x,y) = |R(x,y)|\exp(i\psi_R(x,y))$ das Lichtwellenfeld der Referenz, dann beträgt die resultierende Intensität bei Überlagerung der beiden Felder:

$$
\begin{aligned}
I(x,y) \quad &\propto \quad (O(x,y) + R(x,y))\,(O(x,y) + R(x,y))^{*} &(33)\\
&\propto \quad |O(x,y)|^2 + |R(x,y)|^2 + O(x,y)^{*}R(x,y) + O(x,y)R(x,y)^{*} &(34)
\end{aligned}
$$

wobei $|\;|$ für den Betrag und $^{*}$ für das entsprechende komplex konjugierte Feld steht. Die Intensität des Specklefelds ist in $|O|^2$ enthalten und die Intensität der ebenen Referenzwelle in $|R|^2$. Wird die Referenzwelle unter einem Winkel zugeführt, entstehen durch den Phasengradienten im Ortsbereich interferometrische Streifen. Die Modulation der Intensität der Objektinformation mit diesen Streifen schiebt deren Spektrum im Fourierraum aus dem Zentrum. Je höher der Phasenversatz benachbarte Pixel $d\psi/dx, dy$, desto weiter außen im Spektrum liegen die Zentren $k_{0x}, k_{0y}$ der Objektspektren.

$$
\left( \frac{d\psi_R}{dx}, \frac{d\psi_R}{dy} \right) = (2\pi k_{0x}, 2\pi k_{0y}) \tag{35}
$$

Die Beschreibung des modulierten Interferogramms lautet für eine gekippte ebene Referenzwelle wie folgt:

$$
\begin{aligned}
I(x,y) \quad &\propto \quad |O(x,y)|^2 + |R(x,y)|^2 &(36)\\
&\quad + O(x,y)^{*}\,|R(x,y)|\exp(i(2\pi k_{0x}x + 2\pi k_{0y}y))\\
&\quad + O(x,y)\,|R(x,y)|\exp(-i(2\pi k_{0x}x + 2\pi k_{0y}y))
\end{aligned}
$$

Das Spektrum des Interferenzmusters $\mathscr{F}(I(x,y))$ lässt sich folgendermaßen beschreiben.

$$
\begin{aligned}
\mathscr{F}(I(x,y)) \;=\; & \mathscr{F}\{I\}(k_x, k_y) \\
=\; & \mathscr{F}\{O\,O^*\}(k_x, k_y) + |R|^2 \delta(k_x, k_y) \\
& + |R|\,\mathscr{F}\{O^*\}(k_x - k_{0x}, k_y - k_{0,y}) \\
& + |R|\,\mathscr{F}\{O\}(k_x + k_{0x}, k_y + k_{0,y})
\end{aligned}
\tag{37}
$$

Hierbei wurde eine konstante Intensität der Referenz $|R|^2$ angenommen, welche im Ortsfrequenzbereich die Deltafunktion $|R|^2\delta$ ergibt. Die auf Interferenz zwischen Objekt- und Referenzwelle zurückzuführenden beiden letzten Terme treten im Spektrum verschoben auf. Dies wird in Abbildung 23 deutlich, die ein Interferogramm und das entsprechende Betragsspektrum zeigt.

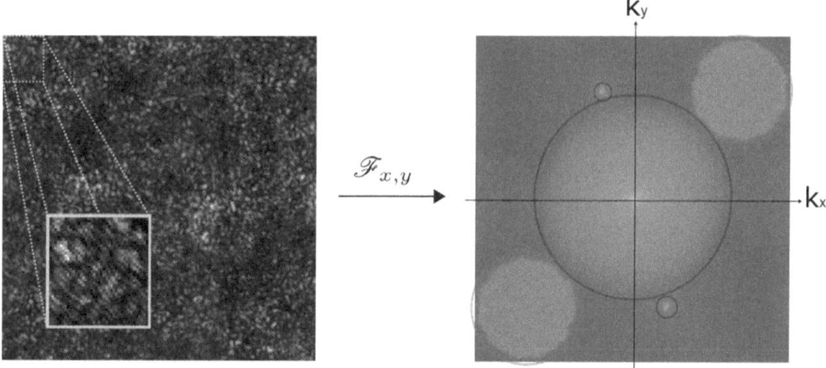


Abbildung 23: *Das Interferogramm mit den eingeführten Interferenzstreifen wird durch Fouriertransformation zum Ortsfrequenzspektrum. Um den zur Verfügung stehenden Ortsfrequenzbereich optimal auszunutzen, wurde der Phasengradienten in Richtung der Diagonale des quadratischen Bildfeldes gelegt. Die Interferenz zwischen Objekt- und Referenzstrahlung (im Spektrum rot markiert) erscheint dann im Frequenzraum ebenfalls diagonal verschoben. Die diagonale Verschiebung ermöglicht eine höhere Abtastung, da die gegebene Bandbreite gegenüber rein horizontaler oder vertikaler Verschiebung besser ausgenutzt wird. Blau markiert ist die Selbstinterferenz von Objekt- und Referenzlicht. Die schwarz markierten Frequenzen entstehen durch Interferenz im Schutzglas auf dem Detektorchip.*

In der Mitte des Spektrums befinden sich die Selbstinterferenzterme $\mathscr{F}\{O\,O^*\}$ und $|R|^2\delta(k_x, k_y)$. Die beiden außen liegenden Interferenzterme zwischen Objekt- und Referenzstrahlung sind durch die gekippte Referenzwelle vom Selbstinterferenzterm separiert. Hier finden sich die zuvor diskutierten Randbedingungen der Speckle-Interferometrie hinsichtlich Phasengradient und Specklegröße wieder.

**Randbedingungen**   Eine Veränderung des Winkels zwischen Referenz- und Objektwelle resultiert in veränderter Position des Zentrums der Interferenzterme im Spektrum

$\pm(k_x \pm k_{0x}, k_y \pm k_{0,y})$. Die Specklegröße spiegelt sich indirekt in der Größe der Objekt-Referenz-Interferenzterme wieder. Diese stellen ein Abbild der Blende dar, welche die numerische Apertur $NA$ bestimmt. Die $NA$ reguliert die Bandbreite der Abbildung $K = k_{x,y} NA$ und damit die mittlere Specklegröße. Hat die Referenzwelle die Raumfrequenz $K_R$, ergibt sich für die Interferenzterme zwischen Objekt- und Referenzwelle eine zur Aufzeichnung notwendige Bandbreite von $K_{R^*O} = K_{O^*R} = K_R + K$. Bei Verwendung einer ebenen Referenz mit $K_R = 0$ folgt $K_{R^*O} = K$. Der Selbstinterferenzterm hat die doppelte Bandbreite, da $K_{OO^*} = K + K = 2K$. Die Bandbreite und damit der Durchmesser der Selbstinterferenzterme ist im Spektrum doppelt so groß wie die Bandbreite der Interferenzterme zwischen Objekt- und Referenzwelle. Die Abtastung ist optimiert, wenn die zur Verfügung stehende Bandbreite des Detektors ohne ein Überschneiden der Interferenzterme mit den Selbstinterferenztermen ausgenutzt ist. Bei einer gegebenen Bandbreite des Detektionsspektrums lässt sich aus diesen Randbedingungen ein allgemeines Optimum für die spektrale Position und die Bandbreite der Interferenzterme zwischen Objekt- und Referenzwelle herleiten. Für eine 45°-Rotation des Phasengradienten ergibt sich, dass die Bandbreite für das Probenlicht folgenden Anteil von der verfügbaren Detektionsbandbreite einnehmen kann (Hillmann 2013):

$$1/(3/2\sqrt{2} + 1) \approx 1/3 \tag{38}$$

**Spektrale Filterung**  Die Separation der Terme im Frequenzraum ermöglicht ein Trennen mit einer multiplikativen Maske, die als Frequenzfilter wirkt. Dies ist notwendig, damit die in je einem der Objekt-Referenz-Interferenzterme enthaltene Information, d.h. die Objektphase $\psi_O$, nicht durch die anderen Terme gestört wird. Der Signaluntergrund kann auf diese Weise reduziert werden. Durch die Maskierung mit einer geeigneten Filterfunktion

$$\begin{aligned} W(k_x, k_y) &= 1 \ \text{für} \ \mathscr{F}\{R^*O\} \ \text{und} \tag{39} \\ &= 0 \ \text{sonst} \tag{40} \end{aligned}$$

werden große Teile des Spektrums gleich Null gesetzt, während nur einer der Objekt-Referenz-Interferenzterme erhalten bleibt. Durch diesen Eingriff wird das Spektrum unsymmetrisch (Cuche et al. 2000), was Folgen für die Rücktransformation hat. Da das zugrundeliegende Interferogramm eine reelle Funktion ist, ist das Spektrum (siehe Abbildung 23) symmetrisch $(\mathscr{F}(-\nu) = \mathscr{F}^*(\nu))$, was bedeutet dass der Realteil des Spektrums durch eine gerade Funktion $[\mathrm{Re}\mathscr{F}(-\nu) = \mathrm{Re}\mathscr{F}(\nu)]$ und der Imaginärteil durch eine ungerade Funktion $[\mathrm{Im}\mathscr{F}(-\nu) = -\mathrm{Im}\mathscr{F}(\nu)]$ beschreibbar ist. Während bei der Rücktransformation eines symmetrischen Spektrums diese Symmetrien bewahrt werden und das reelle Interferogramm wiederhergestellt wird, erhält man nach Rücktransformation eines unsymmetrischen Spektrums einen komplexwertigen Ausdruck in Betrag und Phase :

$$I_{\#}(x,y) = \mathscr{F}^{-1}\left[\mathscr{F}[I(x,y)]\,W(k_y, k_y)\right] = |I_{\#}|\exp(i\psi(x,y)) \tag{41}$$

Dies macht Phasendifferenzen in nacheinander aufgenommen und spektral gefilterten Interferogrammen durch Multiplikation zugänglich, wobei das Referenz-Interferogramm $I_{\#,1}$ zuvor komplex konjugiert wird:

$$I^*_{\#,1} = |I_{\#,1}| \exp(-i\psi(x,y)) \tag{42}$$

$$I_{\#,2} = |I_{\#,2}| \exp(i\,(\psi(x,y) + \Delta\psi(x,y)) \tag{43}$$

$$I^*_{\#,1}I_{\#,2} = |I_{\#,1}|\,|I_{\#,2}| \exp(i\Delta\psi(x,y)) \tag{44}$$

Abbildung 24 verdeutlicht den Ablauf des Bildverarbeitungsalgorithmus.

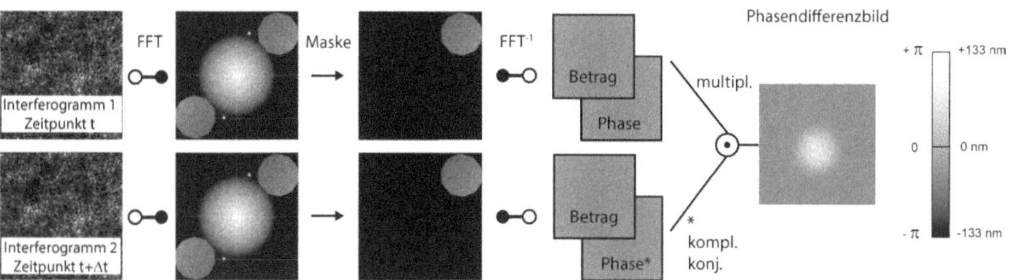


Abbildung 24: *Schematischer Ablauf der Bildverarbeitung. Jeweils zwei korrespondierende Interferogramme werden fouriertransformiert, spektral gefilter und wieder in den Ortsbereich transformiert, wo sie in Betrag und Phase vorliegen. Nachdem eines der beiden komplex konjugiert wurde, ist über Multiplikation das Phasendifferenzbild zugänglich.*

So entstehenden Phasendifferenzbilder, welche wie unter Nutzung des ESPI-Algorithmus (32) Phasendifferenzen sichtbar machen. Die Auswertung im Fourierraum ist der ESPI-Auswertung im Ortsraum jedoch aufgrund der effizienteren Berechnung sowie des niedrigeren Dunkelrauschens überlegen. Eine ausführliche Gegenüberstellung der Phasenberechnung im Orts- und Frequenzbereich ist in der Dissertation von Burke (2000) zu finden.

### 3.1.3  Rauschen

Rauschen bezeichnet statistische Schwankungen eines Messsignals. Bei Photodetektoren auf Halbleiterbasis setzen einfallende Photonen Elektronen frei. Der Faktor, der die Umwandlungseffizienz beschreibt, wird die Quantenausbeute $\eta_{\text{QE}}$ genannt. $N_v$ ist hierbei die Anzahl einfallender Photonen, $N_e$ die Anzahl freigesetzter Elektronen.

$$\eta_{\text{QE}}(\lambda) = \frac{N_e}{N_v(\lambda)} \tag{45}$$

Die einzelnen Elemente eines Photodetektors verfügen über eine Sättigungsgrenze (engl. full well capacity, fwc). Überschreitet die Anzahl freigesetzter Elektronen diese Grenze, so übersteuert der Sensor und weitere einfallende Photonen erzeugen kein höheres Signal. Werden

Elektronen ohne auslösenden Photoneneinfall freigesetzt, wird dies Dunkelstromrauschen $\sigma_{dark}$ genannt. Da Wärme der Auslöser für Dunkelstrom ist, lässt sich dieser durch Kühlung des Sensors minimieren. Im Falle ortsaufgelöster Detektoren wie CMOS oder CCD können Unterschiede in der Empfindlichkeit benachbarter Pixel ein festes laterales Muster im Bild entstehen lassen. Dies wird im Englischen fixed pattern noise $\sigma_{fpn}$ genannt und lässt sich durch Kalibration kompensieren. Beim Auslesen der Ladungen erzeugt der Ausleseverstärker weiterhin Ausleserauschen $\sigma_{read}$. Die Quantennatur des Lichts bewirkt das Quanten- oder Schrotrauschen $\sigma_{shot}$. Quantenrauschen einer Messung lässt sich nicht durch technische Maßnahmen verbessern und wird daher als maßgebend für die Sensitivitätsgrenze angesehen. Bezogen auf $n$ Ladungen beträgt die Standardabweichung durch Quantenrauschen (Janesick 2007)

$$\sigma_{shot} = \sqrt{n} \tag{46}$$

Die Höhe des Quantenrauschens hängt damit von der Anzahl $n$ freigesetzter Ladungen ab. Das quantenrauschenbedingte Signal-Rausch-Verhältnis (engl. Signal to Noise Ratio, SNR) ergibt sich wie folgt:

$$SNR = \frac{n}{\sqrt{n}}. \tag{47}$$

Im quantenrauschenbedingten Fall hängt demnach das SNR von der Anzahl detektierter Photonen bzw. damit freigesetzter Elektronen ab. Da diese durch die Sättigungsgrenze des Detektors begrenzt ist, beeinflusst auch diese Größe die Rauschuntergrenze. Bei einem voll ausgesteuerten Detektor mit der Sättigungsgrenze $fwc$ beträgt das Quantenrauschen

$$SNR = \frac{fwc}{\sqrt{fwc}} \tag{48}$$

Durch $N$-fache Messung und Mittelung lässt sich das SNR bei gleichverteiltem Rauschen verbessern Kramme (2007, S. 246):

$$SNR_{gemittelt} = \frac{SNR}{\sqrt{N}} \tag{49}$$

Fixed pattern noise $\sigma_{fpn}$ verhält sich proportional zur detektierten Anzahl an Ladungen:

$$\sigma_{fpn} = c_{fpn} n \tag{50}$$

$c_{fpn}$ ist hierbei ein konstanter Faktor. Das Ausleserauschen $\sigma_{read}$ ist mit dem Faktor $c_{read}$ nicht vom Signal abhängig:

$$\sigma_{read} = c_{read} \tag{51}$$

Die Summe des Rauschens kann nach Janesick (2007) wie folgt geschrieben werden.

$$\sigma_{total} = \sqrt{\sigma_{shot}^2 + \sigma_{fpn}^2 + \sigma_{read}^2} \tag{52}$$

Als Photonentransferfunktion wird das Auftragen des Rauschens, also die pixelweise Standardabweichung vieler sequentiell aufgenommener Werte gegen die Anzahl detektierter Ladungen bezeichnet. Entsprechend der Signalabhängigkeit der beschriebenen Rauscharten ist ihr Verlauf in verschiedenen Teilabschnitten von verschiedenen Rauscharten geprägt. Im unteren Signalbereich dominiert vor allem das konstante Ausleserauschen. Im sich anschließenden sogenannten shot noise regime steigt das Rauschen mit $\sqrt{n}$ an. Hiernach dominiert das fixed pattern noise mit dem Anstieg $n$, bis der Sensorpunkt gesättigt ist, womit das Rauschen spontan wieder abfällt, da der maximale Strom ausgegeben wird. Dieser typische Verlauf einer Photonentransferfunktion wird in Abbildung 25 gezeigt.

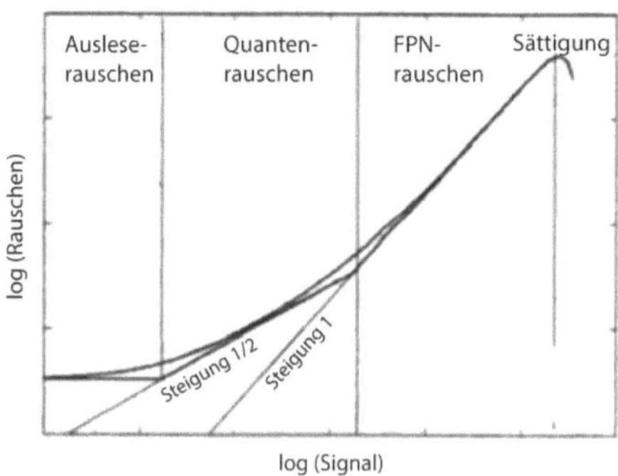


Abbildung 25: *Typische Photonentransferfunktion eines Kamerasensors. Aufgetragen ist doppellogarithmisch der Verlauf des Rauschens über dem Helligkeitswert eines Pixels. Im unteren Bereich wird konstantes Ausleserauschen beobachtet. Im mittleren Bereich mit der Steigung $\sqrt{n}$ dominiert Shot Noise (Quantenrauschen). Bis zur Sättigungsgrenze ist danach das Fixed Pattern Noise vorherrschend. Wenn die Sättigungsgrenze erreicht ist, fällt das Rauschen ab. (nach Janesick 2007)*

Bei interferometrischen Experimenten spielen auch mechanische Vibrationen eine Rolle. Die Interferometrie wandelt Phasenunterschiede in detektierbare Intensitätsunterschiede. Wie im Abschnitt 3.1.2 dargestellt, entstehen Phasenunterschiede auch durch Lageänderungen von Lichtquelle, Objekt oder Detektor relativ zueinander. Zusätzlich zum oben beschriebenen Detektionsrauschen können daher mechanische Störquellen zum Rauschen einer Messung beitragen.

## 3.2  Photoakustische Signalerzeugung im Gewebe

### 3.2.1  Gewebeoptik

Im Gegensatz zu den wellenoptischen Betrachtungen im letzten Abschnitt wird bei der Beschreibung von Lichttransport in biologischem Gewebe und der Licht-Gewebe-Wechselwirkung das Licht üblicherweise als Photon in seinem Teilchen-Charakter betrachtet. Wird Licht auf

Gewebe gestrahlt, wird ein geringer Anteil der Photonen an der Oberfläche reflektiert. Hierfür ist der Brechungsindexunterschied an der Grenzfläche des Gewebes und des umgebenden Mediums verantwortlich. Die Photonen, die in das Gewebe eindringen, breiten sich hierin aus. Dabei sind Absorption und Streuung die fundamentalen Prozesse, wobei im sichtbaren Wellenlängenbereich bei den meisten Gewebearten die Streuung überwiegt. Ein Teil der gestreuten Photonen kann in entgegengesetzter Richtung wieder aus dem Gewebe rückgestreut werden, dies wird Remission genannt. Bei einer nicht zu dicken Gewebeschicht kann außerdem ein Teil transmittiert werden. Abbildung 26 veranschaulicht die beschriebenen Prozesse.

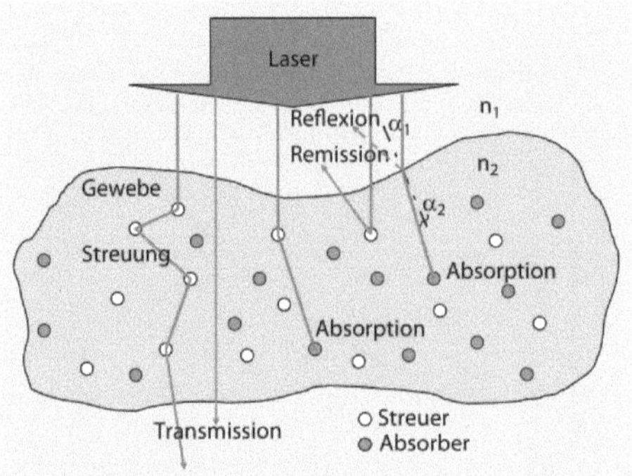


Abbildung 26: *Prozesse bei der Lichtausbreitung im Gewebe. Ein Photon kann reflektiert, remittiert, gestreut, absorbiert oder transmittiert werden. Quelle: Raulin (2013)*

Die Prozesse Absorption und Streuung sind besonders relevant für die Photoakustik und werden im Folgenden betrachtet. Die Darstellung folgt der Arbeit von Wang et al. (2012, S.1 ff).

**Absorption**   Die Absorption wird mit dem Absorptionskoeffizienten $\mu_a$ beschrieben. Dieser steht für die Wahrscheinlichkeit, mit der ein Photon durch das zurückgelegte Längenintervall $dz$ absorbiert wird. Die Fähigkeit eines einzelnen Absorbers, ein Photon zu absorbieren, wird mit dem Absorptions-Wirkungsquerschnitt $\sigma_a$ beschrieben, der das Produkt aus dem geometrischen Querschnitt $\sigma_g$ und seiner Absorptionseffizienz $Q_e$ ist. Für ein Volumen $V$ mit $N_a$ Absorbern gilt:

$$\mu_a = \frac{N_a \sigma_a}{V} \tag{53}$$

Wurde ein Photon absorbiert, steht es nicht mehr zur Verfügung. Daher nimmt im absorbierenden Medium die Intensität $I$ in Abhängigkeit der Tiefe $z$ ab:

$$\frac{dI}{I} = -\mu_a \, dz \tag{54}$$

Demnach wird im Intervall $dz$ der Anteil der Intensität absorbiert, der dem Produkt aus $\mu_a$ und $dz$ entspricht. Durch Integration ergibt sich

$$I(z) = I_0 \exp(-\mu_a z) \tag{55}$$

wobei $I_0$ die Intensität bei z $= 0$ ist. Der Absorptionskoeffizient hat die Einheit $\mathrm{m}^{-1}$. Die mittlere Absorptionslänge ist reziprok zum Absorptionskoeffizienten und beschreibt die 1/e-Wahrscheinlichkeit der Absorption.

Bei Absorption wird ein Elektron eines Moleküls vom Grundzustand in den angeregten Zustand transferiert. Kehrt es aus diesem wieder in den Grundzustand zurück, gibt es mehrere Möglichkeiten der Energieabgabe. Die für die Photoakustik wichtige Art der Energiekonversion ist die Entstehung von Wärme als innere Konversion. Hauptabsorber im sichtbaren und den daran angrenzenden Wellenlängenbereichen sind in biologischem Gewebe Melanin, Hämoglobin, Fett und Wasser. Abbildung 27 gibt einen Überblick über die wellenlängenabhängige Absorption dieser und weiterer Gewebebestandteile.

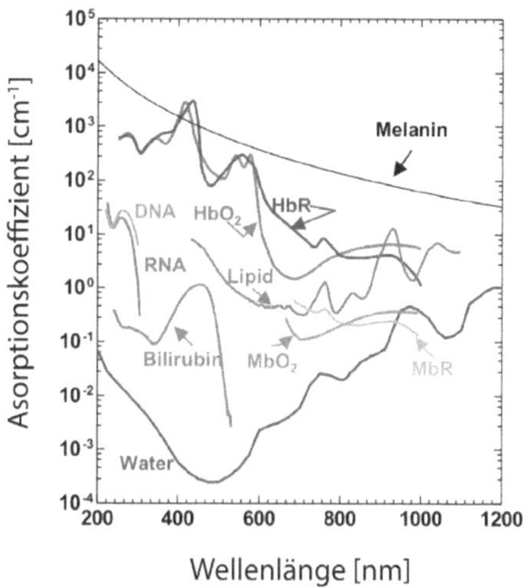


Abbildung 27: *Absorptionsspektren endogener Absorber im Gewebe. $HbO_2$: oxygeniertes Hämoglobin, 150 g/L in Blut. HbR: deoxygeniertes Hämoglobin, 150 g/L in Blut. Lipid: 20 % vol in Wasser. Wasser (Water): 80 % vol in Gewebe. DNA/RNA: 1 g/L im Zellkern. Melanin: 14.3 g/L in mittelheller menschlicher Haut. $MbO_2$: Oxymyoglobin, MbR: Desoxymyoglobin, 0.5 % Masseanteil in Muskelgewebe. Bilirubin: 12 mg/L in Blut. (nach Yao und Wang 2014)*

**Streuung**  Es gibt verschiedene Ursachen und Arten von Streuung (Raulin 2013). So wird zwischen elastischer und inelastischer Streuung unterschieden. Bei der inelastischen, die auch Raman- oder Brillouin-Streuung genannt wird, geht ein Teil der Photonenenergie auf das getroffene Molekül über. Bei der elastischen Streuung findet kein Energietransfer auf Materie statt und das Photon ändert durch die Streuung lediglich seine Ausbreitungsrichtung. Die elastische Lichtstreuung bestimmt maßgeblich die Lichtverteilung im Gewebe. Ursache für Streuung in Gewebe ist die Ablenkung von Photonen an makroskopischen Strukturen wie Muskelfasern oder mikroskopischen wie Zellen und Zellkernen. Die Größe des Streuers ist hierbei entscheidend für die Streucharakteristik. Ist der Durchmesser des Streuers wesentlich kleiner als die Lichtwellenlänge, spricht man von Rayleighstreuung, ist er gleich oder größer, von Mie-Streuung. Rayleighstreuung ist annähernd isotrop und der Streuquerschnitt ist in inverser vierter Potenz von der Wellenlänge abhängig. Mie-Streuung ist asymmetrisch und nur schwach wellenlängenabhängig. Entsprechend der Vielfalt an vorkommenden Streuern treten im Gewebe beide Arten von Streuung auf. Der Anisotropiefaktor $g$ beschreibt die Charakteristik der Streuung. Er kann zwischen -1 und 1 liegen, wobei 0 isotrope Streuung, 1 Vorwärtsstreuung und -1 Rückwärtsstreuung ausdrückt.

Analog zum Absorptionskoeffizienten ist der Streukoeffizient als das Produkt der Anzahl $N_s$ an Streuern und ihrem Streu-Wirkungsquerschnitt $\sigma_s$ pro Volumen $V$ definiert:

$$\mu_s = \frac{N_s \sigma_s}{V} \quad \text{mit} \tag{56}$$

$$\sigma_s = Q_s \sigma_g \tag{57}$$

wobei $Q_s$ die Streueffizienz und $\sigma_g$ der geometrische Querschnitt des Streuers sind. Die durch Streuung bedingte Abnahme der Intensität $I$ nicht gestreuter Photonen mit der Tiefe $z$ ist analog zur Absorption gegeben mit

$$I(z) = I_0 \exp(-\mu_s z) \tag{58}$$

Häufig wird der Einfluss der Streucharakteristik auf die Lichtverteilung durch den reduzierten Streukoeffizienten $\mu_s'$ berücksichtigt. Da typische Werte für den Anisotropiefaktor $g$ in Gewebe bei 0.8 bis 0.99 liegen, reduziert sich die Auswirkung der Streuung erheblich.

$$\mu_s' = \mu_s(1 - g) \tag{59}$$

Der inverse reduzierte Streukoeffizient $\mu_s'$ beschreibt die Tiefe, in der die Richtungsinformation der Photonen vollständig verloren ist.

Streuung ist wellenlängenabhängig und wird in Gewebe mit zunehmender Wellenlänge geringer. Abbildung 28 zeigt den reduzierten Streukoeffizienten von Haut (Dermis) in Abhängigkeit der Wellenlänge. Die blaue und grüne Linie beschreibt die Anteile von Rayleigh- (dominiert bis etwa 650 nm) und Miestreuung (dominiert ab etwa 650 nm). Die rote Kurve zeigt experimentell erhobene Daten (Jacques 1991).

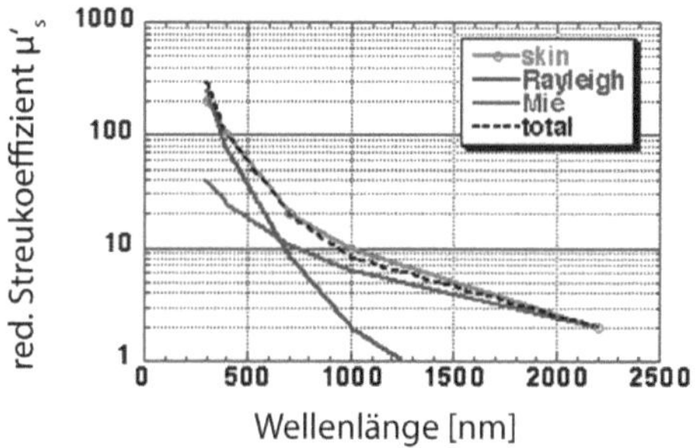

Abbildung 28: *Streuspektrum von Dermis. Mit zunehmender Wellenlänge wird die Streuung geringer. Rot: Experimentell erhobene Daten. Blau: Anteil der Rayleigh-Streuung. Grün: Anteil der Mie-Streuung. (nach* Jacques 1991*)*

**Lichtverteilung im Gewebe**   Der effektive Abschwächungskoeffizient kombiniert Absorptions- und Streukoeffizient sowie Anisotropie. Er ist in der Diffusionsnäherung der Lichtausbreitung gegeben durch

$$\mu_{\text{eff}} = \sqrt{3\mu_a(\mu_a + \mu_s(1 - g))} = \sqrt{3\mu_a(\mu_a + \mu_s')} \tag{60}$$

und kann für den Fall $\mu_a \ll \mu_s'$ als gültig angesehen werden, der für Gewebe bei Wellenlängen zwischen etwa 650 und 1150 nm vorliegt. Der Kehrwert des effektiven Abschwächungskoeffizienten wird als optische Eindringtiefe $D_{\text{opt}}$ bezeichnet und beschreibt die Tiefe, die statistisch der $1/e$-Anteil der Photonen erreicht.

$$D_{\text{opt}} = \frac{1}{\mu_{\text{eff}}} \tag{61}$$

Der sich durch Absorption und Streuung ergebende tiefenabhängige Strahlungsfluss kann durch

$$I(z) = I_0 \exp(-\mu_{\text{eff}}\, z) \tag{62}$$

abgeschätzt werden. Da Absorption wie Streuung auch für gepulste Strahlung gelten, lässt sich der Zusammenhang analog für die tiefenabhängige Bestrahlung $H(z)$ mit der Einheit J/cm² aufstellen, die im Zusammenhang mit der photoakustischen Signalentstehung wichtig wird. Die Intensität wie die Bestrahlung nehmen demnach tiefenabhängig exponentiell ab.

$$H(z) = H_0 \exp(-\mu_{\text{eff}}\, z) \tag{63}$$

### 3.2.2  Maximal zulässige Bestrahlung

Die maximal zulässige Bestrahlung (MZB; engl. maximum permissible exposure, MPE) nennt Grenzwerte für die ungefährliche Bestrahlung der Haut oder des Auges. Die Werte werden vom American National Standards Institute (ANSI) herausgegeben und bei neuen Erkenntnissen aktualisiert. Das Komitee Z136 deckt innerhalb des ANSI die Gefährdungen durch den Gebrauch von Lasern, Laserdioden für die Glasfaserkommunikation oder Lasern in Medizingeräten ab. Der Standard Z136.1-2007 nennt aktuell gültige Bestrahlungsgrenzwerte. Um eine Zulassung für ein diagnostisches Medizingerät nach dem Medizinproduktegesetz (MPG) zu erhalten, müssen die ANSI-Grenzwerte eingehalten werden.

Das ANSI klassifiziert Laser nach ihrer Leistung (Laserklasse), Wirkung (wellenlängenabhängig thermisch oder photochemisch) und Bestrahlungsdauer (Dauerstrahl, Einzelpuls oder Pulszug). Die für diese Arbeit relevanten, gültigen Regeln werden im Folgenden beschrieben und es wird ein Beispiel gerechnet. Um einen Grenzwert für eine gegebene Wellenlänge und gegebene Bestrahlungsdauer zu bestimmen, wird zunächst der Wellenlängenkorrekturfaktor $C_A$ benötigt. Dieser kann Tabelle 2 entnommen werden. Für den mittleren Wellenlängenbereich ist die Wellenlänge $\lambda$ in µm einzusetzen, der obere und untere Bereich haben feste Faktoren.

| Wellenlängenbereich [µm] | $C_A$ |
|---|---|
| 0,4 bis 0,7 µm | 1 |
| 0,7 bis 1,05 µm | $10^{2(\lambda-0.7)}$ |
| 1,05 bis 1,4 µm | 5 |

Tabelle 2: *Wellenlängenabhängiger Korrekturfaktor $C_A$ (Quelle: ANSI Z136.1-2007, Tabelle 6)*

Die MZB für einen einzelnen Puls der Dauer $t$ berechnet sich mit dem Korrekturfaktor $C_A$ wie folgt. Die entsprechende Einheit ist bei Laserpulsen die Bestrahlung $H$ [J/cm$^2$], also die Energie des Pulses bezogen auf eine bestrahlte Fläche von 1 cm$^2$.

| Bestrahlungsdauer [s] | $H_{\mathrm{MZB}}$ [J/cm$^2$] |
|---|---|
| $10^{-9}$ bis $10^{-7}$ | $2\,C_A\,10^{-2}$ |
| $10^{-7}$ bis 10 | $1.1\,C_A\,t^{0.25}$ |

Tabelle 3: *Maximal zulässige Bestrahlung in Abhängigkeit der Bestrahlungsdauer (Quelle: ANSI Z136.1-2007, Tabelle 7)*

**Ermittlung der MZB für Pulszüge**  Bei repetitiv gepulsten Lasern, wie sie im Laufe dieser Arbeit zum Einsatz kommen, gelten zwei Regeln, von denen die restriktivere greift:

1. Einzelpulsregel: Wie groß ist die nach Tabelle 3 berechnete MZB, wenn als Bestrahlungsdauer $t$ die Pulsdauer eines Einzelpulses eingesetzt wird?

2. Pulszugregel: Wie hoch ist die MZB, die auf einen Einzelpuls eines Pulszugs entfällt? Hierfür wird im ersten Schritt für die Bestrahlungsdauer $t$ die Gesamtdauer des Pulszugs eingesetzt. Anschließend wird durch die Anzahl der Pulse im Pulszug dividiert.

Es wird beispielhaft die MZB für einen Pulszug mit 150 Einzelpulsen bei einer Wellenlänge von 1064 nm, einer Einzelpulsdauer von 10 ns und einer Repetitionsrate von 1 kHz analysiert. Dies sind typische Parameter für die Anregung bei den für diese Arbeit durchgeführten photoakustischen Experimenten. Aufgrund der Wellenlänge ergibt sich nach Tabelle 2 ein Korrekturfaktor $C_A$ von 5. Für die Einzelpulsregel nach Tabelle 3 beträgt die MZB für die Dauer eines Einzelpulses von 10 ns:

$$H_{\text{MZB/Einzelpuls}} = 2\,C_A\,10^{-2}\,\text{J/cm}^2 \qquad (64)$$

$$= 0.1\,\text{J/cm}^2 \qquad (65)$$

Für den Pulszug ergibt sich für eine Anzahl von $n =200$ Einzelpulsen bei 1 kHz Repetitionsrate eine Zugdauer von 0.15 s. Anhand Tabelle 3 beträgt die MZB:

$$H_{\text{MZB/Pulszug}} = (1.1\,C_A\,t^{0.25}\,\text{J/cm}^2)/n \qquad (66)$$

$$= 0.023\,\text{J/cm}^2\,\text{pro Puls} \qquad (67)$$

Da die Pulszugregel den niedrigeren Wert ergibt, greift diese. Demnach darf ein Einzelpuls des Pulszuges der Anregung eine maximale Pulsenergie von $23\,\text{mJ/cm}^2$ aufweisen.

Bei gleichzeitiger Bestrahlung mit einem weiteren Laser mit anderer Wellenlänge werden die Gewebeeffekte als additiv betrachtet, wenn die Pulsdauer in der gleichen Größenordnung ist. Für den Detektionslaser ergibt sich analog aufgrund der Wellenlänge von 532 nm und der aufgrund der Referenzierung doppelten Repetitionsrate (vgl. Abschnitt 4.2) ein Grenzwert von 2,2 mJ/cm². Die Anregungsbestrahlung muss je nach verwendeter Detektionsbestrahlung entsprechend schwächer ausgelegt sein. Die gesamte MZB darf prinzipiell auf mehrere Lichtquellen aufgeteilt werden. Hierbei ist zu beachten, dass die Summe der Quotienten aus der jeweiligen Bestrahlung und dem zughörigen MZB-Wert nicht größer als 1 sein dürfen.

$$\frac{H_{\text{Anr.}}}{\text{MZB}_{\text{Anr.}}} + \frac{H_{\text{Det.}}}{\text{MZB}_{\text{Det.}}} < 1 \qquad (68)$$

Die Detektionsbestrahlung ist in den Experimenten zu dieser Arbeit praktisch durch die erreichbare maximale Pulsenergie des Detektionslasers begrenzt und beträgt etwa 100 µJ/cm², muss aber aufgrund der doppelt so hohen Repetitionsrate mit einem Faktor 2 angesetzt werden. Der zweite Quotient beträgt demnach 0,09. Entsprechend darf für die Anregung ein Anteil von 0,91 des oben ermittelten Grenzwerts verwendet werden, was 20,9 mJ/cm² entspricht.

### 3.2.3  Temperaturerhöhung

Wird die Oberfläche eines Objekts optisch bestrahlt, breitet sich das Licht abhängig von den Reflexions-, Absorptions- und Streueigenschaften im Gewebe aus. Ein Absorber innerhalb des Gewebes wird abhängig von seinem Absorptionskoeffizienten $\mu_a(\lambda)$ sowie seiner Tiefe und Größe einen Teil des einfallenden Lichtes absorbieren. Als Reaktion darauf erhöht sich seine

Temperatur $T$ um das Verhältnis aus der Energiedichte $E(z)$ und der auf die Masse bezogenen spezifischen Wärmekapazität des absorbierenden Materials $Cv$ (Paltauf und Schmidt-Kloiber 1996). Bei eindimensionaler Betrachtung über die Tiefe $z$ und Vernachlässigung der Streuung ergibt sich .

$$\Delta T(z) \;=\; \frac{E(z)}{C_v} \;\text{mit} \tag{69}$$

$$E(z) \;=\; \frac{\mu_a H_0}{\rho} \exp(-\mu_a z) \tag{70}$$

Die realitätsnahe Modellierung der Temperaturerhöhung nach Bestrahlung ist komplex, da Licht- und Wärmediffusion örtlich und zeitlich berücksichtigt werden müssen. Hierfür eignen sich Monte-Carlo bzw. Finite-Elemente-Methoden. Hier soll stattdessen eine Abschätzung der oberflächlichen und damit maximalen Temperaturerhöhung des Gewebes bei Bestrahlung im Rahmen der photoakustischen Anregung durchgeführt werden. Randbedingungen für diese Abschätzung sind eine relativ großflächige (einige Quadratzentimeter) und homogene Bestrahlung mit hoher Repetitionsrate (kHz). Wärmediffusion und Wärmeabtransport durch Blutfluss werden dabei vernachlässigt. Die Abschätzung führt daher eher zu höheren Werten.

Es wird eine Bestrahlung von 20 mJ/cm$^2$ gewählt, die leicht unterhalb der im letzten Abschnitt ermittelten, nach den ANSI Normen erlaubten Bestrahlung bei typischen Messparametern liegt. Als Wellenlänge wird die in dieser Arbeit verwendete von 1064 nm angesetzt. Die physikalischen Parameter von Weichgewebe werden mit den Werten von Wasser genähert und betragen 1000 kg/m$^3$ für die Dichte bzw. 4180 J/kg K für die Wärmekapazität (Welch und van Gemert 1995 ; Wagner und Kretzschmar 2007). Optische Absorber in der Haut sind in der Hauptsache das stark absorbierende Melanin, welches in geringer, von der Hautpigmentierung abhängiger Konzentration in der Epidermis vertreten ist sowie Hämoglobin, Wasser und Fett in der darunter liegenden Dermis (vgl. Abbildung 27). Im gewichteten Verhältnis kann für den Absorptionskoeffizienten der Epidermis bei 1064 nm Wellenlänge 5,7 cm$^{-1}$ angenommen werden (Jacques 1995). In der darunter liegenden Dermis ist Hämoglobin der Hauptabsorber mit einem Absorptionskoeffizienten von 3,5 cm$^{-1}$ bei dieser Wellenlänge.

Mit diesen Werten ergibt sich nach den Gleichungen (69) und (70) für einen Anregungspuls mit 20 mJ/cm$^2$ eine oberflächliche Temperaturerhöhung von 27 mK bei Bestrahlung der Epidermis. Wird Wärmediffusion vernachlässigt, kommt es zu akkumulierter Temperaturerhöhung. Hierbei soll eine Anzahl von 200 Anregungspulsen angenommen werden, die in etwa der in den Experimenten entspricht. So ergibt sich eine gesamte Temperaturerhöhung von 5,4 K, die keine Schädigung des Gewebes zur Folge hat (Raulin 2013). Bei direkter Bestrahlung eines Blutgefäßes würde ohne Wärmeleitung die Temperaturerhöhung 17 mK pro Puls und 3,4 K insgesamt bei 200 Pulsen betragen.

### 3.2.4 Thermoelastische Druckentstehung

Ein Körper ändert sein Volumen, wenn seine Temperatur oder sein Druck sich ändert. Die Volumenänderung $\Delta V$ bezogen auf das Volumen $V(T, p)$ kann wie folgt als lineare Funktion der Änderung der Temperatur $T$ und des Druckes $p$ beschrieben werden (Wang und Wu 2012, S.283ff). Die Materialkoeffizienten thermischer Expansionskoeffizient $\beta$ und isothermische Kompressibilität $\kappa$ beschreiben die druck- und temperaturabhängige Volumenänderung.

$$\frac{\Delta V}{V} \;=\; -\kappa \Delta p + \beta \Delta T \ \text{ mit} \tag{71}$$

$$\kappa \;=\; -\frac{1}{V}\left(\frac{\partial V}{\partial p}\right) \tag{72}$$

$$\beta \;=\; \frac{1}{V}\left(\frac{\partial V}{\partial T}\right) \tag{73}$$

Üblicherweise nimmt das Volumen bei einer Druckerhöhung ab und bei einer Temperaturerhöhung zu, daher ist in Gleichung (72) die partielle Ableitung nach dem Druck negativ, während in Gleichung (73) die nach der Temperatur positiv ist (Moore 1990). Die Änderungen von Druck und Temperatur durch Bestrahlung sind von der Bestrahlungsdauer abhängig. Man spricht vom thermischen Einschluss, wenn die Bestrahlungsdauer kürzer ist als die thermische Diffusionszeit. Diese ist gegeben durch

$$\tau_{th} = \frac{d^2}{4\alpha_{th}} \tag{74}$$

und beschreibt die Zeit, in der sich die durch Bestrahlung verursachte Temperaturerhöhung auf $1/e$ abgeklungen ist (Kim und Guo 2006). Hierbei ist $d$ die lineare Abmessung des erwärmten Volumens. Die thermische Diffusivität, die für Wasser $\alpha_{th} = 1,46 \cdot 10^{-7}\ \mathrm{m^2/s}$ beträgt (Bille und Schlegel 2005, S.327), definiert eine charakteristische Länge (thermische Diffusionslänge $L = \sqrt{\alpha_{th}\, t}$), auf der sich Temperaturdifferenzen durch Wärmeleitung innerhalb der Zeit $t$ ausgleichen (Rubahn und Balzer 2005, S.64). Wird eine Strukturgröße von 100 µm angenommen, ergibt sich eine thermische Einschlusszeit von 17 ms.

Analog zum thermischen Einschluss spricht man vom Druckeinschluss, wenn die Bestrahlungszeit kürzer ist als die Druckrelaxationszeit $\tau_s$.

$$\tau_s = \frac{d}{c} \tag{75}$$

$c$ steht für die Schallgeschwindigkeit im Medium. Diese hängt von der Dichte und vom Kompressionsmodul $K$, dem Kehrwert der Kompressibilität $\kappa$, ab Hahne (2011, S.367):

$$c = \sqrt{\frac{K}{\rho}} \tag{76}$$

In der Zeit $\tau_s$ aus Gleichung (75) haben sich Druckunterschiede in der betrachteten Dimension ausgeglichen. Für eine beispielhafte Strukturgröße von $d$ =500 µm und einer mittleren Schallgeschwindigkeit von $c$ =1500 m/s in Gewebe ergibt sich die Druckeinschlusszeit mit 333 ns.

Ist die Bestrahlungsdauer kürzer als $\tau_{th}$ und $\tau_s$, können die thermische Diffusion und die Volumenänderung innerhalb der Bestrahlungsdauer vernachlässigt werden und die Druckänderung berechnet sich aus Gleichung (71) mit

$$\Delta p = \frac{\beta \Delta T}{\kappa} \tag{77}$$

Werden die Gleichungen (69) und (70) in Gleichung (77) eingesetzt, ergibt sich

$$\Delta p \quad = \quad \frac{\beta}{\kappa \, \rho \, C_v} \mu_a H(z) \tag{78}$$

$$\quad = \quad \Gamma \, \mu_a \, H(z) \tag{79}$$

Der Faktor $\Gamma$ wird als Grüneisenkoeffizient bezeichnet. Dieser kombiniert die für die Konversion wichtigen akustischen Parameter Expansionskoeffizient, Kompressibilität, Dichte und Wärmekapazität. Unter den gemachten Annahmen hängt die photoakustische Druckamplitude in linearer Weise von der lokalen Bestrahlung, der lokalen Absorption und dem Grüneisenparameter ab.

Der entstehende Druckverlauf ist, wie in Abbildung 29 dargestellt, ein bipolarer Transient, verfügt also über eine vorlaufende Druck- und sich anschließende Zugwelle (Paltauf und Schmidt-Kloiber 1996).

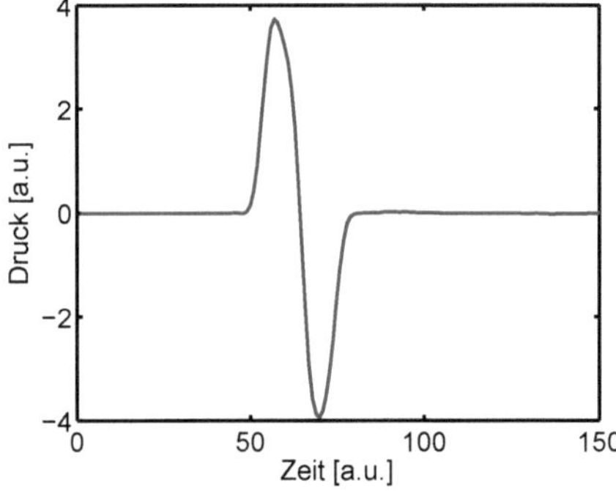

Abbildung 29: *Bipolarer photoakustischer Drucktransient nach Propagation an die Objektoberfläche, simuliert mit der MATLAB-Toolbox k-wave (Treeby und Cox 2010).*

### 3.2.5 Druck und Auslenkung

Durch die transiente Druckänderung nach photoakustischer Anregung entsteht eine akustische Welle, die sich ausbreitet und an der Objektoberfläche detektierbar ist. Messbare Parameter sind Druck, Auslenkung oder Geschwindigkeit. Da bei dem in dieser Arbeit behandelten Ansatz die Auslenkung detektiert wird, kommt dieser Schallgröße eine besondere Bedeutung zu und der Zusammenhang zwischen dem üblicherweise in der Photoakustik beschrieben Druck und der Auslenkung wird im Folgenden diskutiert. Die Darstellung folgt dabei (Möser 2007, S.27ff).

Zur einfachen und anschaulichen Darstellung des akustischen Wellentransportvorgangs wird der stark vereinfachte eindimensionale Fall einer in Gas propagierenden akustischen Welle unter Vernachlässigung von Abschwächung und Reflexionen angenommen, der prinzipiell auf alle elastisch deformierbaren und massebehafteten (jedoch nicht dispersiven) Medien übertragbar ist. Man stellt sich die eindimensionale Luftsäule in Segmente zerlegt vor und ordnet abwechselnd Masseeigenschaft und Federeigenschaft zu. Setzt an einer Masse $m$ mit dem Querschnitt $S$ eine Kraft $F$ an, wird die Masse entsprechend ihrer Trägheit beschleunigt. In dem in Abbildung 30 dargestellten sogenannten Kettenleiter setzt die Bewegung der folgenden Massen nach Bewegung der ersten Masse verzögert ein, da die Kraft durch die Federn auf die folgenden Massen weitergegeben werden muss. Die initial an der ersten Masse eingeführte Störung des Ruhezustands wird entlang der Kette weitergegeben. Die Geschwindigkeit, mit der diese Weitergabe stattfindet, ist die Schallausbreitungsgeschwindigkeit $c$. Die Geschwindigkeit, mit der sich eine lokale Masse um ihre Ruheposition bewegt, ist die Schallschnelle $v = \mathrm{d}\xi/\mathrm{d}t$. Die Strecke der Positionsänderung einer Masse um die Ruheposition wird die Auslenkung $\xi$ genannt.

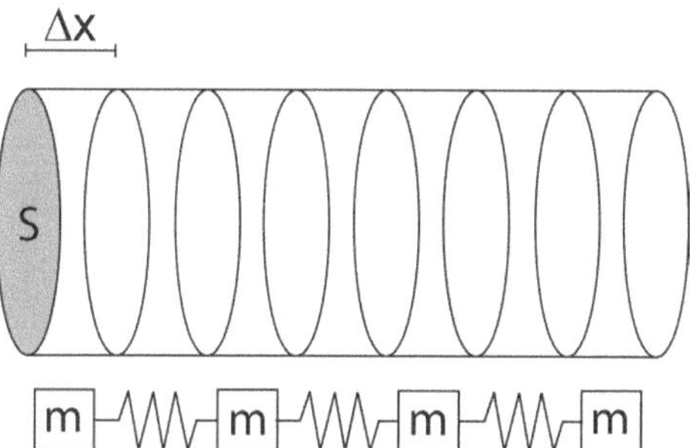


Abbildung 30: *Für die anschauliche Herleitung der Grundgleichungen der Akustik wird eine Luftsäule in Teilvolumina zerlegt. Abwechselnd wird ein Teilvolumen als Masse betrachtet, eines als Feder. (Abbildung nach Möser 2007)*

Anhand des eingeführten Modells lässt sich der Zusammenhang von Druck und Auslenkung herleiten. Hierzu wird einerseits die lokale Verdichtung der Massen, die zur Druckänderung $\Delta p$ führt, und weiterhin die beschleunigte Bewegung durch die wirkenden Federkräfte, die zur

Auslenkung $\xi$ führt, betrachtet. Die Masse eines Elements ist mit dem Produkt der Querschnittsfläche $S$, der Länge $\Delta x$ und der Ruhedichte $\rho_0$ gegeben.

$$m = S \, \Delta x \, \rho_0 \tag{80}$$

Tritt, wie in Abbildung 31 gezeigt, an der linken Begrenzungsfläche der Masse eine elastische Deformation um $\xi(x)$ und an der rechten Begrenzungsfläche um $\xi(x + \Delta x)$ auf, so kann die Masse wie folgt beschrieben werden.

$$m = S[\Delta x + \Delta \xi] \, (\rho_0 + \Delta \rho) \tag{81}$$

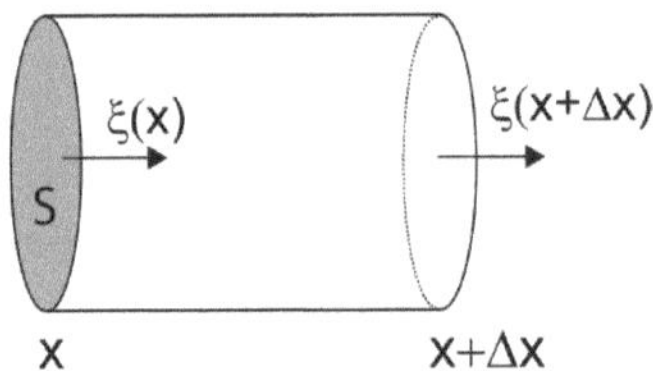


Abbildung 31: *Die Deformation eines Elements führt zu einer Dichteänderung innerhalb. (Abbildung nach Möser 2007)*

Da die Masse sich durch die Auslenkung nicht ändert, ändert sich die Dichte um $\Delta \rho$. Die Gleichungen (80) und (81) können gleichgesetzt werden.

$$S[\Delta x + \Delta \xi](\rho_0 + \Delta \rho) = S \, \Delta x \, \rho_0 \tag{82}$$

Sind die Volumen $S \, \Delta x$ klein, können die Produkte aus Dichte und Auslenkung vernachlässigt werden. Damit beträgt die Dichte:

$$\Delta \rho = -\rho_0 \frac{\Delta \xi}{\Delta x} \tag{83}$$

Im Grenzfall infinitesimaler Elemente $\Delta x \to \mathrm{d}x$ geht der Differenzenquotient in einen Differentialquotienten über:

$$\frac{\Delta \rho}{\rho_0} = -\frac{\partial \xi}{\partial x} \tag{84}$$

Als erste wichtige Erkenntnis ergibt sich die relative Änderung der Dichte aus der Ortsableitung der Auslenkung. Dies ist das sogenannte Kompressionsgesetz der Akustik.

Weiterhin wird betrachtet, wie die Elemente aufgrund der wirkenden Kräfte zu Bewegungen veranlasst werden. Die Beschleunigung $\partial^2 \xi / \partial t^2$ der Masse ergibt sich anhand der Kraft an der linken Begrenzungsfläche $S \, p(x)$ abzüglich der entgegenwirkenden Kraft (im Kettenleiter die

Feder rechts eines Elements) $S\,p(x + \Delta x)$. Nach dem Newtonschen Trägheitssatz hängt die Beschleunigung eines Körpers von seiner Masse ab.

$$\frac{\partial^2 \xi}{\partial t^2} \;=\; \frac{S}{m}\left[p(x) - p(x + \Delta x)\right] \tag{85}$$

$$\;=\; \frac{S}{m}\,\Delta p \tag{86}$$

Mit $m = \Delta x\, S\, \rho_0$ gilt

$$\frac{\partial^2 \xi}{\partial t^2} = -\frac{1}{\rho_0}\frac{\Delta p}{\Delta x} \tag{87}$$

Geht man erneut auf den infinitesimalen Fall über, erhält man das sogenannte Trägheitsgesetz der Akustik:

$$\rho_0 \frac{\partial^2 \xi}{\partial t^2} = -\frac{\partial p}{\partial x} \tag{88}$$

Die Grundgleichungen der Akustik (84) und (88) beschreiben alle eindimensionalen Schallereignisse. Während Gleichung (84) die Druckänderung aufgrund von Auslenkungen beschreibt, sagt Gleichung (88) umgekehrt aus, wie Auslenkung aufgrund von Druckänderung entsteht. In Kombination beschreiben die beiden Gleichungen damit die Wellenausbreitung. Um sie gleichzusetzen, wird die Auslenkung eliminiert. Dafür wird zunächst Gleichung (84) zweifach nach der Zeit abgeleitet.

$$\frac{1}{\rho_0}\frac{\partial^2 \Delta \rho}{\partial t^2} = -\frac{\partial^3 \xi}{\partial x\,\partial t^2} \tag{89}$$

Durch Ableitung von Gleichung (88) nach dem Ort ergibt sich:

$$\frac{\partial^3 \xi}{\partial x\,\partial t^2} = -\frac{1}{\rho_0}\frac{\partial^2 p}{\partial x^2} \tag{90}$$

Hieraus folgt:

$$\frac{\partial^2 p}{\partial x^2} = \frac{\partial^2 \rho}{\partial t^2} \tag{91}$$

Da die Abhängigkeit der Dichteänderung $\Delta \rho$ vom Druck $\Delta p$ über Bildung einer Taylor-Reihe und Vernachlässigung der Terme höherer Ordnung linearisiert werden kann, lässt sich die Dichte auch als $\Delta \rho = \Delta p / c^2$ beschreiben. Damit ergibt sich mit $c$ als Schallgeschwindigkeit die Wellengleichung der Akustik:

$$\frac{\partial^2 p}{\partial x^2} = \frac{1}{c^2}\frac{\partial^2 p}{\partial t^2} \tag{92}$$

Um den örtlichen und zeitlichen Zusammenhang von Druck und Auslenkung in einer propagierenden akustischen Welle zu beschreiben, betrachtet man die Funktion $f(x,t)$ als eine allgemeine Lösung der Wellengleichung (92):

$$p(x,t) = f(t \pm x/c) \tag{93}$$

$f$ ist dabei eine propagierende Welle beliebiger Signalform, die in Abbildung 32 für zwei verschiedene Zeiten an zwei verschiedenen Orten abgebildet ist.

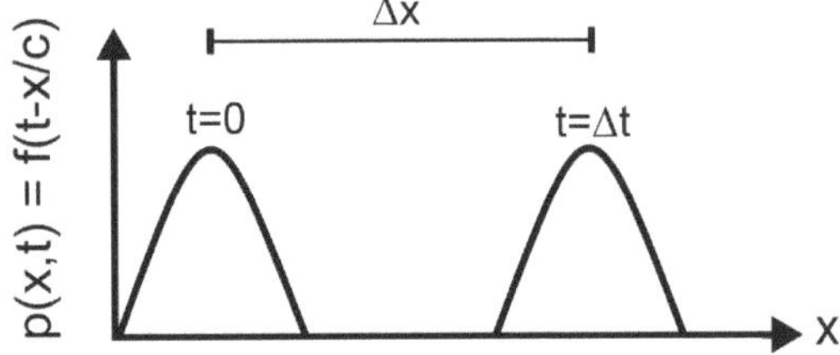


Abbildung 32: *Ortsverlauf der Druckfunktion p(x,t) = f(t-x/c) für zwei verschiedene Zeiten t=0 und t = Δt. (Abbildung nach Möser 2007)*

Für fortschreitende, d.h. nur in eine Richtung propagierende, Druckwellen $p(x,t) = f(t - x/c)$ liefert die Integration des Trägheitsgesetzes (Gleichung 88):

$$\rho_0 v = - \int \frac{\partial p}{\partial x} \mathrm{d}t = - \int \frac{\partial f(t - x/c)}{\partial x} \mathrm{d}t = \frac{1}{c} \int \frac{\partial f(t - x/c)}{\partial t} \mathrm{d}t = \frac{p}{c} \tag{94}$$

Die partiellen Ableitungen $\partial/\partial x$ und $\partial/\partial t$ sind hierbei über die Schallgeschwindigkeit $c$ verknüpft. Nach Gleichung (94) stehen Druck und Schallschnelle im konstanten, orts- und zeitunabhängigen Verhältnis $\rho_0 c$, welches auch als Wellenwiderstand oder akustische Impedanz $Z$ bezeichnet wird.

$$p(x,t) \quad = \quad \rho_0 c\, v(x,t) \tag{95}$$

$$= \quad Z\, v(x,t) \tag{96}$$

Da die Schallschnelle $v$ die abgeleitete Auslenkung $\mathrm{d}\xi/\mathrm{d}t$ ist, gilt:

$$p(x,t) = Z \frac{\partial \xi(x,t)}{\partial t} \tag{97}$$

Wird die Auslenkung an einer freien Grenzfläche wie der Objektoberfläche betrachtet, bleibt die entgegenwirkenden Kraft (im Kettenleiter in Abbildung 30 die Feder rechts eines Elements) aus. Dies führt an der Oberfläche zu einer doppelt so hohen Auslenkung. Die Beziehung zwischen Druck und Auslenkung lautet dann (Rousseau et al. 2011):

$$p(x,t) = \frac{Z}{2} \frac{\partial \xi(x,t)}{\partial t} \tag{98}$$

Damit hängen Druck und Auslenkung über die zeitliche Ableitung der Auslenkung zusammen. Im Fall einer harmonischen Welle resultiert dies in einer Phasenverschiebung des Drucks gegenüber der Auslenkung um $\pi/2$. Dies wird in Abbildung 33 verdeutlicht, welche als Momentaufnahme die Position von Partikeln (oben), die Auslenkung $\xi$ (Mitte) und den Druck $p$ unten im Zeitverlauf darstellt.

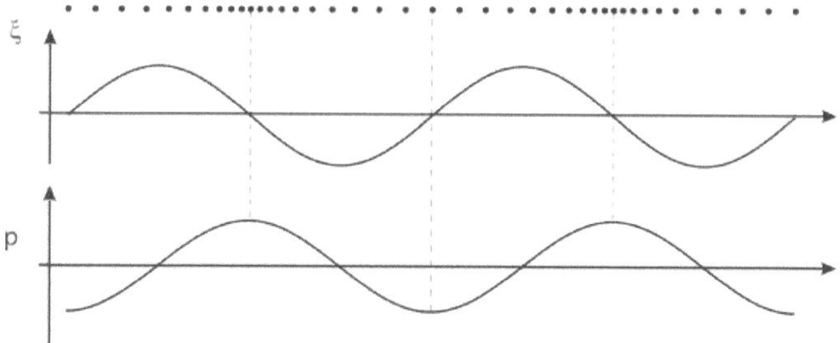

Abbildung 33: *Zusammenhang zwischen Ort (oben), Auslenkung (mitte) und Druck (unten). Aufgrund der Phasenverschiebung des Drucks gegenüber der Auslenkung sind die Positionen maximalen und minimalen Drucks die Umkehrpunkte der Auslenkungskurve. (Abbildung nach Cox 2013)*

Andersherum betrachtet ist die Auslenkung das zeitliche Integral des Drucks, was dazu führt, dass die Auslenkung als akustisches Signal als Integral des bipolaren Drucktransienten ausschließlich positive Werte aufweist, wie in Abbildung 34 gezeigt ist.

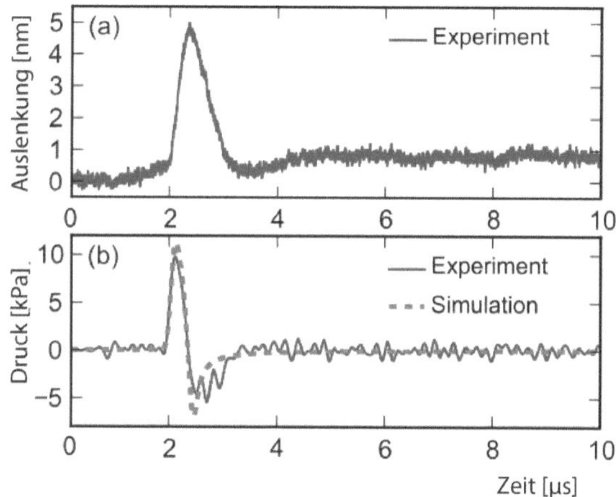


Abbildung 34: *Zusammenhang von Auslenkung (oben) Druck (unten). (Abbildung nach Speirs und Bishop 2013)*

Die Entstehung von Auslenkung lässt sich auch unabhängig vom Druck anhand thermischer Expansion beschreiben. Die relative Längenänderung $\Delta l$ eines Körpers der Länge $l$ durch

Temperaturerhöhung um $\Delta T$ kann für genügend kleine Temperaturänderungen $< 100$ K in vereinfachter linearer Weise mit dem linearen (eindimensionalen) Ausdehnungskoeffizienten $\alpha$ ausgedrückt werden (Hering 2007, S.181):

$$\Delta l = \alpha\, l\, \Delta T \tag{99}$$

Hierbei wird eine homogene Erwärmung des Körpers angenommen. Bei Erwärmung durch Bestrahlung einer Oberfläche des Körpers liegt ein Temperaturgradient vor, und die Auslenkung ist tiefenabhängig. Mit den Gleichungen (69) und (70) lässt sich die Ausdehnung des Körpers $\Delta z$ wie folgt beschreiben:

$$\Delta z = \int \frac{\alpha\, l\, \mu_a}{\rho\, C_v}\, H_o \exp(-\mu_{\text{eff}}\, z)\, \mathrm{d}z \tag{100}$$

Die obigen eindimensionalen Betrachtungen sind stark vereinfacht. Für den volumetrischen Fall muss die Lichtdiffusion betrachtet werden, da im Volumen bei starker Streuung der Absorber von mehreren Seiten angeregt wird. Die Auslenkung in drei Dimensionen ist dabei analog durch den volumetrischen Ausdehnungskoeffizienten $\beta$ definiert, wobei gilt:

$$\beta = 3\,\alpha \tag{101}$$

## 3.3  Photoakustische Rekonstruktion

Ziel der photoakustischen Rekonstruktion ist die Berechnung der Lage von Strukturen innerhalb eines Körpers, die zuvor mittels optischer Strahlung angeregt wurden und daraufhin eine akustische Welle emittiert haben. Voraussetzung für die Rekonstruktion eines räumlichen Volumens ist die Kenntnis des zeitabhängigen akustischen Signals (Druck oder Auslenkung). Üblicherweise wird das Signal an einer Grenzfläche des Körpers messtechnisch bestimmt. Handelt es sich bei dieser Grenzfläche um eine Ebene, spricht man von planarer Detektion. Im Falle von Messung und Rekonstruktion von Druck lautet das Ziel der Rekonstruktion:

$$p(x,y,z=0,t) \Rightarrow p(x,y,z,t=0) \ , \text{mit} \tag{102}$$

$$t > 0$$
$$z > 0$$

Demnach ist die Rekonstruktion ein inverses Problem. In diesem Abschnitt werden zwei verschiedene Rekonstruktionsansätze aus der Literatur zur Wiederherstellung des initialen Druckwellenfeldes $p(x,y,z,t=0)$ für planare Detektion beschrieben, welche im Verlauf der Arbeit Anwendung finden.

### 3.3.1 Einfache Rückprojektion

Die einfache Rückprojektion hat ihren Ursprung in der Ultraschallbildgebung und wurde von Prine (1972) unter dem Namen *Synthetic Aperture Focusing Technique* (SAFT) vorgeschlagen. Die Methode basiert auf der Messung der Ankunftszeit akustischer Signale je Detektorpunkt. In der photoakustischen Bildgebung wird als Startzeit dabei der Zeitpunkt der Anregung verwendet und die Lichtausbreitung im Volumen als unendlich schnell angenommen. Das gemessene Schallfeld wird als Überlagerung einzelner akustischer Punktquellen betrachtet.

**Einfache Rückprojektion im Zeitbereich**  Basis der Berechnungen ist das in Abbildung 35 gezeigte Koordinatensystem. Die Vektoren $\vec{r} = (x, y, z = 0)$ zeigen zu den Orten der Detektion, die Vektoren $\vec{r'} = (x', y', z')$ zu den Quellen.

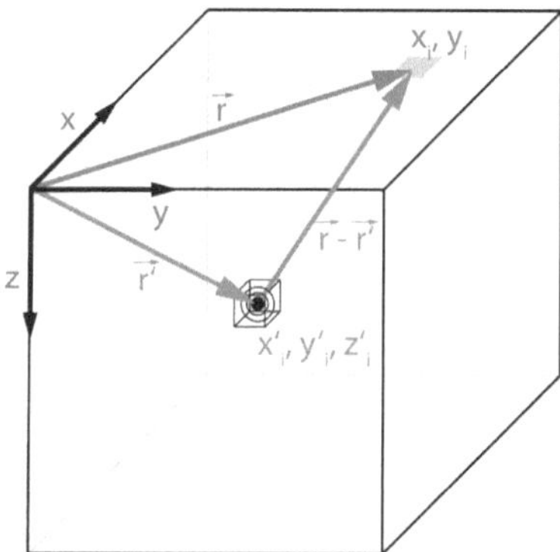


Abbildung 35: *Für die einfache Rückprojektion wird zunächst analysiert, welche Schalllaufzeit von jedem Voxel im Volumen zu jedem Detektionsort an der Oberfläche besteht. Vom Nullpunkt aus zeigen die Vektoren $\vec{r} = (x, y, z = 0)$ zu den Orten der Detektion und die Vektoren $\vec{r'} = (x', y', z')$ zu den Quellen. Die Differenzvektoren $\vec{r} - \vec{r'}$ zeigen demnach von einem Voxel zu einem Detektionsort. Dividiert man den Betrag des Differenzvektors durch die mittlere Schallgeschwindigkeit im Volumen, erhält man die erwartete Ankunftszeit. In der Rekonstruktion werden dann, Voxel für Voxel, korrespondierende Zeitfenster der Signalspuren aufaddiert.*

Mit der akustischen Ausbreitungsgeschwindigkeit $c$ wird die Propagationszeit $t(\vec{r}, \vec{r'})$ eines akustischen Signal von der Quelle $\vec{r'}$ zum Detektionspunkt $\vec{r}$ wie folgt festgestellt:

$$t(\vec{r}, \vec{r'}) = \frac{|\vec{r} - \vec{r'}|}{c} = \frac{1}{c}\sqrt{(x - x')^2 + (y - y') + z'^2} \tag{103}$$

Somit besteht für jede Quelle im Raum an jedem Detektorpunkt eine spezifische Ankunftszeit des entsprechenden Signals. Die Rekonstruktion geschieht punktweise nacheinander für jeden Punkt im Raum. Hierbei werden, einen einzelnen Raumpunkt betrachtend, die Zeitpunkte der Zeitverläufe aller Detektionspunkte aufsummiert, die der jeweiligen Propagationszeit $t(\vec{r_i}, \vec{r_i'})$

entsprechen. So kann die initiale räumliche Verteilung $p(\vec{r'})$ im Zeitbereich über Integration der korrespondierenden Signalzeiten näherungsweise bestimmt werden.

$$p(\vec{r'}) = \int\limits_{-\infty}^{\infty} \int\limits_{-\infty}^{\infty} p\left(x, y, t = \frac{|\vec{r} - \vec{r'}|}{c}\right) dx\, dy \tag{104}$$

**Einfache Rückprojektion im Frequenzbereich**  Alternativ kann die beschriebene Rekonstruktion, wie von Busse (1992) vorgeschlagen, im Frequenzraum erfolgen, was hinsichtlich der Rechenzeit effizienter ist. Die Darstellung dessen folgt der Aufbereitung von (Barkefors 2010). Die propagierende Schallgröße $p(\vec{r}, t)$ genügt der Wellengleichung

$$\left[\frac{\partial^2}{\partial x^2} + \frac{\partial^2}{\partial y^2} + \frac{\partial^2}{\partial z^2} - \frac{1}{c^2}\frac{\partial^2}{\partial t^2}\right] p(x, y, z, t) = 0. \tag{105}$$

Wird dieser Ausdruck fouriertransformiert, ergibt sich mit $\mathscr{F}\{p(x, y, z, t)\} = P(k_x, k_y, k_z, \omega)$:

$$\left(-k_x^2 - k_y^2 - k_z^2 + \frac{\omega^2}{c^2}\right) P(k_x, k_y, k_z, \omega) = 0 \tag{106}$$

Hierbei ist $\omega$ die akustische Kreisfrequenz und $k_x, k_y, k_z$ die Komponenten des akustischen Wellenvektors. Daraus kann geschlossen werden:

$$k_x^2 + k_y^2 + k_z^2 = \frac{\omega}{c^2} \tag{107}$$

Dieser Zusammenhang wird auch als Dispersionsrelation bezeichnet. Hieraus folgt für $k_z$:

$$k_z = \pm\sqrt{\frac{\omega^2}{c^2} - k_x^2 - k_y^2} \tag{108}$$

Wird die Wellengleichung (105) statt über alle Variablen nur über $x, y$ und $t$ fouriertransformiert, erhält man:

$$\left[-k_x^2 - k_y^2 + \frac{\partial^2}{\partial z^2} + \frac{\omega^2}{c^2}\right] P(k_x, k_y, z, \omega) = 0 \tag{109}$$

Durch Einsetzen von Gleichung (108) in (109) ergibt sich:

$$\left[\frac{\partial^2}{\partial z^2} + k^2\right] P(k_x, k_y, z, \omega) = 0 \tag{110}$$

Eine Lösung dieser Differentialgleichung lautet

$$P(k_x, k_y, z, \omega) = A\, e^{\pm i k_z z}. \tag{111}$$

Mit der Randbedingung der Detektion an der Grenzfläche $z = 0$ ergibt sich $A = P(k_x, k_y, z = 0, \omega)$. Eine weitere Randbedingung ist, dass die Wellen nur von der Quelle in Richtung des

Detektors propagieren ($\omega < 0$). Mit entsprechenden Vorzeichen in den Gleichungen (108) und (111) ergibt sich die Lösung

$$P(k_x, k_y, z, \omega) = \begin{cases} P(k_x, k_y, z = 0, \omega) \exp\left(i\sqrt{\frac{\omega^2}{c^2} - k_x^2 - k_y^2}\, z\right) & \text{falls } \omega < 0 \\ 0 & \text{sonst.} \end{cases} \tag{112}$$

Das Feld $p(x, y, z, t = 0)$ in seiner initialen Verteilung kann nun durch inverse Fouriertransformation von $P(k_x, k_y, z, \omega)$ bestimmt werden. Hierbei ist $e^{i\omega t} = 1$ für $t = 0$.

$$p(x, y, z, t = 0) = \int \int \int P(k_x, k_y, z, \omega) e^{ik_x x}\, e^{ik_y y}\, dk_x\, dk_y\, d\omega \tag{113}$$

Praktisch wird hierzu über $k_x$ und $k_y$ invers fouriertransformiert, nachdem über die Frequenzen $\omega$ integriert wurde (Ausdruck in eckigen Klammern in Gleichung 114):

$$p(x, y, z, t = 0) = \int \int \left[ \int P(k_x, k_y, z, \omega) d\omega \right] e^{ik_x x}\, e^{ik_y y}\, dk_x\, dk_y \tag{114}$$

Da die einfache Rückprojektion lediglich Signale zu korrespondierenden Zeiten aufaddiert, gelten die Rechenvorschriften zur Rekonstruktion für Druck $p(\vec{k}, t)$ ebenso für Auslenkung $\xi(\vec{r}, t)$.

### 3.3.2  Exakte Rückprojektion

Die exakte Rückprojektion wurde für planare Detektionsgeometrien von Köstli et al. (2001) eingeführt, dessen Veröffentlichung die folgende Beschreibung entnommen ist. Die Herleitung ist in mehrere Abschnitte unterteilt, ein Überblick über den Ablauf eines Rekonstruktionsvorgangs wird am Ende dieses Unterkapitels gegeben.

**Wellengleichung**  Die für Druckpropagation $p(\vec{r}, t)$ geltende inhomogene Wellengleichung lautet

$$\frac{\partial^2 p(\vec{r}, t)}{\partial t^2} - c^2 \Delta p(\vec{r}, t) = \Gamma \frac{\partial}{\partial t} S(\vec{r}, t) \tag{115}$$

Dabei ist $c$ die Schallgeschwindigkeit, $\Delta$ hier der Laplace-Operator und $\Gamma$ der materialspezifische Grüneisenkoeffizient aus Gleichung (79). $S(\vec{r}, t)$ beschreibt die Temperaturerhöhung, die durch eingebrachte Energie pro Volumen- und Zeiteinheit nach optischer Anregung gegeben ist. Die rechte Seite ist der Quellterm, die linke der Propagationsterm. Für $t > 0$ kann diese inhomogene Wellengleichung durch die homogene Wellengleichung für das Geschwindigkeitspotenzial $\phi_{\text{vel}}(\vec{r}, t)$ äquivalent beschrieben werden (Köstli et al. 2001).

$$\frac{\partial^2 \phi_{\text{vel}}(\vec{r}, t)}{\partial t^2} - c^2 \Delta \phi_{\text{vel}}(\vec{r}, t) = 0 \tag{116}$$

Die Einführung des Geschwindigkeitspotenzials dient hierbei lediglich der mathematischen

Herleitung. Mit der Dichte des Materials $\rho$ hängen Druck und Geschwindigkeitspotenzial wie folgt zusammen:

$$p(\vec{r}, t) = -\rho \frac{\partial \phi_{\text{vel}}(\vec{r}, t)}{\partial t} \tag{117}$$

**Fouriertransformation**    Das Geschwindigkeitspotenzial $\phi_{\text{vel}}(\vec{r}, t)$ wird in den drei Raumdimensionen einer komplexen Fouriertransformation unterzogen. $\phi_{\text{1vel}}$ und $\phi_{\text{2vel}}$ sind die Fourierkoeffizienten.

$$\phi_{\text{vel}}(\vec{r}, t) = \frac{1}{(2\pi)^3} \int \int \int [\phi_{\text{1vel}}(\vec{k}) \cos(\omega t) + \phi_{\text{2vel}}(\vec{k}) \sin(\omega t)] \exp(i\vec{k}\vec{r}) \, \mathrm{d}^3 \vec{k} \tag{118}$$

Um eine Randbedingung für den Zeitpunkt $t = 0$ zu formulieren, wird die Schallschnelle $\vec{u}(\vec{r}, t) = \nabla \phi_{\text{vel}}(\vec{r}, t)$ zu diesem Zeitpunkt betrachtet. Physikalisch beschreibt die Schallschnelle die Momentangeschwindigkeit eines ausgelenkten Teilchens in einer akustischen Welle. Da zum Zeitpunkt $t = 0$ noch keine Auslenkung stattgefunden hat, ist das Schallschnellefeld $\vec{u}(\vec{r}, t) = 0$. Dies impliziert, dass der erste Fourierkoeffizient in Gleichung (118) ebenfalls 0 ist. Mithilfe dieser Randbedingung $\phi_{\text{1vel}}(\vec{k}) = 0$ für $t = 0$ und Einsetzen von Gleichung (117) in Gleichung (118) kann das Druckfeld wie folgt beschrieben werden:

$$p(\vec{r}, t) = \frac{1}{(2\pi)^3} - \rho \frac{\partial \left( \int \int \int \left[ \phi_{\text{2vel}}(\vec{k}) \sin(\omega t) \right] \exp(i\vec{k}\vec{r}) \, \mathrm{d}^3\vec{k} \right)}{\partial t} \tag{119}$$

$$= \frac{1}{(2\pi)^3} - \rho \omega \int \int \int \left[ \phi_{\text{2vel}}(\vec{k}) \cos(\omega t) \right] \exp(i\vec{k}\vec{r}) \, \mathrm{d}^3\vec{k} \tag{120}$$

$$= \frac{1}{(2\pi)^3} \int \int \int P(\vec{k}) \cos(\omega t) \exp(i\vec{k}\vec{r}) \, \mathrm{d}^3\vec{k} \quad \text{mit} \tag{121}$$

$$P(\vec{k}) = -\rho \omega \, \phi_{\text{2vel}}(\vec{k}) \tag{122}$$

Gleichung (121) ist eine Lösung der homogenen Wellengleichung (116) für $t \geqslant 0$ und durch die nun ausschließliche Cosinus-Abhängigkeit eine zeitlich symmetrische Funktion: $p(\vec{r}, t) = p(\vec{r}, -t)$. Ferner gilt, weil der Druck eine reelwertige Funktion ist: $P(\vec{k}) = P(-\vec{k})^*$.

**Symmetrisierung**    Eine Druckmessung in einer planaren Ebene gibt keinen Aufschluss darüber, ob ein gemessener Druck seinen Ursprung in der positiven oder negativen $z$-Richtung hat. Da reale Druckquellen sich ausschließlich in Tiefen $z > 0$ befinden, kann man durch Spiegelung des Druckfeldes an der Grenzfläche $z = 0$ Symmetrie herstellen, wie in Abbildung 36 gezeigt. Bis auf einen Faktor 2 in der Amplitude hat dies keine Folgen für das detektierte Feld.

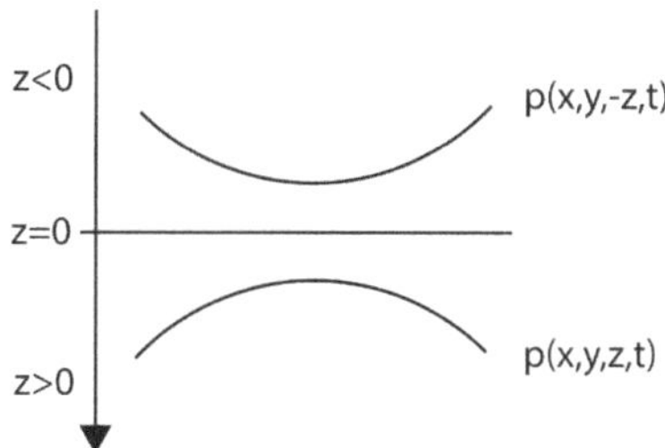


Abbildung 36: *Für die exakte Rückprojektion wird das gemessene Schallfeld mathematisch um die Oberfläche herum gespiegelt. So sind Symmetriebedingungen für die Rechenoperationen im Spektralraum erfüllt.*

Nach der Spiegelung der Daten lässt sich die Symmetrie des Quelldrucks $p_0(\vec{r}) = p_0(x, y, z)$, des propagierenden Drucks $p(\vec{r}, t)$ sowie des Druckspektrums $P(k_x, k_y, k_z)$ wie folgt beschreiben

$$p_0(x, y, z) \;=\; p_0(x, y, -z), \quad \text{was impliziert}: \tag{123}$$

$$p(x, y, z, t) \;=\; p(x, y, -z, t) \quad \text{und} \tag{124}$$

$$P(k_x, k_y, k_z) \;=\; P(k_x, k_y, -k_z) \tag{125}$$

**Einführen einer Hilfsfunktion** $f(k_x, k_y, t)$   In Anbetracht der planaren Detektion bei $z = 0$ wird die Hilfsfunktion $f(k_x, k_y, t)$ eingeführt, welche die Fouriertransformation des Druckfeldes $p(x, y, z, t)$ bei $z = 0$ ist.

$$f(k_x, k_y, t) = \int \int p(x, y, z = 0, t) \exp(-i(k_x x + k_y y))\,\mathrm{d}x\,\mathrm{d}y \tag{126}$$

Durch Einsetzen von Gleichung (121) in $f(k_x, k_y, t)$ ergibt sich:

$$
\begin{aligned}
f(k_x, k_y, t) \;=\;& \int \int \frac{1}{(2\pi)^3} \int \int \int P(\vec{k}) \cos(\omega t) \exp(i\vec{k}\vec{r})\,\mathrm{d}^3\vec{k} \\
& \cdot \exp(-i(k_x x + k_y y))\,\mathrm{d}x\,\mathrm{d}y
\end{aligned} \tag{127}
$$

$$
\begin{aligned}
=\;& \int \int \frac{1}{(2\pi)^3} \int \int \int P(\vec{k}) \cos(\omega t) \\
& \cdot \exp(i(k_x x + k_y y + k_z z))\,\mathrm{d}^3\vec{k}\, \exp(-i(k_x x + k_y y))\,\mathrm{d}x\,\mathrm{d}y
\end{aligned} \tag{128}
$$

$$
=\; \int \int \frac{1}{(2\pi)^3} \int \int \int P(\vec{k}) \cos(\omega t) \exp(i k_z z)\,\mathrm{d}^3\vec{k}\,\mathrm{d}x\,\mathrm{d}y \tag{129}
$$

Durch die letzte Umformung hängt die Funktion nicht mehr von $x$ und $y$ ab, was sie stark vereinfacht:

$$f(k_x, k_y, t) = \frac{1}{\pi} \int_0^{\infty} P(\vec{k}) \cos(\omega t) \exp(i k_z z)\,\mathrm{d}k_z \tag{130}$$

Der Vorfaktor $1/(2\pi)^3$ hat sich dabei aufgrund des Wegfalls der beiden Raumdimensionen $x, y$ und dem Faktor 2 durch die Spiegelung der Daten auf den Vorfaktor $1/\pi$ reduziert. Aufgrund der gegebenen Symmetrie (Gleichung 125) wird nun von 0 bis $\infty$ integriert. Für $z = 0$ ergibt sich:

$$f(k_x, k_y, t) = \frac{1}{\pi} \int_0^\infty P(\vec{k}) \cos(\omega t)\, \mathrm{d}k_z \tag{131}$$

**Weitere Umformung**   In der folgenden Umformung findet erneut die Dispersionsrelation $k_z = \sqrt{(\omega/c)^2 - k_r{}^2} = \sqrt{(\omega/c)^2 - k_x{}^2 - k_y{}^2}$ Anwendung (vgl. Gleichung 108), die in Gleichung (130) eingesetzt wird. Dadurch wird die Integrationsvariable $k_z$ in $\omega$ überführt.

$$f(k_x, k_y, t) = \frac{1}{\pi} \int_{ck_r}^\infty P\left(k_x, k_y, \sqrt{(\omega/c)^2 - k_x{}^2 - k_y{}^2}\right) \frac{\omega/c}{\sqrt{\omega^2 - c^2 k_r{}^2}} \cos(\omega t)\, \mathrm{d}\omega \tag{132}$$

Das Integral aus (132) hat die Form einer Cosinustransformation und kann invertiert werden. Für $\omega > ck_r$ erhält man abschließend:

$$P(k_x, k_y, \sqrt{(\omega/c)^2 - k_r{}^2}) = \frac{\sqrt{\omega^2 - c^2 k_r{}^2}}{\omega/c} \int_0^\infty f(k_x, k_y, t) \cos(\omega t)\, \mathrm{d}t \tag{133}$$

$$= \frac{\sqrt{\omega^2 - c^2 k_r{}^2}}{\omega/c} P(k_x, k_y, \omega) \tag{134}$$

**Ablauf der Rekonstruktion**   Der Ablauf der exakten Rückprojektion mit Druckfeldern als Eingangsdaten und der initialen Druckverteilung als Ergebnis ist nun wie folgt. Das gemessene Feld $p(x, y, z = 0, t)$ wird zunächst örtlich fouriertransformiert (Gleichung 126). Ergebnis ist die eingeführte Hilfsfunktion $f(k_x, k_y, t)$. Mit Gleichung (133) erhält man anschließend $P(\vec{k})$. Dies ist die dreidimensionale Fouriertransformation des initialen Druckfeldes, welches somit durch Rücktransformation (Gleichung 121) zugänglich ist. Die folgende Gleichung fasst diese Schritte zusammen.

$$p(\vec{r}, t) = \frac{1}{(2\pi)^3} \int \int \int \tag{135}$$

$$\left\{ \frac{\sqrt{\omega^2 - c^2 k_r{}^2}}{\omega/c} \int_0^\infty \left( \int \int p(x, y, z = 0, t) \exp(-i(k_x x + k_y y))\, dx\, dy \right) cos(\omega t)\, dt \right\} d^3k$$

**Adaption an Auslenkung**   In der kontaktlosen photoakustischen Tomographie wird statt dem Druck $p(\vec{r}, t)$ die Auslenkung $\xi(\vec{r}, t)$ gemessen. Das Ziel der Anpassung der exakten Rückprojektion ist die Adaption auf Auslenkung statt Druck als Eingangsdaten. Die Adaption wurde in (Riedel 2015) gezeigt. In Abschnitt 3.2.5 wurde hergeleitet, dass Druck und Auslenkung im Zeitbereich folgendermaßen zusammen hängen

$$p(x, y, z = 0, t) = \rho c \frac{\partial \xi}{\partial t} \tag{136}$$

Im Frequenzraum wird aus der zeitlichen Ableitung die Multiplikation mit $i\omega$. Der Zusammenhang lautet damit:

$$P(k_x, k_y, \sqrt{(\omega/c)^2 - k_r{}^2}) = \rho c\, i\omega\, \mathscr{F}\{\xi(x, y, z = 0, t)\}(\vec{k}, \omega) \tag{137}$$

Einsetzen von Gleichung (137) in (134) ergibt:

$$P(k_x, k_y, \sqrt{(\omega/c)^2 - k_r{}^2}) = i\rho c^2 \sqrt{(\omega/c)^2 - k_r{}^2}\, \mathscr{F}\{\xi(x, y, z = 0, t)\}(\vec{k}, \omega) \tag{138}$$

Der Ablauf der Rekonstruktion ist somit wie folgt. Das gemessene Auslenkungsfeld wird zunächst gespiegelt, wie oben unter Symmetrisierung beschrieben: $\xi(x, y, t) = \xi(x, y, -t)$. Anschließend wird das symmetrische Feld örtlich und zeitlich fouriertransformiert und mit den entsprechenden Vorfaktoren multipliziert (rechte Seite von Gleichung 138). Ergebnis ist das Spektrum des Drucks $P(k_x, k_y, \sqrt{(\omega/c)^2 - k_r{}^2})$. Mittels inverser Fouriertransformation erhält man den Druck $p(x, y, z)$.

# 4 Material und Methoden

In diesem Kapitel wird zunächst das experimentelle Konzept zur Evaluation der kontaktlosen photoakustischen Tomographie beschrieben und die Komponentenauswahl begründet.
Anschließend wird die implementierte Software sowie die Herstellung und Eigenschaften der
hergestellten Gewebephantome erläutert.

## 4.1 Experimenteller Aufbau

Zur Evaluation der kontaktlosen photoakustischen Tomographie wurde ein experimenteller
Aufbau entwickelt. Im Kern besteht dieser aus einem abbildenden Mach-Zehnder-Interferometer
und einem zusätzlichen Strahlengang zur Anregung der photoakustischen Signale. Grundidee
der Detektion der photoakustischen Oberflächenauslenkung nach Anregung des Objekts ist
die Messung von Phasenunterschieden des an der Oberfläche reflektierten Lichts. Dafür wird
die Objektoberfläche mit dem gepulsten Detektionslaser kohärent beleuchtet, auf eine Kamera
abgebildet und mit einer ebenen Referenz überlagert. Dies überführt die Phasenunterschiede
in messbare Helligkeitsunterschiede, aus denen wiederum, wie im Abschnitt 3.1 beschrieben,
die Phasenunterschiede determiniert werden können. Abbildung 37 zeigt den Aufbau.

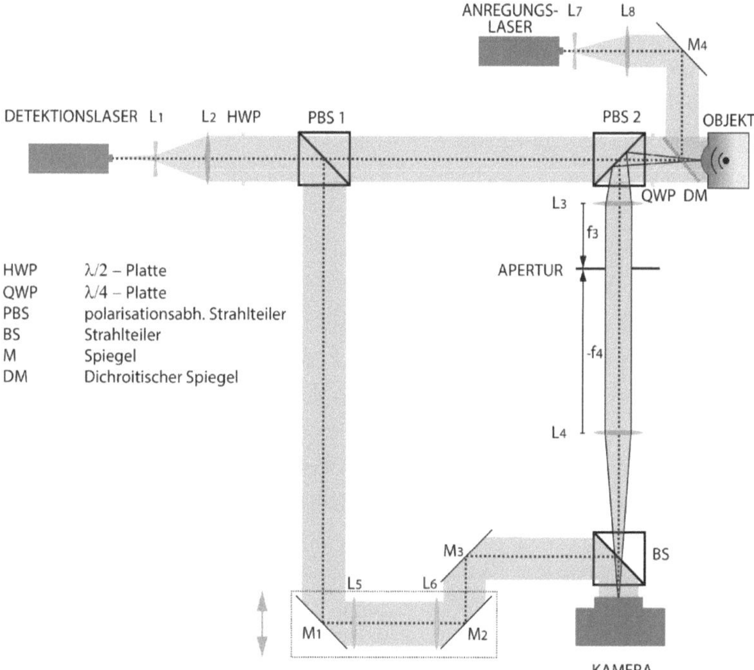


Abbildung 37: *Aufbau zur experimentellen Evaluation der kontaktlosen photoakustischen Tomographie.*

Der Aufbau gliedert sich in folgende Baugruppen und Funktionalitäten. Auf die Eigenschaften und Auswahl der Komponenten wird im Abschnitt 4.3 eingegangen.

**Objektbeleuchtung**  Zur kohärenten Objektbeleuchtung dient der gepulste Nd:YAG-Laser *Newport Spectra Physics Explorer 532-2Y* mit einer Wellenlänge von 532 nm. Der Teil der Objektoberfläche, welcher auf den Kamerasensor abgebildet wird, soll möglichst gleichmäßig ausgeleuchtet werden. Der angestrebte Messbereich auf der Objektoberfläche liegt bei 1x1 cm². Der Strahl des Detektionslasers wird mit einer Teleskopoptik aufgeweitet und kollimiert. Das Teleskop besteht aus einer Zerstreuungslinse L1 (Brennweite f1 = - 25 mm) und einer Sammellinse L2 (Brennweite f2 = 500 mm). Es handelt sich um Plankonkav-/ Plankonvexlinsen, die für die verwendete Wellenlänge schmalbandig beschichtet sind. Die sich ergebende Strahlquerschnittsvergrößerung beträgt

$$V = -\frac{f2}{f1} = 20 \tag{139}$$

Das Strahlprofil und dessen Durchmesser wird in Abschnitt 4.3 analysiert.

**Abbildung**  Im Aufbau integriert ist die Hochgeschwindigkeitskamera *Photron SA3-120k* mit einem CMOS-Sensor. Die Abbildung der beleuchteten Objektoberfläche auf den Kamerasensor wird mit den beiden Linsen L3 (Brennweite f3 = 175 mm) und L4 (Brennweite f4 = 300 mm) in 4f-Konfiguration realisiert. Die plankonvexen Linsen weisen eine schmalbandige Beschichtung für die verwendete Wellenlänge von 532 nm auf. Mit dem Vergrößerungsmaßstab von $f4/f3 = 1,7$ beträgt die Dimension eines Pixels von 17 µm auf der Objektoberfläche 10 µm. In der gemeinsamen Brennebene von L3 und L4 ist eine Aperturblende positioniert, die es ermöglicht, die Helligkeit und die Auflösung zu beeinflussen. Da kohärentes Licht zur Abbildung verwendet wird, beeinflusst die Apertur die mittlere Specklegröße.

**Interferometer**  Ein Teil des Lichts für die Objektbeleuchtung wird nach der Aufweitung und Kollimierung vom Strahlteiler PBS1 (Thorlabs CM1-PBS25, 25 mm) im rechten Winkel ausgekoppelt, als Referenzstrahl über die drei Spiegel M1 bis M3 (alle Spiegel Silberspiegel, Durchmesser 25 mm) geführt und mittels eines dritten Strahlteilers BS (Qioptoq Strahlteilerwürfel N-BK7, 50 mm), der sich zwischen Objektiv und Kamera befindet, auf die Kamera geleitet. Das durch Polarisation einstellbare Teilverhältnis Referenz/Objekt beträgt etwa 1/10. Zwischen den beiden Spiegeln M1 und M2 befindet sich ein Teleskop, welches aus den beiden Sammellinsen L5 und L6 (Brennweiten f5 = 100 mm und f6 = 170 mm) aufgebaut ist. Hiermit wird der Strahlquerschnitt des Referenzstrahls um den Faktor 1,7 vergrößert, um den gesamten Detektor auszuleuchten.

Zum Abgleich des Weglängenunterschieds zwischen Objekt- und Referenzstrahl, der kleiner als die Kohärenzlänge des Detektionslasers sein muss, sind zwei Spiegel im rechten Winkel zueinander auf einen Lineartisch montiert und können in der Achse des einfallenden Lichts verschoben werden. Die experimentelle Bestimmung der Kohärenzlänge folgt in Abschnitt 4.3. Um das räumliche Phasenschieben (vgl. Abschnitt 3.1.2) zu realisieren, wird ein Phasengradient erzeugt, indem mit dem Spiegel M3 der Einfallwinkel der Referenzwelle gegenüber dem Lot des Detektors bzw. dem Lot des kameraseitigen Strahlteilers verkippt wird. Das Bild des Objekts ist dann von einem Streifenmuster überlagert. Die Streifenperiode kann durch Variation des Einfallwinkels der Referenz variiert werden. Die Richtung des Gradienten kann beliebig in der Kameraebene eingestellt werden.

Das detektierte Interferogramm auf dem Detektor setzt sich aus drei Anteilen zusammen: Der Abbildung der Objektoberfläche, den Specklen sowie den Interferenzstreifen. Dies verdeutlichen die drei Bilder in der Abbildung 38.

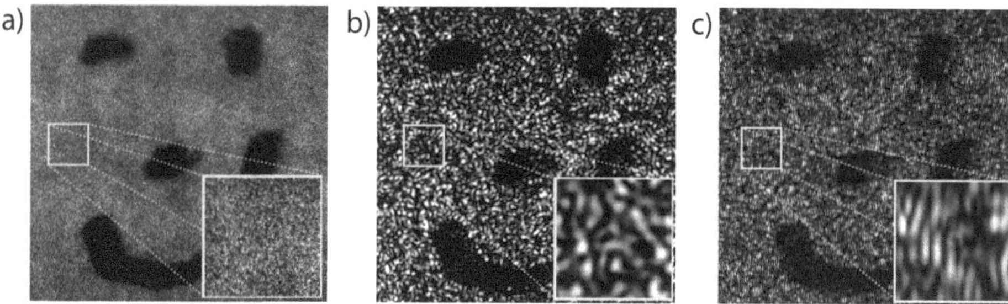

Abbildung 38: *Kohärente Abbildungen eines weißen Papiers mit Bleistiftzeichnung. Objektgröße ca. 1x1 cm. a) Abbildung mit offener Blende. Die Speckles werden von der Kamera nicht vollständig aufgelöst. b) Abbildung mit kleiner Blende. Die Speckles vergrößern sich entsprechend der verringerten Apertur (Gleichung 6). Hier sind die Speckles im Mittel größer als die Pixel und können mit gutem Kontrast aufgelöst werden. c) Gleiche Abbildung mit unter einem Winkel überlagerter Referenz. Entsprechend dem horizontalen Phasengradienten erscheinen zusätzlich vertikale Interferenzstreifen mit einer Streifenperiode von 12 Pixeln. Nach* $\sin(\alpha) = \lambda/d$ *(5) ergibt sich mit* $d = 12 \cdot 17$ µm *und* $\lambda = 532$ nm *ein Interferenzwinkel von 0.15°.*

Der Einfallwinkel des Referenzstrahls und die Blendenöffnung wurden so gewählt, dass die zur Verfügung stehende Bandbreite im Raumfrequenzspektrum möglichst vollständig ausgenutzt wird, ohne dass sie sich die Terme (Objektinformation, konjugierte Objektinformation und Selbstinterferenz der Objektstrahlung) im Fourierraum überlappen oder sie am Rand abgeschnitten werden. Diese Randbedingungen sind nötig, um das in Abschnitt 3.1.2 beschriebene Phasenextraktionsverfahren optimal zu nutzen. Für den Aufbau erfordert dies eine Blendenöffnung von 3,6 mm und ein Einfallwinkel der Referenz von 1,27°.

**Polarisation**  Polarisation der Strahlung wird im Aufbau für die Einstellung des Intensitätsverhältnisses zwischen Objekt- und Referenzstrahl verwendet. Das Licht aus dem Detektionslaser ist zunächst linear horizontal polarisiert. Der nachfolgende polarisationsabhängige Strahlteiler PBS 1 transmittiert horizontale und reflektiert vertikal polarisierte Anteile. Mit dem $\lambda/2$-Verzögerungselement HWP vor dem Strahlteiler kann über Drehung der Polarisationsachse das Intensitätsverhältnis zwischen Objekt- und Referenzwelle angepasst werden. Dies ist hilfreich, da je nach Oberflächenbeschaffenheit nur ein geringer Teil des Objektlichts zurück gestreut wird und detektierbar ist. Um die der Messung zugrunde liegenden Interferenzeffekte auszunutzen, ist jedoch gleiche Intensität von Objekt- und Referenzlicht von Vorteil.

Weiterhin kann durch polarisationsabhängige Strahlführung die Beleuchtung der Probe und die Detektion des rückgestreuten Lichts aus dem gleichen Winkel erfolgen. Der Anteil des Lichts, der horizontal polarisiert von der Lichtquelle in Richtung des Objekts propagiert, wird vom zweiten polarisationsabhängigen Strahlteiler PBS 2 vollständig transmittiert. Bevor das Licht auf das Objekt trifft, durchläuft es das $\lambda/4$-Verzögerungselement QWP. Ist die Achse dieses Elements im 45°-Winkel zur Achse des einfallenden Lichts ausgerichtet, wird aus dem linear horizontal polarisierten Licht hierbei zirkular polarisiertes. Bei Reflexion an der Objektoberfläche erfährt das Licht eine Änderung der Schwingungs-Drehrichtung. Durchläuft es erneut das Verzögerungselement, ist es nun linear vertikal polarisiert. Dadurch wird es vom Strahlteiler in Richtung der Kamera ausgekoppelt.

Eine weiterer Aspekt der Polarisation ist die teilweise Trennung von unterhalb der Objektoberfläche diffus remittierten Photonen, die durch Mehrfachstreuung ihre Polarisation verloren haben. Am PBS 2 wird statistisch die Hälfte dieser Photonen am Strahlteiler transmittiert und erreicht nicht die Kamera. Dies ist nützlich, da das Ziel die Erfassung der oberflächlichen Auslenkung ist. Trägt Licht aus tieferen Schichten zur Messung bei, verringert dies die Messauflösung, wenn die Eindringtiefe größer ist als die akustische Wellenlänge, da sich innerhalb der akustischen Wellenlängen das Gewebevolumen simultan bewegt. Bei photoakustischer Anregung von Strukturen im Größenbereich 1 bis 2 mm werden je nach Schallgeschwindigkeit Zentralfrequenzen von etwa 1 bis 2 MHz erzeugt, die akustische Wellenlängen zwischen 1 und 2 mm aufweisen.

Die polarisationsabhängige Detektion wird in Abbildung 39 demonstriert. Auf ein streuendes Silikonphantom wurde mit einem Stift für Glasoberflächen eine Markierung aufgebracht und die Oberfläche wurde abgebildet. Bei korrekter 45°- Einstellung des $\lambda/4$- Elements, in der bevorzugt direkt rückgestreute / reflektierte Photonen auf die Kamera gelangen, sind Teile der Markierung hell (a). Wird das Element um 90° gedreht, ist die Markierung unsichtbar. (b).

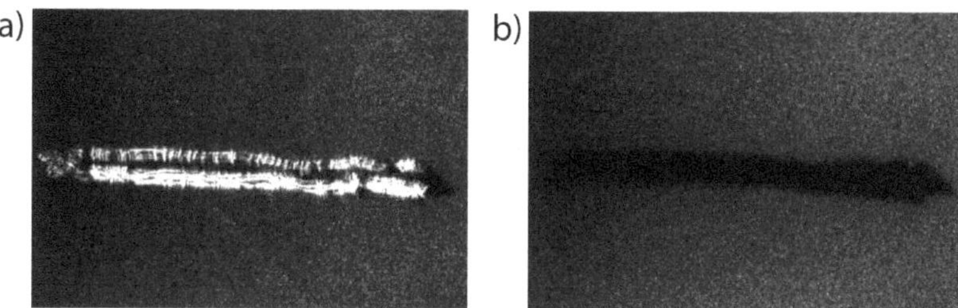


Abbildung 39: *Silikonobjekt mit Oberflächenmarkierung. a) Durch Polarisationsanpassung werden direkt reflektierte Photonen bevorzugt, der Strich erscheint leuchtend. b) Im Licht der orthogonalen Polarisation tragen direkt reflektierte Photonen kaum zur Abbildung bei. Die Markierung erscheint als dunkler Bereich, weil sie Teile des Volumens abschattet.*

**Anregung**  Zur photoakustischen Anregung dient der Nd:YAG-Laser *EdgeWave BX6I-E* mit einer Wellenlänge von 1064 nm. Der vom Interferometer unabhängige Strahlengang für die photoakustische Anregung ist in Abbildung 37 in rot dargestellt. Der Strahl des Anregungslasers wird über einen dichroitischen Spiegel DM dem Beleuchtungsstrahl zugeführt, sodass diese kollinear verlaufen, bevor sie auf die Objektoberfläche treffen. Der Spiegel wird im 45°-Winkel in die Beleuchtungsachse eingesetzt. Er transmittiert >98 % des grünen Beleuchtungslichts und reflektiert >99.5 % der infraroten Anregungsstrahlung.

Der Strahl des Anregungslasers weist in geringer Entfernung hinter der Laserapertur ein quadratisches, annähernd homogenes (*Top Hat-*) Profil mit einer Seitenlänge von 4 mm auf und wird über das Teleskop aus den Linsen L7 und L8 abgebildet. Es handelt sich bei den Linsen um unbeschichtete plankonkave / plankonvexe Glaslinsen (Durchmesser 25 mm). Als Brennweiten (f7 und f8) werden verschiedene Kombinationen eingesetzt, um die Vergrößerung einzustellen. Im Allgemeinen sollte bei einer photoakustischen Messung die gesamte Messfläche zur Anregung bestrahlt werden.

**Ansteuerung**  Die drei Hauptkomponenten des Aufbaus Beleuchtungslaser, Kamera und Anregungslaser werden zentral über den Laborrechner und die integrierte PCI-Karte (National Instruments PCI-6602) angesteuert und synchronisiert. Per Software (siehe Abschnitt 4.4) werden die Betriebsfrequenzen der Laser und der Kamera sowie jeweilige Verzögerungen eingestellt. Mit dem internen 80 MHz-Taktgeber (*Clock*) der Karte ist die höchste erzeugbare TTL-Pulsfrequenz am Ausgang 40 MHz und es sind Zeitverzögerungen bis hinunter zu 12,5 ns einstellbar.

## 4.2  Dreipuls-Detektionsschema

Die Detektion der durch photoakustische Druckwellen erzeugten, zeitabhängigen Oberflächenauslenkung erfolgte repetitiv an einem sich über die Messung gegenüber der Anregung verschiebenden Zeitpunkt, da die Bildrate geeigneter Hochgeschwindigkeitskameras für eine direkte
Abtastung der Auslenkung nicht ausreicht. Das im Abschnitt 3.1.2 der Grundlagen beschriebene Verfahren der Speckle-Interferometrie verwendet zur Bestimmung der Oberflächenänderung
zwei nacheinander aufgenommene Interferogramme und bestimmt aus den Phasendifferenzen
geometrische Auslenkungen. Im hier verwandten Dreipuls-Schema wird zwischen den beiden
Pulsen, die der Belichtung der Interferogramme dienen (Detektionspulse), ein Anregungspuls
abgegeben. Im zweiten Interferogramm wird somit die potenziell veränderte Oberfläche aufgenommen und auf das erste Interferogramm referenziert. Entscheidend für das dabei erfasste
Stadium ist der Zeitversatz relativ zum Zeitpunkt der Anregung. Die ständige Referenzierung
bringt den Vorteil, dass laterale Objektbewegungen, die langsamer als die inverse Abtastrate
sind (in dieser Arbeit üblicherweise 2 kHz$^{-1}$= 0,5 ms), die Messung nicht beeinflussen. Das
Schema ist in Abbildung 40 dargestellt.

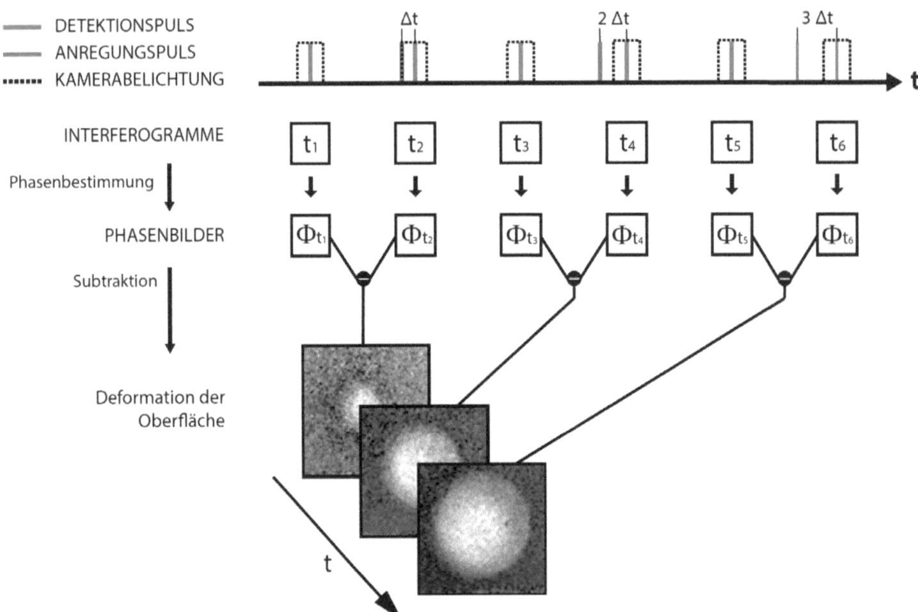



Abbildung 40: *Dreipuls-Detektionsschema. Eine Messsequenz setzt sich aus einem Anregungspuls und
zwei Detektionspulsen zusammen. Jedem Anregungspuls ist ein vor- und ein nachlaufender Detektionspuls zugeordnet. In jeder Sequenz wird der Anregungspuls um Δt früher emittiert. So trägt jedes
zweite Interferogramm Information über immer spätere Stadien der Oberflächenänderung. Aus jeweils
zwei Phasenbildern werden Phasendifferenzbilder berechnet.*

Eine Pulssequenz besteht aus vorlaufendem Detektionspuls, Anregungspuls sowie nachlaufendem Detektionspuls. Der Anregungspuls wird in jeder Pulssequenz um $\Delta t$ zeitlich nach vorne geschoben. Dieser Versatz bestimmt die effektive Abtastrate $f_{PA}$ der photoakustischen Messung. Die effektive Detektionszeit $T_{PA}$ ergibt sich aus der Anzahl der Pulssequenzen.

$$f_{PA} \;=\; \frac{1}{\Delta t} \tag{140}$$

$$T_{PA} \;=\; n\,\Delta t \tag{141}$$

Die Anzahl der Pulssequenzen richtet sich nach der geforderten effektiven Detektionszeit sowie der eingestellten Abtastfrequenz. Über die Schallausbreitungsgeschwindigkeit $c$ ist die Detektionszeit mit der maximalen Detektionstiefe $z_{PA}$ verknüpft.

$$z_{PA} = c\,T_{PA} \tag{142}$$

Die Dauer einer photoakustischen Messung hängt von der Anzahl der Messpunkte und der Repetitionsrate der Pulssequenzen ab. Pro Pulssequenz werden ein Anregungspuls und zwei Detektionspulse für zwei Kamerabelichtungen abgegeben. Die Repetitionsrate des Anregungslasers $f_{Anr}$ ist entsprechend etwa halb so groß wie die von Detektionslaser und Kamera $f_{Det}$ und berechnet sich mit

$$f_{Anr} = \left( \frac{2}{f_{Det}} - \Delta t \right)^{-1} \tag{143}$$

In den meisten Experimenten zu dieser Arbeit beträgt $f_{Det}= 2$ kHz, da dies die höchste Vollbild-Wiederholungsfrequenz der Kamera ist. Der kleinste einstellbare Versatz $\Delta t$ beträgt aufgrund der Taktfrequenz von 80 MHz der verwendeten TTL-Ansteuerung 12,5 ns. In den meisten Experimenten wird ein sukzessiver Versatz von $\Delta t =25$ ns gewählt, was einer effektiven Abtastung mit $f_{PA} =40$ MHz entspricht. Für diesen Fall beträgt die Anregungsfrequenz $f_{Anr} =1000.3$ Hz.

Für eine Detektionstiefe von 6 mm in Gewebe mit einer Schallausbreitungsgeschwindigkeit von $c=1,5$ mm/µs beträgt die Schalllaufzeit $T_{PA}= 4$ µs. Es sind bei 25 ns Abtastrate $T_{PA}/\Delta t = 160$ Pulssequenzen notwendig. Die Anzahl der abgegebenen Detektionspulse und belichteten Interferogramme beträgt dann 320. Bei einer Abtastrate von 2 kHz ist die Messdauer für ein ganzes Volumen demnach 160 ms.


## 4.3 Komponentenauswahl und -charakterisierung

In diesem Abschnitt wird die Auswahl der drei Hauptkomponenten des Aufbaus Detektionslaser, Kamera und Anregungslaser begründet. Die Komponenten werden in ihren relevanten Eigenschaften charakterisiert.

### 4.3.1  Detektionslaser

Zur Objektbeleuchtung kommt der Nd:YAG-Laser *Newport Spectra Physics Explorer 532-2Y* zum Einsatz. Dessen Eigenschaften und derer Relevanz wird im Folgenden beschrieben

- Wellenlänge: Für die erste Realisierung des photoakustischen Detektionsansatzes fiel die Wahl der Wellenlänge auf 532 nm, da hier emittierende Laser mit frequenzverdoppelter Hauptlinie der verbreiteten Nd:YAG-Lasers gut verfügbar und erschwinglich sind. Weiterhin ist diese Wellenlänge im grünen Spektralbereich relativ einfach zu implementieren, da wie im Aufbau verwendete CMOS-Bildsensoren hier sehr sensitiv sind. Anti-Reflex beschichtete Optik-Komponenten wie Linsen und Strahlteiler sind für den sichtbaren Wellenlängenbereich gut verfügbar und preiswert.

- Gepulste Emission: Da die minimale Öffnungszeit der Kamera im Mikrosekundenbereich zu lang für die Aufnahme der sehr schnellen Oberflächenbewegungen im MHz-Bereich ist, wird die effektive Belichtungsdauer mittels gepulster Objektbeleuchtung reduziert. Jedes Kamerabild wird mit einem einzigen Puls aufgenommen. Mit einer spezifizierten Pulsdauer von 12 ns lassen sich so Vorgänge bis etwa 80 MHz zeitlich scharf abbilden.

- Aktive Güteschaltung: Während einer wie im Abschnitt 4.2 beschriebenen repetitiven Messung muss der Zeitpunkt der Laseremissionen möglichst genau einstellbar sein. Begrenzend ist hierbei entweder der externe Taktgeber oder der Laser als Taktempfänger durch Zeitvarianzen vom Empfang der steigenden Signalflanke bis zum tatsächlichen Emissionszeitpunkt. Diese Abweichungen werden zeitliches Zittern (engl. Jitter) genannt. Mit einer spezifizierten zeitlichen Unsicherheit von 15 ns liegt diese in der Größenordnung der Pulsdauer.

- Hohe Repetitionsrate: Während der Aufnahme eines photoakustischen Datensatzes werden mehrere hundert Phasendifferenzbilder aufgenommen. Um einerseits die Zeit zwischen zwei nacheinander aufgenommenen und aufeinander bezogenen Phasenbilder und weiterhin die gesamte Akquisitionsdauer gering zu halten, wird die Messung mit mehreren Kilohertz durchgeführt. Der eingesetzte Laser erlaubt Repetitionsraten von 0 bis 60 kHz.

**Strahlprofil**  Dem Strahlprofil und seiner zeitlichen Konstanz kommt im angewandten Messprinzip besondere Bedeutung zu, da die Genauigkeit der Phasenbestimmung von der detektieren Intensität abhängt. Auf diesen Zusammenhang wird im Abschnitt 5.1 näher eingegangen. Idealerweise sollte die Objektbeleuchtung örtlich homogen sein und sich zeitlich nicht ändern. Der Strahl des eingesetzten Lasers verfügt über ein Gauß-Profil, wie in Abbildung 41 gezeigt wird. In der zugrundeliegenden Messung wurde der aufgeweitete und kollimierte Strahl hinter PBS1 (vgl. Abbildung 37) unter flachem Winkel fotografiert und analysiert. Zur Maßstabsbestimmung wurde dabei Millimeterpapier mit dem Laserstrahl beleuchtet.

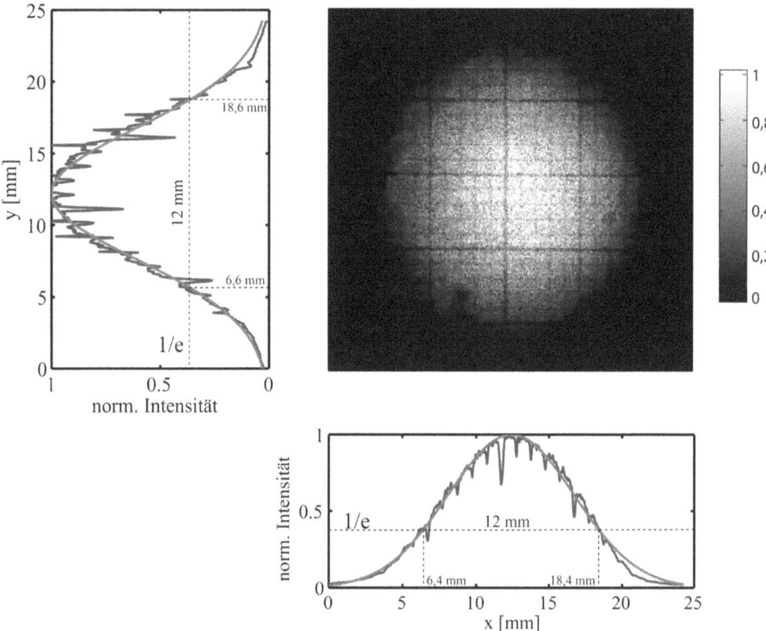

Abbildung 41: *Auf Millimeterpapier fotografierter, aufgeweiteter und kollimierter Laserstrahl des Detektionslasers. Die Graphen zeigen den mittleren Intensitätsverlauf. Der 1/e-Strahldurchmesser beträgt 12 mm.*

Die normierten vertikalen und horizontalen mittleren Intensitätsverläufe (blau) wurden mit der *curve-fitting*-Funktion in Matlab mit einer Gaußfunktion angenähert (rot). Um den Strahldurchmesser zu bestimmen, wurde der Abfall auf 1/e analysiert. Damit ergibt sich in horizontaler wie in vertikaler Richtung ein Strahldurchmesser von 12 mm. Der abzubildende Bereich auf dem Objekt beträgt bei einer üblichen Messung 8x8 mm und liegt damit innerhalb des 1/e-Bereichs des Beleuchtungsstrahls.

Die spezifizierte Puls-zu-Puls-Stabilität liegt bei 3 % und ist auf die Standardabweichung der Pulsenergie bezogen, was jedoch nichts über laterale Schwankungen des Strahlprofils eines Pulses zum nächsten aussagt. Um dies zu untersuchen, wurde der Strahl direkt auf den Detektorchip der Kamera gelenkt und wie in einer typischen Messung 400 Bilder aufgenommen und analysiert. Abbildung 42 zeigt stellvertretend die Kameraaufnahme eines Pulses und die Standardabweichung in den einzelnen Pixeln über die 400 Aufnahmen (b). Weiterhin wird der zeitliche Intensitätsverlauf über alle 400 Aufnahmen im zentralen Pixel gezeigt.

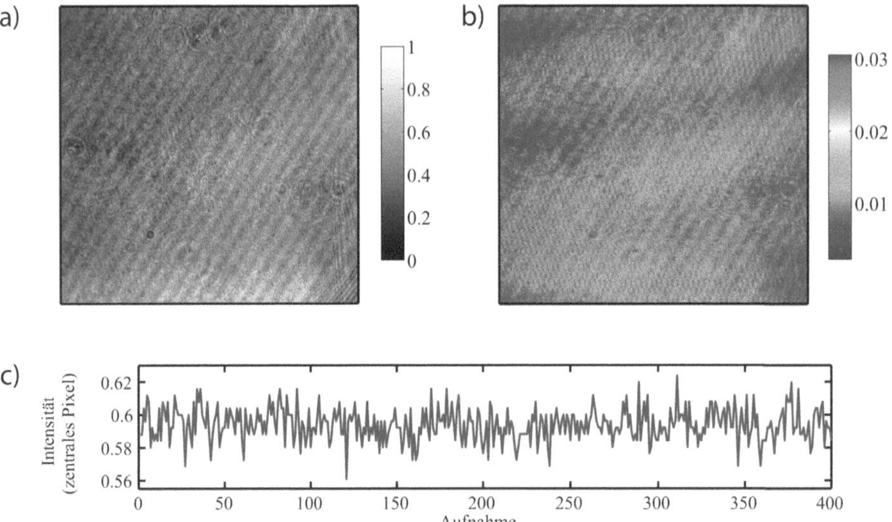

Abbildung 42: *a) Detektionslaser, direkt mit dem Detektorchip der Kamera im Aufbau belichtet. b) Pixelweise absolute Standardabweichung von 400 Aufnahmen. c) Intensitätsverlauf des zentralen Pixels über 400 Aufnahmen.*

Die Standardabweichung liegt für die meisten Pixel bei 1 bis 2 %, vereinzelt bei bis zu 3 %. Der absolute zeitliche Intensitätsverlauf des stellvertretenden zentralen Pixels zeigt, dass keine systematischen Schwankungen vorliegen. Die Streifen im Intensitätsbild (a) sind auf Selbstinterferenz in den optischen Komponenten und im Schutzglas des Detektorchips zurückzuführen, besonders treten die diagonalen, nach rechts oben laufenden Streifen hervor. Durch Beugung an kleinen Fremdkörpern (z.B. Staubkörnern) an den optischen Komponenten sind einige Beugungsringe sichtbar. Beide Arten von Artefakt sind stationär und beeinflussen die Messung nur dadurch, dass sie lokal die Intensität verändern.

**Kohärenzlänge**   Die interferometrische Messung von Oberflächenänderungen benötigt Kohärenz zwischen Referenz- und Probenlicht. Vor einer Messung wird die optische Weglänge des Referenzstrahls an die des Objektstrahls angepasst. Weichen die Weglängen der beiden zusammen geführten Strahlen ab, lässt der Interferenzkontrast nach, was sich negativ auf die Genauigkeit der Messung auswirkt.

Zur Bestimmung der Phasendifferenzen wird die Referenzwelle der Objektwelle unter einem Winkel zugeführt, wodurch ein interferometrisches Streifenmuster entsteht. Dies ist entsprechend der in Abschnitt 3.1.2 diskutierten Randbedingungen (Gleichung 38) in diagonaler Orientierung und in einer Ortsfrequenz ausgelegt, die gerade noch vom Detektor auflösbar ist. Abbildung 43 zeigt einen vergrößerten Ausschnitt des Interferogramms der Größe 100x100 Pixel (a). Für dessen Aufnahme wurde ein Spiegel statt eines streuenden Objekts einjustiert, weshalb keine Speckle entstehen. Entlang der gelben Linie von 11 Pixeln Länge wird in 10 nacheinander aufgenommenen Interferogrammen die Intensität dargestellt (b).

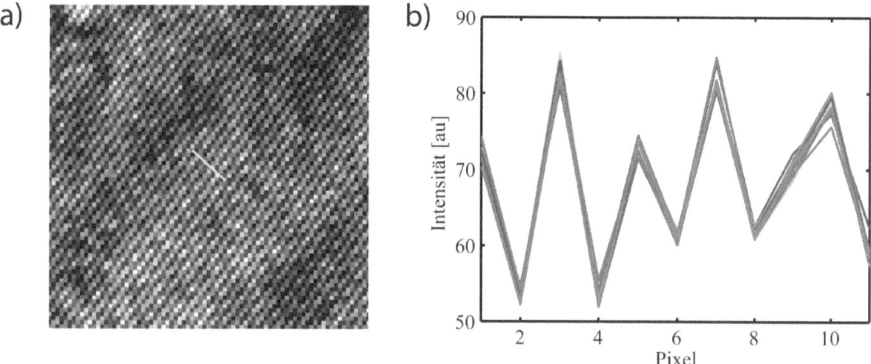

Abbildung 43: *a) Vergrößerter Auschnitt (100x100 Pixel) des Interferogramms. Entlang der gelben Linie wurden zur Analyse des Modulationskontrasts die Intensitäten in 10 aufeinander folgenden Aufnahmen gemessen (b).*

Im Laufe der 10 Aufnahmen ändert sich zwar leicht die Intensität der Messpunkte, die Streifen sind jedoch stationär.

Nachlassende Kohärenz aufgrund steigender Weglängendifferenz von Objekt- und Referenzarm äußert sich in kleiner werdender Streifenmodulation des Interferogramms. Gleichzeitig ist dies im FFT-Spektrum eines Interferogramms an abnehmender Intensität des Korrelationsterms zwischen Objekt- und Referenzwelle zu erkennen. Um die Kohärenzlänge des verwendeten Lasers experimentell zu bestimmen, wurde die Weglängendifferenz nach visueller Maximierung des Modulationskontrasts in positive wie negative Richtung erhöht, indem der Retroreflektor im Referenzstrahlengang (vgl. Abbildung 37) entlang der optischen Achse in 0,2 mm-Schritten verfahren wurde. Anschließend wurde jedes Bild mittels FFT fouriertransformiert und die mittlere spektrale Intensität des Korrelationsterms zwischen Objekt- und Referenzwelle aufgenommen, wie in Abbildung 44 verdeutlicht. Das Ergebnis der Auswertung ist in Abbildung 45 auf 1 normiert dargestellt und durch eine Gauß-Funktion (*curve-fitting*-Funktion, Matlab) angenähert.

Abbildung 44: *Als Maß für die Streifenmodulation im gesamten Bild wird die spektrale Intensität bei der entsprechenden Ortsfrequenz ausgewertet. Hierfür wird jeweils über den rot markierten Bereich gemittelt.*

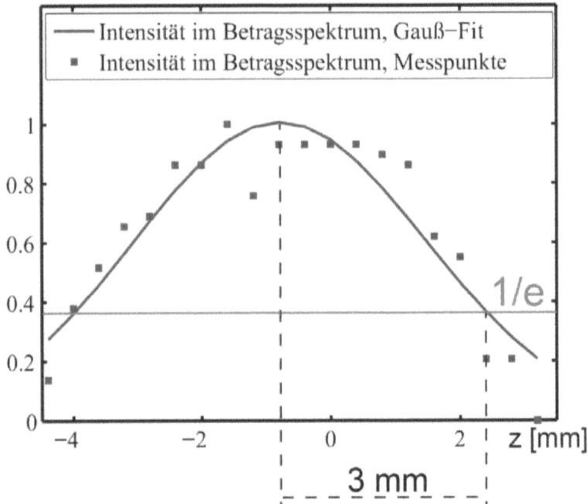


Abbildung 45: *Auswertung der Kohärenzfunktion mittels Aufnahme der spektralen Intensität bei der entsprechenden Ortsfrequenz in Abhängigkeit der Weglängendifferenz zwischen Objekt- und Referenzwelle. Dargestellt sind jeweils die Messpunkte und die angenäherte Gauß-Funktion, an der die Auswertung des Abfalls auf 1/e vorgenommen wurde.*

Die Kohärenzlänge ist hier als die Weglängendifferenz der Strahlen definiert, die zu einem Abfall der Streifenmodulation bzw. spektralen Intensität auf 1/e führt. Die mittels spektraler Intensität ermittelte Kohärenzlänge betrug 3 mm.

### 4.3.2  Anregungslaser

Zur photoakustischen Anregung wird der Nd:YAG-Festkörperlaser *Edgewave BX6I-E* mit folgenden Eigenschaften eingesetzt.

- Wellenlänge: Für die erste Realisierung der kontaktlosen photoakustischen Tomographie wurde die Wellenlänge mit 1064 nm ausgewählt. Bei dieser unterliegt die Strahlung moderater Streuung in Gewebe und kann daher tief eindringen. Als verbreitete Laserart sind Nd:YAG-Laser auch bei hoher mittlerer Leistung vergleichsweise preiswert und erreichen als diodengepumpte Ausführung die gewünschten hohen Repetitionsraten von mehreren kHz. Weiterhin sollte die Wellenlänge der Anregung sich von der Detektions-Wellenlänge (532 nm) unterscheiden, um diese z.B. durch den Einsatz von Sperrfiltern trennen zu können. Aufgrund der relativ langen minimalen Kamera-Verschlusszeiten kann ansonsten Streustrahlung der Anregung die Messung verfälschen.

- Gepulste Emission und aktive Güteschaltung: Entsprechend Abschnitt 3.2.4 sollte die Pulsdauer kleiner sein als die Druckeinschlusszeit der Absorberstruktur. Nach Gleichung (75) ergibt sich für die Anregung einer Struktur in der Größenordnung von 0,5 mm hierfür eine Pulsdauer von etwa 300 ns. Mit der aktiven Güteschaltung werden Pulslängen von etwa 10 ns erreicht, die wesentlich mehr Pulsenergie ermöglichen als mit anderen Methoden erzeugte Pulsdauern im Femtosekundenbereich. Die elektrooptische Güteschaltung erlaubt die Zeitansteuerung mit Nanosekundengenauigkeit.

- Hohe Pulsenergie bei hoher Repetitionsrate: Aufgrund der flächig ausgelegten Anregung sollte die Pulsenergie so hoch sein, dass die durch die ANSI festgelegten Bestrahlungsgrenzen erreicht werden können (etwa 20 mJ/cm$^2$, vgl. Abschnitt 3.2.2). Beim verwendeten Laser sind 10 mJ Ausgangsenergie pro Puls bei 2 kHz Repetitionsrate herstellerseitig spezifiziert.

Die gewählte Wellenlänge von 1064 nm erscheint perspektivisch für die Anregung von Blutgefäßen in Haut nur bedingt geeignet, da der Absorptionskontrast nach den Spektren in Abbildung 27 hier nur gering ist. Die Absorption von Hämoglobin nimmt oberhalb von 600 nm stark ab, während die Wasserabsorption der Umgebung zunimmt. Die im Rahmen dieser Evaluation zum Einsatz kommenden Absorber aus gefärbtem Silikon sind in ihrer Absorption jedoch einstellbar (vgl. Abschnitt 4.5.1).

Beim verwendeten Lasermodell wird ein quadratischer (*Top Hat-*) Strahl mit lateral näherungsweise konstanter Bestrahlung emittiert. Dies wird laserintern über eine Strahlformeroptik erzeugt, die in einem Abstand von der Laserapertur von etwa 20 mm einen Top Hat -Strahl formt. Da ein Top Hat- Strahl im Gegensatz zum Gauß-Strahl bei der Lichtausbreitung nicht selbsterhaltend ist, muss für eine Anwendung in größerer Entfernung zur Laserapertur der Strahl aus dieser Ebene abgebildet werden (vgl. Absatz *Anregung* in Abschnitt 4.1). Der

Einsatz eines Strahls mit konstantem quadratischen Strahlprofil ist in der photoakustischen Anregung vorteilhaft, da im Vergleich zum Gaußschen Profil homogener angeregt wird.

Um die Homogenität des Strahls zu prüfen und um die Größe des emittierten Strahls zu ermitteln, wurde der Strahl mittels Detektorkarte für infrarotes Licht sichtbar gemacht und fotografiert. Zur Maßstabsbestimmung dient Millimeterpapier. Abbildung 46 zeigt den Anregungsstrahl und dessen Analyse.

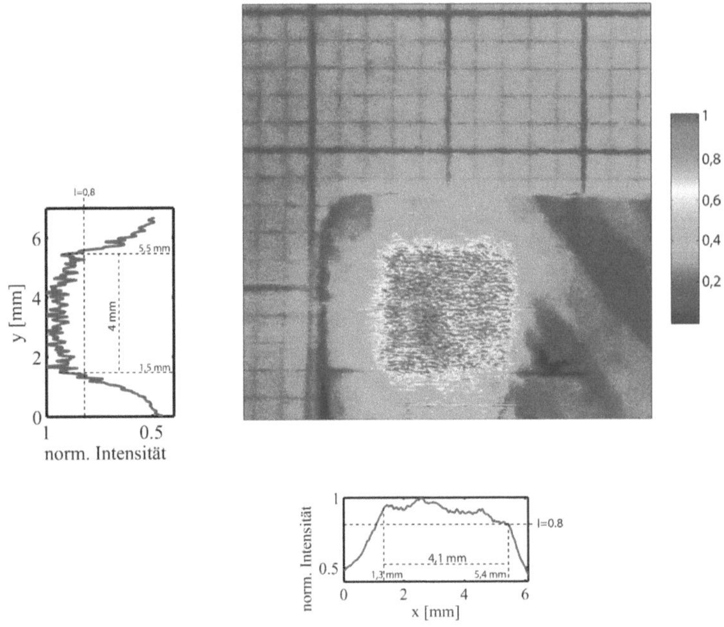


Abbildung 46: *Mittels Detektorkarte sichtbar gemachter IR-Laserstrahl des Anregungslasers.*

Für die Analyse wurde die detektierte Intensität normiert und in horizontaler wie vertikaler Richtung gemittelt. Der langsame Abfall an den Rändern ist auf Streuung im Material der Detektorkarte zurückzuführen. Der ermittelte Durchmesser des Strahls beträgt in horizontaler Ausdehnung 4,1 mm, in vertikaler 4 mm. In beiden Orientierungen fällt die Bestrahlung zum Rand auf 80% der maximalen Bestrahlung ab.

### 4.3.3  Kamera

Zur Detektion wurde die monochrome Hochgeschwindigkeitskamera *Photron Fastcam SA3-120k-M1* mit einem CMOS-Sensor ausgewählt. Diese ermöglicht Aufnahmeraten von bis zu 2 kHz bei der vollen Auflösung von 1024x1024 Pixel, bei kleinerem aktiven Sensorfeld sind höhere Aufnahmeraten möglich. Die Pixel haben eine Größe von 17x17 µm. Die minimale

Belichtungszeit beträgt 2 µs, die Detektion schnellerer Ereignisse wie der transienten Oberflächenauslenkung ist daher nur mit dem gepulsten Beleuchtungslaser möglich. Weitere vom
Hersteller spezifizierte Daten sind ein Dynamikbereich des Sensors von 57 dB, eine Lichtemp-
findlichkeit nach ISO/ASA von 6.400 und ein Dunkelstromrauschen von 33 Ladungen ($e^-$) bei
Raumtemperatur. Die Sättigungsgrenze (fwc) liegt bei spezifizierten 42 000 $e^-$. Dieser Parameter beeinflusst die erreichbare Genauigkeit signifikant (vgl. Abschnitt 5.1). Im Folgenden
soll die Sättigungsgrenze daher überprüft werden.

Zur experimentellen Überprüfung der Sättigungsgrenze wird die Photonentransferfunktion der
Kamera bestimmt, aus der die gesuchte Größe abgeleitet werden kann (Sudkamp 2014). Dazu
wird als Lichtquelle die breitbandige Superlimineszenzdiode (SLD) eines OCT-System (Thorlabs Callisto, Zentralwellenlänge 930 nm) verwendet, dessen Strahlung in eine Einzelmoden-
Faser eingekoppelt wird. Das distale Ende der Faser wird in derartigem Abstand vom offenen
Detektorchip platziert, dass durch die Divergenz der Strahlung nach Austritt aus dem Faseren-
de ein Gradient an Helligkeitswerten auf dem Detektorchip erreicht wird. Weiterhin wird im
Maximum der Ausleuchtung eine Übersteuerung erreicht, während auf andere Teile des Chips
kein Licht fällt. Ziel dieser Ausleuchtung ist ein breites, möglichst glattes Histogramm und das
Vorhandensein aller diskreten Helligkeitsabstufungen. Abbildung 47 zeigt das resultierende
Kamerabild und Histogramm.

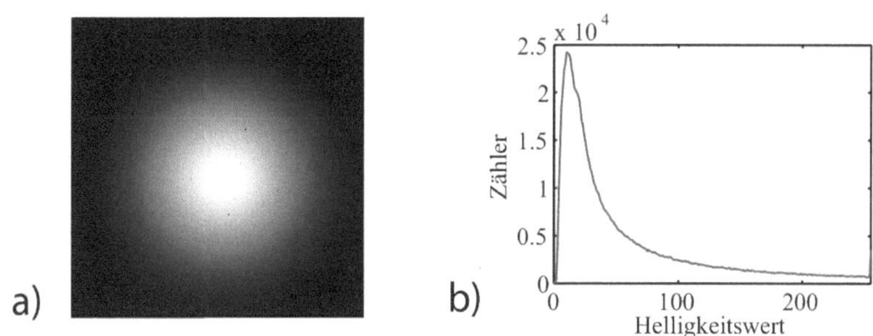


Abbildung 47: *a) Lichtverteilung auf dem Detektor   b) Korrespondierendes Histogramm*

Um das Detektorrauschen bei der Aufnahme dieses Gradienten zu bestimmen, wurden 1000
Bilder bei der Standard-Aufnahmefrequenz von 2 kHz aufgenommen und das Rauschen über
dem Mittelwert des jeweiligen Pixels aufgetragen. Die einzelnen Rauscharten und ihre Signalabhängigkeit wurden in Abschnitt 3.1.3 beschrieben, die Rauschfunktion in Gleichung (52).
Da individuelle Pixel analysiert werden, kann das fixed pattern noise vernachlässigt werden.
Das Verstärkungsrauschen wird als klein angenommen und ebenfalls vernachlässigt. Weiterhin
wird davon ausgegangen, dass das Quellenrauschen der SLD vernachlässigbar ist. Die Trans-
ferfunktion soll für die folgende Betrachtung ausschließlich durch Quantenrauschen $\sigma_{shot}$ und

dem konstantem Ausleserauschen $\sigma_{\text{read}}$ begründet sein:

$$\sigma_{\text{total}}(n) = \sqrt{\sigma_{\text{shot}}^2(n) + \sigma_{\text{read}}^2(n)} \tag{144}$$

Die Höhe des Quantenrauschens beträgt (vgl. Abschnitt 3.1.3):

$$\sigma_{\text{shot}}(n) = \sqrt{n} \tag{145}$$

Hierbei ist $n$ die Zahl der detektierten Ladungen im Detektorelement und ist mit der augege-
benen Grauwertstufe GW über den konstanten Faktor $c$ verbunden, der die Quanteneffizienz
sowie die Skalierung auf den zur Verfügung stehenden Grauwertbereich berücksichtigt. In diesem Experiment wurde mit einer Bittiefe von 8 Bit aufgelöst, dies entspricht 256 Graustufen
(vgl. Abbildung 47 b).

$$n = (c\,\text{GW}) \tag{146}$$

Das Ausleserauschen ist konstant:

$$\sigma_{\text{read}} = c_{\text{read}} \tag{147}$$

Die Rauschfunktion kann nun durch Einsetzen wie folgt beschrieben werden:

$$\sigma_{\text{total}}(c\,\text{GW}) = \sqrt{c\,\text{GW} + c_{\text{read}}^2} \tag{148}$$

$\sigma_{\text{total}}$ hängt von $c$ und GW ab. Um $\sigma_{\text{total}}$ nur als Funktion der gemessenen Grauwerte GW
beschreiben zu können, wird der konstante Faktor $c$ aus der Abhängigkeit entfernt:

$$\sigma_{\text{total}}(\text{GW})\,c = \sqrt{c\,\text{GW} + c_{\text{read}}^2} \tag{149}$$

$$\sigma_{total}(\text{GW}) = \frac{\sqrt{c\,\text{GW} + c_{\text{read}}^2}}{c} \tag{150}$$

Die Parameter $c$ und $c_{\text{read}}$ können an die gemessene Funktion angefittet werden. Hierfür wird
die *curve-fitting*-Funktion von Matlab genutzt. Das Ergebnis des Fits mit den Parametern $c =$
96.83 und $c_{\text{read}} = 53.28$ ist in Abbildung 48 gezeigt. Hierdurch ergibt sich die Sättigungsgrenze
$fwc$ für ein voll ausgesteuertes Detektorelement (8 Bit: GW=255) mit

$$\begin{aligned} fwc &= c \cdot 255 \\ &= 24\,700\,e^- \end{aligned}$$

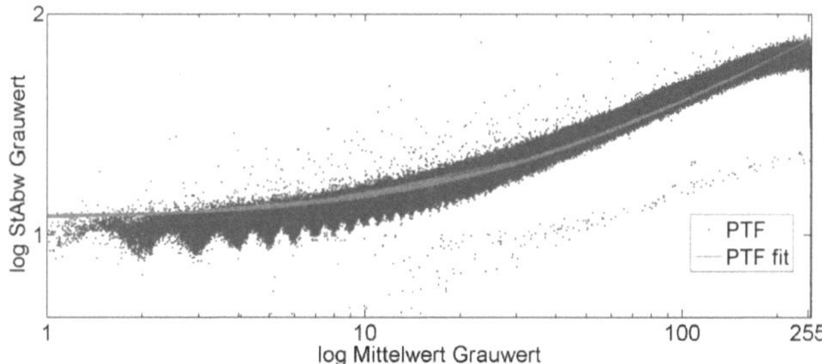

Abbildung 48: *Photonentransferfunktion der verwendeten CMOS-Kamera basierend auf 1000 Auf-*
*nahmen (blau). Der grüne Verlauf stellt die angefittete Funktion nach Gleichung (150) dar.*

Damit liegt der ermittelte Wert für die Sättigungsgrenze des Detektors etwa um den Faktor
1.7 unter dem vom Hersteller angegebenen Wert von $42\,000\,e^-$.

## 4.4 Software

### 4.4.1 Ansteuerung

Die Software zur gemeinsamen Ansteuerung der Komponenten ist in LabVIEW (National
Instruments, Texas, USA) implementiert und steuert die im PC integrierte Karte (National
Instruments PCI-6602) mit digitalen Ein- und Ausgängen an. Dabei treten elektronische Ver-
zögerungen zwischen den jeweiligen Triggerpulsen und der Emission der Laserpulse bzw. dem
Beginn der Kamerabelichtung auf. Diese sind von den gewählten Frequenzen abhängig, sind
aber für eine konstante Frequenz ebenso konstant. Für häufig genutzte Frequenzen sind die
Verzögerungen in Tabellen hinterlegt und werden für die jeweilige Einstellung in die Software
eingegeben.

Die drei ausgegebenen Triggersignale für Detektionslaser, Anregungslaser und Kamera sind
von einem gemeinsamen Mastertrigger abhängig. Vor Beginn der Messung werden die Trigger
initialisiert, bevor über ein Kommando die Ausgabe der Pulssequenzen startet. Gleichzeitig
bewirkt ein einzelner Starttrigger-Puls, der auf einen gesonderten Signaleingang der Kamera
geleitet wird, den Beginn der Aufnahmen. Alle wichtigen Parameter können vom Benutzer
über eine Menü-Maske eingegeben werden. Abbildung 49 zeigt einen Screenshot der Ansteue-
rungssoftware.

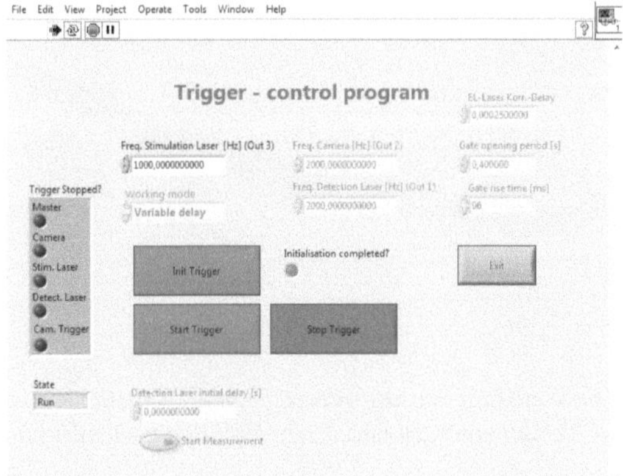

Abbildung 49: *Screenshot der Programmoberfläche zur Ansteuerung der Komponenten*

### 4.4.2  Justage

Zur Feinjustage des Aufbaus und zur korrekten Positionierung des Objekts wurde ebenfalls in LabVIEW ein Programm implementiert, welches auf die Kamera zugreift und in Echtzeit sowohl das Kamerabild als auch dessen Fouriertransformation darstellt (Abbildung 50). Anhand des Kamerabilds wird bei geöffneter Apertur die Schärfeebene der Objektabbildung sowie die laterale Ausrichtung des Objekts geprüft. Der Betrag des FFT-Spektrums zeigt bei korrekter Vorjustierung die Interferenz- und Selbstinterferenzterme. Über Veränderung der Aperturblende kann die Größe der Anteile im Spektrum eingestellt werden. Eine Veränderung des Einfallwinkels der Referenz bewirkt eine veränderte Position der Interferenzterme im Spektrum. Darüber hinaus kann über die Analyse der Intensität der Interferenzterme sowohl der Weglängenabgleich als auch das Intensitätsverhältnis zwischen Objekt- und Referenzstrahl optimiert werden. Abbildung 50 zeigt einen Screenshot der Justage-Software.

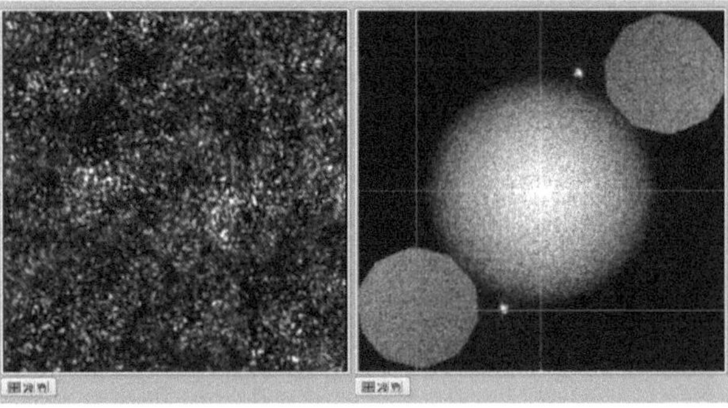

Abbildung 50: *Screenshot der Justage-Software. In Echtzeit wird im linken Fenster das Interferogramm, im rechten das Betragsspektrum dessen angezeigt.*

### 4.4.3  Rekonstruktion

Die Rekonstruktion berechnet aus dem Stapel zeitabhängiger Phasendifferenzbilder die stationäre Verteilung der akustischen Quellen zum Zeitpunkt der Anregung. Die Berechnung ist mit den in Abschnitt 3.3 der Grundlagen beschriebenen Verfahren in MATLAB (The MathWorks Inc., Massachusetts, USA) implementiert (Riedel 2015; Münter 2015).

Es wird ein Array von äquidistanten Sensorpunkten $x, y$ angenommen, die zueinander den Abstand $dx, dy$ haben. Einzelbilder im Stapel wurden im zeitlichen Abstand $dt$ aufgenommen. Das Medium wird als akustisch homogen mit der Ausbreitungsgeschwindigkeit $c$ angenommen.

Die Rekonstruktion nach Köstli (2001) geschieht in folgenden Schritten (Riedel 2015):

1. Spiegelung des gemessenen Signals $\xi(x, y, t \geq 0)$ um $t = 0$. Das symmetrische Feld $\xi(x, y, t) = \xi(x, y, -t)$ ist Voraussetzung um die Berechnungen im Spektralbereich ausführen zu können.

2. Fouriertransformation: $\mathscr{F}\{\xi(x, y, t)\} = \xi(k_x, k_y, \omega)$

3. Rückprojektion: $\xi(k_x, k_y, \sqrt{(\omega/c)^2 - k_x{}^2 - k_y{}^2}) = i\rho c^2 \sqrt{(\omega/c)^2 - k_x{}^2 - k_y{}^2}\, \xi(k_x, k_y, \omega)$ für $|\omega| > c\, k_{xy}$

4. Inverse Fouriertransformation $\mathscr{F}^{-1}\{\xi(k_x, k_y, \omega)\} = \xi(x, y, z)$

5. Verwerfen von $z = -\infty, \ldots, -1$ von $\xi(x, y, z)$

Schritt 2 und 4 werden mittels FFT ausgeführt, daher sind Bilddimensionen von $2^n$ vorteilhaft. Das rekonstruierte Volumen steht zur Analyse im Rohdaten-Format (.raw) und als Matlab-Variable (.mat) zur Verfügung.

## 4.5  Phantome

Die Phantome für die photoakustische Messung verwenden mit Bariumsulfat dotiertes und angefärbtes Silikon sowie Schweinehaut. Bei dem verwendetem Silikon handelt es sich um Zweikomponenten-Silikonkautschuk RT604A/B des Herstellers Wacker Chemie. Dieser Werkstoff wird aufgrund seiner guten Verarbeitbarkeit im flüssigen Zustand und der Möglichkeit des Hinzufügens von Additiva verwendet, mit denen sich die optischen Eigenschaften Absorption und Streuung des Phantoms anpassen lassen. Zudem sind aufgrund des vielseitigen Einsatzes in der Industrie viele Materialeigenschaften herstellerseitig angegeben. Für die Photoakustik relevante Eigenschaften sind vor allem die Dichte ($0.97$ g/cm$^3$), der Längenausdehnungskoeffizient ($3 \cdot 10^{-4}$ K$^{-1}$) und die Wärmeleitfähigkeit ($0.2$ W/m K).

Zur Herstellung der Phantome wurde die Basiskomponente (A) wird mit der Härterkomponente (B) im Verhältnis 10:1 gemischt. Ohne Additiva ist das Silikon transparent. Additiva werden im flüssigen Zustand beigemischt. Zur Erhöhung der Absorption wird schwarze Silikonfarbe (Alpina GmbH, *Siliconfarbe schwarz*) verwendet. Zur Erhöhung der Streuung wird

Bariumsulfat (Solvay GmbH, BaSO4 99.4%) eingesetzt. Das Gemisch wird vor dem Trocknen evakuiert, um Lufteinschlüsse zu verhindern. Laut Datenblatt benötigt ein Volumen von $1\ cm^3$ zur Aushärtung bei Raumtemperatur 24 Stunden, der Vorgang kann durch Aushärtung im Ofen beschleunigt werden.

### 4.5.1 Silikonabsorber

Um in den Untersuchungen eine konstante Absorption der eingebetteten Absorber zu gewährleisten, wurde eine Stammlösung in ausreichender Menge angesetzt, aus der die verschiedenen Absorptionsstufen durch Verdünnung herbeigeführt werden. Weiterhin lässt sich das Mischverhältnis zwischen Silikon und Farbstoff nicht reproduzierbar einwiegen, da bereits geringe Mengen Farbstoff ausreichen, um eine größere Menge Silikon tiefschwarz zu färben und der Pasten-ähnliche Farbstoff nicht gut dosierbar ist. Die Stammlösung besteht nur aus der A-Komponente des Silikons und Farbstoff; der Härter wird erst bei der Herstellung eines Phantoms hinzugefügt.

Für die Untersuchungen werden Absorptionskoeffizienten von maximal 20 $cm^{-1}$ verwendet. Daher wurde für die Stammlösung nach Erfahrungswerten ein höherer Absorptionskoeffizient angestrebt und dann experimentell bestimmt. Hierfür wurde die Stammlösung 1:10 nach Massenverhältnis verdünnt und in eine Spektroskopieküvette (d=10 mm) gefüllt. Die Küvette wurde in den Strahlengang des Anregungslasers gebracht und die transmittierte Pulsenergie dahinter ($H_{d=10mm}$) mit einem Energiemesskopf bestimmt. Als Referenz wurde eine gleiche Küvette mit Wasser gefüllt und ebenfalls in Transmission gemessen ($H_0$). Mithilfe des Lambert-Beerschen Gesetzes ergab sich für die 1:10 verdünnte Stammlösung ein Absorptionskoeffizient von $\mu_a = 3,07 \pm 0,01 cm^{-1}$. Demnach gilt für die Absorption der zehnfach höher konzentrierten Stammlösung $\mu_a = 30,7 \pm 0,1 cm^{-1}$. Tabelle 4 führt die Mischverhältnisse auf, um zu den angestrebten Absorptionsstufen für die photoakustischen Experimente zu gelangen. Die Zugabe von 10 % Härter bei der späteren Fertigung ist hierbei eingerechnet.

| $\mu_a$ | Anteil Stammlösung | Anteil Komponente A |
|---|---|---|
| 5 $cm^{-1}$ | 1 | 4,526 |
| 10 $cm^{-1}$ | 1 | 1,763 |
| 15 $cm^{-1}$ | 1 | 0,842 |
| 20 $cm^{-1}$ | 1 | 0,382 |

Tabelle 4: *Mischverhältnisse zwischen der stark absorbierenden Stammlösung und der verdünnenden Komponente zum Erreichen verschiedener Absorptionskoeffizienten.*

Für die systematischen photoakustischen Untersuchungen werden Kugeln als Absorber verwendet. Diese werden in einer zweiteiligen Negativform aus Polyoxymethylen hergestellt, welche mit Hilfe der Feinmechanikwerkstatt der Universität zu Lübeck konstruiert und gefertigt wurde. Jede Seite der Form hat zwei halbkugelförmige Mulden, in die das Silikon gegeben wird.

Anschließend werden die beiden Teile zusammengeklappt und verschraubt. Überschüssiges Silikon läuft dabei in ein Reservoir. Die Aushärtung dauert im Ofen bei 50 °C etwa 45 Minuten. Pro Fertigung wird je eine Kugel mit einem Durchmesser von d=1 mm und d=2 mm gegossen. Abbildung 51 zeigt links die Negativform und rechts die 25-fache Vergrößerung einer Kugel mit d=1 mm und $\mu_a = 10$ cm$^{-1}$ unter einem Auflichtmikroskop.

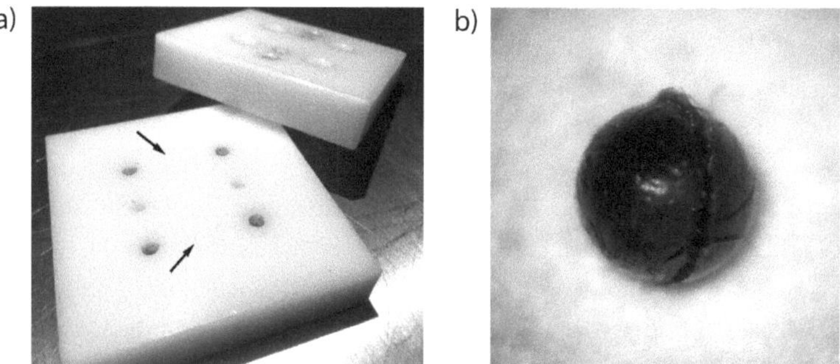


Abbildung 51: *a) Negativform zur Fertigung der Absorberkugeln. b) 25-fache Auflichtvergrößerung einer Kugel mit d=1mm und $\mu_a$=10 cm$^{-1}$*

In einigen Messungen werden weiterhin Mikroschläuche aus Silikon (Helix Medical 45630103) mit einem Innendurchmesser von 0,64 mm und einem Außendurchmesser von 1,19 mm in eine streuende Silikonumgebung eingebettet und mit dem flüssigem angefärbten Silikon gefüllt.

### 4.5.2 Silikonumgebung

Um eine der Dermis ähnliche optische Streuung der Silikonumgebung von etwa $\mu'_s = 10$ cm$^{-1}$ (Cheong et al. 1990; Jacques 1991) bei der verwendeten Anregungswellenlänge zu erhalten, wird der Silikonumgebung Bariumsulfat hinzugefügt. Der resultierende Streukoeffizient in Abhängigkeit der Konzentration wurde in (Schmarbeck 2015) ermittelt und ist in Abbildung 52 gezeigt.

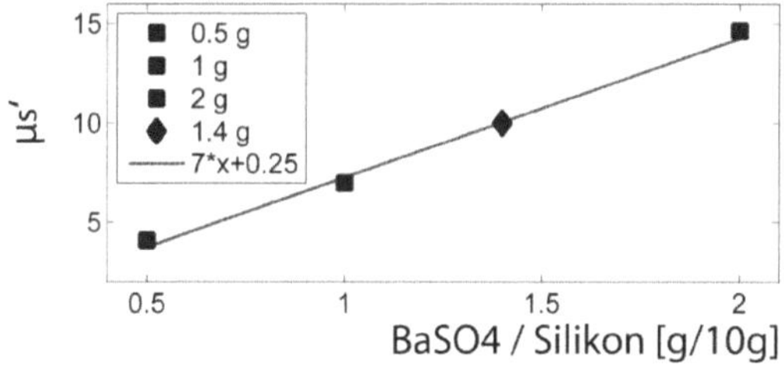


Abbildung 52: *Resultierender effektiver Streukoeffizient $\mu'_s$ bei verschiedenen Bariumsulfat- (BaSO4) Konzentrationen*

Das Mischverhältnis für einen resultierenden Streukoeffizienten von $\mu'_s = 10\,\mathrm{cm}^{-1}$ beträgt 1,4 g Bariumsulfat pro 10 g Silikon. Zur Herstellung der streuenden Silikonumgebung wird die Mischung samt Härterkomponente für einige Minuten mit einem Magnetrührer vermischt.

**Fertigung**  Die Phantome werden in einem Drei-Schicht-Verfahren hergestellt. Als Gefäß dient eine Petrischale mit einem Durchmesser von 35 mm. Zunächst wird eine Bodenschicht von etwa 1 mm Dicke gegossen und etwa 30 Minuten bei 50 °C im Ofen gehärtet. Die Kugel wird mittig auf dem gehärteten Silikon platziert und mit einer zweiten Schicht fixiert, die etwa bis zur halben Höhe der Kugel reicht. Es wird erneut im Ofen gehärtet. Um die spätere Tiefe der Kugeloberfläche unter der Phantomoberfläche einzustellen, wird die Spitze eines Skalpells, welches an einer in der Höhe verstellbaren Apparatur angebracht ist, vorsichtig mit der Kugeloberfläche in Kontakt gebracht und anschließend mithilfe der Millimeterskala um die gewünschte Strecke nach oben verfahren. Dann wird so lange Silikongemisch aufgegossen, bis die Skalpellspitze in ihrer neuen Höhe erreicht ist und anschließend wieder gehärtet. Das Verfahren wird in Abbildung 53 verdeutlicht.

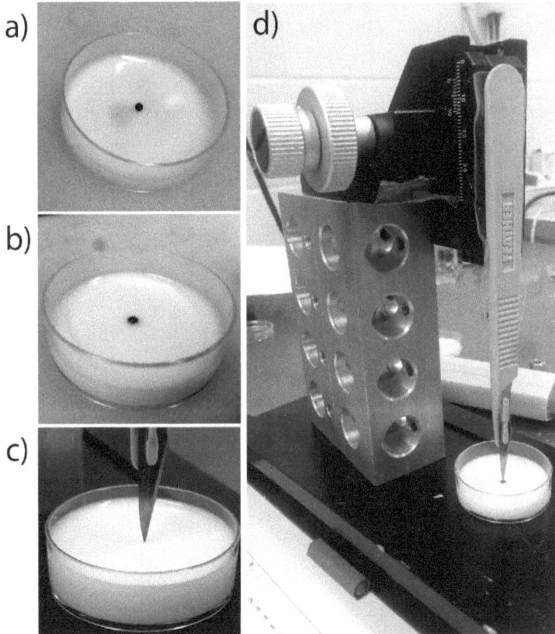


Abbildung 53: *Herstellungsverfahren für die Kugel-Phantome. a) Nachdem eine erste Bodenschicht ausgehärtet ist, wird die Kugel mittig platziert. b) Mit der mittleren Schicht wird die Kugel fixiert. Nach Aushärtung wird die Spitze eines in der Höhe verfahrbaren Skalpells (d) vorsichtig mit der Kugeloberfläche in Kontakt gebracht und anschließend um die gewünschte spätere Tiefe der Kugeloberfläche nach oben verfahren. c) Dann wird so lange aufgegossen, bis das Niveau die neue Position der Skalpellspitze erreicht. Anschließend wird die Probe ausgehärtet.*

**Messung der Schallgeschwindigkeit**   Die gefertigten und ausgehärteten Silikonphantome wurden in einem experimentellen Aufbau zur Bestimmung der Schallgeschwindigkeit vermessen (Abbildung 54). Mit einem schwarzen Stift für Glasoberflächen wurde im Randbereich der Phantome ein Punkt auf die Oberfläche aufgebracht, der mit einem gepulsten Laser (*Newport Spectra Physics Explorer 532-2Y*, vgl. Abschnitt 4.3.1) bestrahlt wurde. Mit der Bestrahlung entstehen durch den photoakustischen Effekt oberflächennah akustische Wellen, deren Transitzeit durch das Phantom mittels piezoelektrischem Schallwandler auf der gegenüberliegenden Seite bestimmt wurde. Das Signal des Schallwandlers (Bandbreite 4 MHz) wurde verstärkt und mit einem Oszilloskop (*Tektronix DPO2024*) aufgenommen. Zur Synchronisierung der Signaldarstellung diente ein Reflex des Lasers, der mit einer Photodiode (*Thorlabs PDA10A*, Bandbreite 150 MHz) aufgenommen wurde. Als Bezugspunkt für die Messung der Transitzeit wurde aufgrund der Zeitverzögerung durch den Ultraschall-Verstärker nicht der Laserpuls (A) verwendet, sondern der erste Ausschlag des Schallwandlersignals, welcher durch an dessen Oberfläche absorbiertes Licht entstand (Signal B). Das Eintreffen der akustischen Wellen auf der anderen Seite des Phantoms verursacht Signal C. Mit der Messfunktion des Oszilloskops wurde der Zeitversatz zwischen Signal B und Signal C als akustische Transitzeit bestimmt. Diese Auswertung stützt sich darauf, dass die Lichtgeschwindigkeit wesentlich höher als die Schallgeschwindigkeit ist. Abbildung 54 zeigt den Messaufbau (a) und eine prinzipielle Darstellung der gemessenen Signale (b).

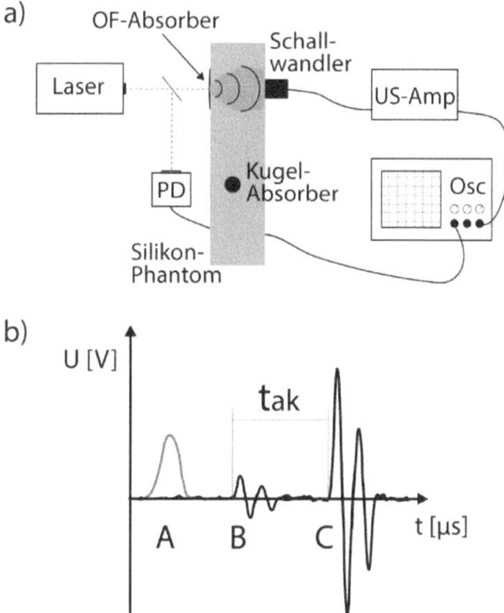


Abbildung 54: *a) Aufbau zur Bestimmung der Schallgeschwindigkeit. Gemessen wurde die akustische Transitzeit* $t_{ak}$ *von oberflächlich erzeugten akustischen Wellen durch die Phantome. US-Amp: Ultraschallverstärker, PD:Photodiode, Osc: Oszilloskop. b) Prinzipielle Darstellung der gemessenen Signale.*

Die Schallgeschwindigkeit $c$ wurde als Quotient von Schichtdicke und Laufzeit mit Gleichung (151) berechnet.

$$c = \frac{d_{\text{Phantom}}}{t_{\text{ak}}} \tag{151}$$

Die Dicke des Phantoms $d_{\text{Phantom}}$ wurde dafür mit einem Messschieber (Auflösung 50 µm) bestimmt. Es wurden 10 Phantome vermessen, deren Dicke zwischen 2,3 und 5,8 mm betrug. Die akustischen Transitzeiten lagen dabei zwischen 2,5 und 5,6 µs. Das Ergebnis der Messung der Schallgeschwindigkeit im Silikonphantom beträgt $c = 0,97 \pm 0,03\,\text{µs}$.

### 4.5.3  Schweinehautumgebung

Für ein realitätsnäheres Hautmodell wurde Haut des Schweineohrs mit eingebettetem künstlichen Absorber verwendet. Die Ohren wurden ungebrüht vom Schlachter bezogen. Ein Hautlappen von typischerweise 4 x 6 cm$^2$ wurde mit einem chirurgischem Skalpell vom Knorpel entfernt. Die Haut am Schweineohr hatte je nach Entnahmestelle eine Dicke von 0,8 bis 2 mm. Die Haare werden mithilfe handelsüblicher Enthaarungscreme und einem Spatel entfernt. Für die photoakustischen Experimente wurden Silikonabsorber in den Hautlappen eingebettet. Das Modell wurde dann in einer Halterung fixiert. Abbildung 55 zeigt einzelne Schritte der Präparation.

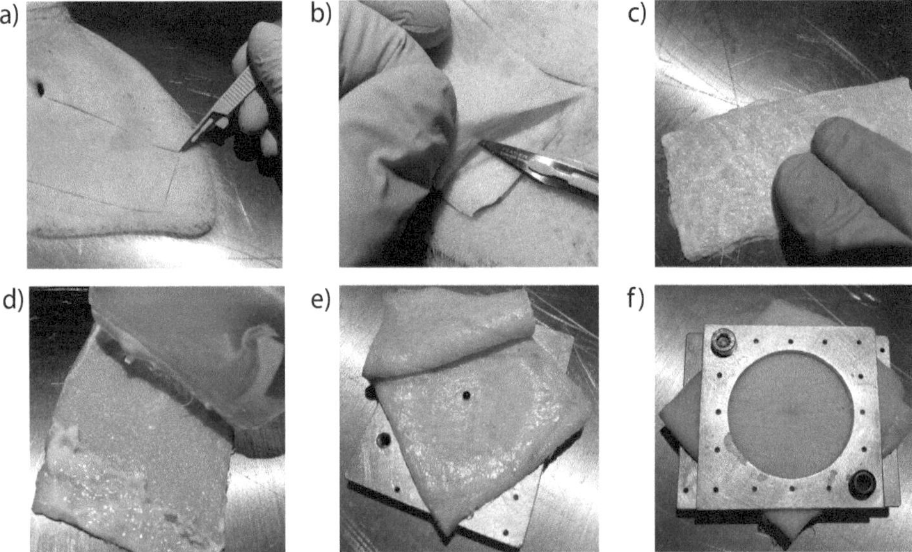

Abbildung 55: *Präparation des Schweinehautphantoms. a,b) Ein Stück der Haut von der Rückseite eines Schweineohrs wird mit dem Skalpell freipräpariert. c,d) Die Haare werden mit Enthaarungscreme und einem Spatel entfernt. e) Der Absorber wird zwischen die mit den Innenseiten zusammengeklappte Haut positioniert. f) Das Hautphantom wird in einer Halterung fixiert.*

# 5 Analyse der Leistungsfähigkeit

In diesem Kapitel wird zunächst die analytisch erreichbare Sensitivität der optischen Messung der photoakustischen Oberflächenauslenkung in Abhängigkeit der Lichtintensität und der Detektorparameter abgeschätzt. Im zweiten Abschnitt werden experimentelle Rauschmessungen präsentiert und deren Ergebnisse mit der Modellierung verglichen. Weiterhin wird die laterale Auflösung der optischen Abbildung hinterfragt.

## 5.1 Erreichbare Sensitivität

Rauschen bei der interferometrischen Detektion der Auslenkung bestimmt die Sensitivität der photoakustischen Bildgebung. Im Folgenden wird das Rauschen der Methode analytisch abgeschätzt. Die Genauigkeit der interferometrischen Messung wird durch Phasenrauschen aufgrund von Intensitätsfluktuationen der optischen Detektion der Interferenz begrenzt, wenn keine mechanischen Störquellen vorhanden sind.

Die Sättigungsgrenze $fwc$ des verwendeten Detektors wurde in Abschnitt 4.3.3 durch Messung der Photonentransferfunktion mit etwa $25.000\ e^-$ bestimmt. Das maximal erreichbare Signal-Rausch-Verhältnis (SNR) beträgt damit:

$$\mathrm{SNR_{max}} = \frac{fwc}{\sqrt{fwc}} = \sqrt{fwc} \simeq 158\,e^- \tag{152}$$

Für das Phasenrauschen $\sigma_\psi$ bedeutet dies (Drexler und Fujimoto 2008, S.68):

$$\sigma_\psi = \frac{1}{\sqrt{\mathrm{SNR}}} = 80\,\mathrm{mrad} \tag{153}$$

was sich durch Umstellen von Gleichung (19) mit einer Wellenlänge von $\lambda = 532$ nm in ein Rauschen der Auslenkungsmessung $\sigma_\xi$ von

$$\sigma_\xi = \frac{\lambda}{4\pi}\,\sigma_\psi = 3,4\,\mathrm{nm} \tag{154}$$

umrechnen lässt. Mit der folgenden Simulation wird untersucht, inwieweit dieses Ergebnis von der Maskierung des Spektrums während der Berechnung der Phasen (vgl. Abschnitt 3.1.2) beeinflusst wird. Weiterhin wird aus der Simulation ein funktionaler Zusammenhang zwischen dem SNR der optischen Messung und der Sättigungsgrenze des Detektors als Variable abgeleitet. Die Berechnungen wurden mit Mathematica (Wolfram Research, USA) ausgeführt.

**Simulation A - dem Experiment angepasste Rauschanalyse** Die Simulation beginnt mit dem Erzeugen eines Specklefelds. Hierfür wird ein zunächst leeres Raumfrequenzspektrum in einem Datenfeld von $L \times L$ Pixeln generiert, in dem ein kreisrunder Bereich mit dem Durchmesser $D$ mit komplexen Zahlen mit einheitlicher Amplitude und zufälligen, gleichverteilten

Phasen zwischen 0 und $2\pi$ gefüllt wird (vgl. Abbildung 20). Der Durchmesser dieses Bereichs $D$ bestimmt die Bandbreitenbegrenzung und somit die mittlere Größe der Speckles im erzeugten objektiven Specklefeld. Für diese Simulation wurde ein Durchmesser von $D = L/(3/2$ $\sqrt{2}+1) \approx L/3$ (Gleichung 38) gewählt, was dem Anteil eines Interferenzterms im Spektrum der experimentell aufgenommenen Interferogramme entspricht. Abbildung 56a zeigt schematisch das generierte Raumfrequenzspektrum. Das Specklefeld entsteht nach Fouriertransformation des generierten Spektrums und anschließender Berechnung des Betragsquadrats. Dies führt zu einem bandbreitenbegrenzten, objektiven Specklefeld (Duncan und Kirkpatrick 2008). Abbildung 56b zeigt das Ergebnis.

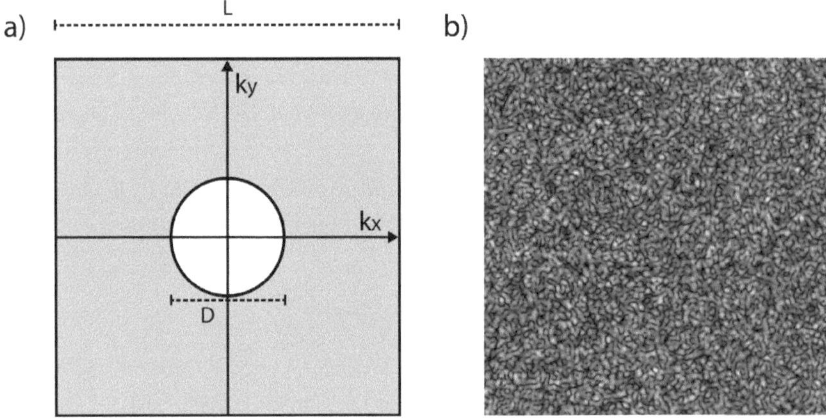


Abbildung 56: *a) Simuliertes Spektrum zur Erzeugung eines Specklefelds. Die Bandbreite D entscheidet über die mittlere Größe der erzeugten Speckles. b) Intensitätsverteilung des Specklefeldes, simuliert durch Rücktransformation des Raumfrequenzspektrums mit zufälliger Phase.*

Das simulierte Lichtwellenfeld wird mit dem einer Referenzwelle mit konstanter Intensität und Phase unter Einführung einer diagonalen Phasenrampe zur Interferenz gebracht (vgl. 3.1.2). Die Intensitäten beider Felder werden hierbei auf einen Anteil der Sättigungsgrenze des Detektors eingestellt. Im ersten Teil der Simulation wurde dieser Anteil mit 1/16 der Sättigungsgrenze gewählt, da dies der Lichtausbeute im Experiment mit streuenden Phantomen entspricht. Im zweiten Teil wird der Anteil variiert. Abbildung 57a zeigt das Ergebnis der Interferenzsimulation. Wie im Experiment sind dem Specklefeld überlagert diagonale interferometrische Streifen zu sehen (vgl. Abbildung 23). Anschließend wird ein zweites Feld auf die gleiche Weise simuliert und die Intensitätsverteilungen werden mit einem statistischen Rauschen in Höhe der Wurzel der Intensität behaftet, um die Auswirkung von Quantenrauschen zu simulieren (Gleichung 152). In der Simulation entsprechen die beiden Bilder den während einer Messung aufgenommenen Interferogrammen vor und nach photoakustischer Anregung. Die beiden Bilder werden zur Erhebung der Phasendifferenzen entsprechend Abschnitt 3.1.2 zunächst fouriertransformiert. Abbildung 57b zeigt ein Betragsspektrum eines Specklefelds.

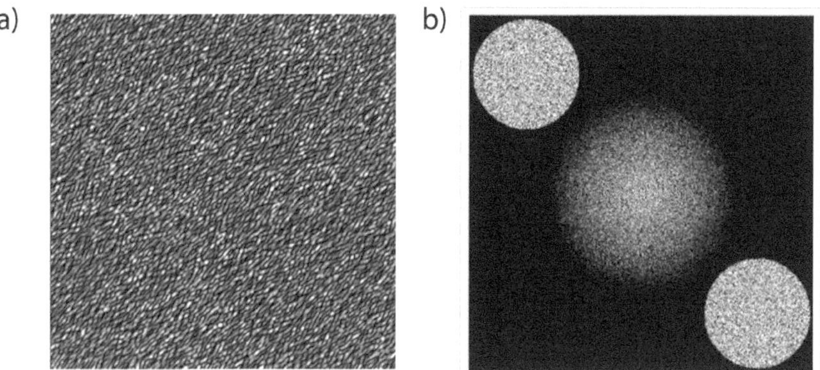

Abbildung 57: *a) Intensitätsverteilung des simulierten Feldes nach Interferenz mit der Referenzwelle. b) Raumfrequenzspektrum eines simulierten Interferogramms.*

Wie im Abschnitt 3.1.2 diskutiert (vgl. Abbildung 23), besteht das Spektrum eines Speckle-Interferogramms mit Phasengradient aus den Interferenztermen zwischen Objekt- und Referenzwelle sowie dem Selbstinterferenzterm. Entsprechend der Auswertung der realen Messungen (siehe Abschnitt 3.1.2) werden die Spektren maskiert, um einen der Interferenzterme zwischen Objekt- und Referenzlicht auszuschneiden und das restliche Spektrum zu unterdrücken. Dann wird eines der beiden komplex konjugiert, bevor beide miteinander multipliziert werden, um ein Phasendifferenzbild zu erhalten. Phasenunterschiede sind allein dem Rauschen geschuldet. Abbildung 58 zeigt links farbkodiert das Phasendifferenzbild der beiden simulierten und rauschbehafteten Specklebilder.

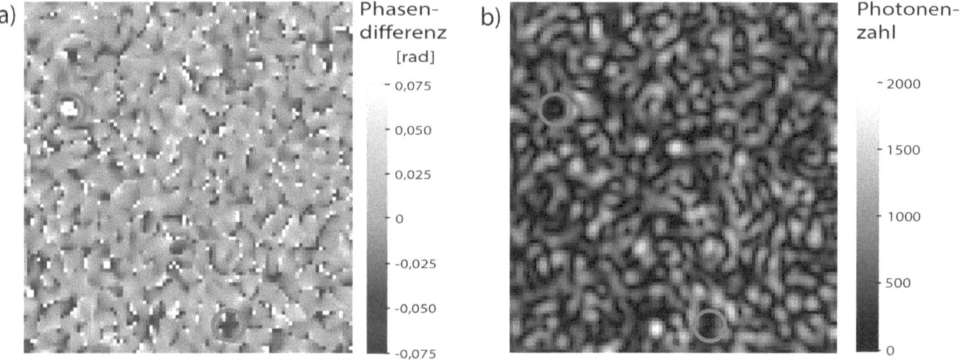

Abbildung 58: *a) Phasendifferenzen zweier simulierter Messungen ohne Bewegung der Probe, b) Intensitätsverteilung im zugrundeliegenden Specklemuster. Ausschnitt von 100x100 Pixeln. Die roten Kreise markieren analysierte Bereiche.*

In der Farbdarstellung sind die durch simuliertes Rauschen erzeugten Phasendifferenzen zwischen -75 mrad und 75 mrad skaliert (a). Die roten Kreise markieren zwei beispielhafte Areale, in denen das Rauschen besonders hoch ist. Zur Zuordnung zu den zugrundeliegenden Bereichen in der Intensitätsverteilung (b) wurden dieselben Bereiche rot markiert. Bereiche besonders hohen Rauschens sind im Ausgangsbild Bereiche besonders niedriger Intensität. Dies ist erwartungsgemäß, da für eine sehr niedrige Anzahl detektierter Photonen $n$ das quantenrauschenbedingte Phasenrauschen (Gleichung 152 und 153) stark ansteigt. Die Berechnung von mittlerem Phasenrauschen und dem daraus resultierenden Messfehler wird für 1 bis 25.000 detektierte Photonen in Abbildung 59 gezeigt.

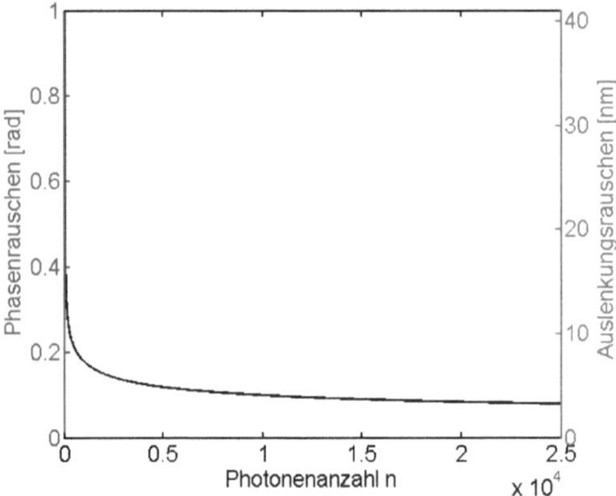

Abbildung 59: *Mit geringer Zahl detektierter Photonen steigt das Phasenrauschen stark an (blaue Kuve). Das Rauschen der Auslenkungsmessung (grüne Kurve) skaliert mit dem Phasenrauschen.*

Abbildung 60 zeigt die Verteilung der Phasendifferenzen aller Bildpunkte. Der Mittelwert aller Bildpunkte des Phasendifferenzbildes beträgt -0,1 mrad, die Standardabweichung 45 mrad, was nach Gleichung (154) 1,9 nm entspricht.

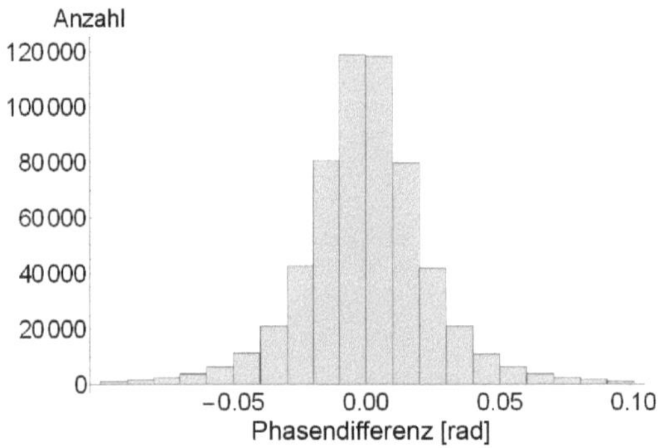

Abbildung 60: *Das Histogramm der erwarteten Phasendifferenzen.*

Berechnet man nach Gleichung (153) die erwartete Phasendifferenz eines Punktes mit der gleichen Intensität, die in der Simulation angenommen wurde ($fwc/16 \approx 1600\,e^-$), beträgt das Phasenrauschen 159 mrad, was 6,7 nm entspricht. Demnach reduziert die Maskierung des Spektrums das Rauschen um den Faktor 3,5. Dies ist auf die spektrale Bandbreitenbegrenzung zurück zu führen, die sich im Ortsbereich wie eine Mittelung über mehrere Pixel auswirkt. Die Größe der Maske von etwa 1/3 des Spektrums bewirkt eine örtliche Mittelung von 3x3 Pixeln.

**Simulation B - Abhängigkeit des Rauschens von der Sättigungsgrenze**  Im zweiten Teil der Simulation wird hinterfragt, wie das Quantenrauschen der betrachteten Methode von der Sättigungsgrenze des Detektors abhängt. Hierbei wird eine volle Aussteuerung des Detektors angenommen. Ziel dieser Untersuchung ist ein funktionaler Zusammenhang zwischen dem Phasenrauschen $\sigma_\psi$ und der zugrundeliegenden Sättigungsgrenze der Pixel. Wie im ersten Teil der Simulation werden zwei Specklefelder generiert, mit statistischem Rauschen in Höhe der Wurzel der Intensität versehen und Phasendifferenzbilder berechnet. Aus einem Phasendifferenzbild wird die Standardabweichung berechnet. Dieses Vorgehen wird für 11 Sättigungsgrenzen zwischen $fwc = 10\,e^-$ und $100.000\,e^-$ ausgeführt. Abbildung 61 zeigt die ermittelten Werte für das Phasenrauschen.

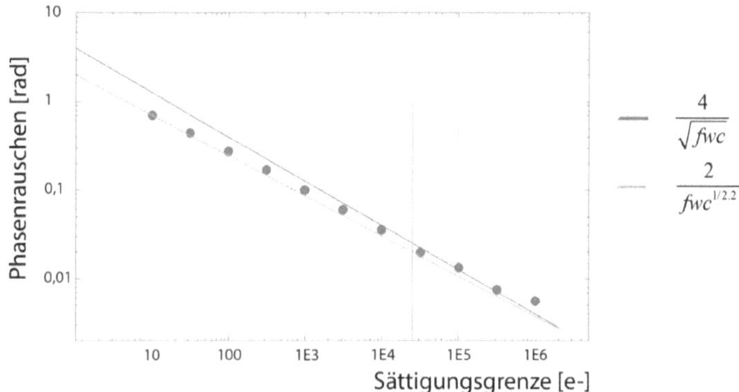


Abbildung 61: *Berechnete Abhängigkeit des Phasenrauschens von der zugrundeliegenden Sättigungsgrenze. Die gelbe und blaue Linie stellen zwei unterschiedliche Regressionsgeraden dar.*

Die gelbe Linie zeigt den analytisch gefitteten Funktionszusammenhang zwischen dem Phasenrauschen und der zugrundeliegenden Sättigungsgrenze. Die blaue Linie liegt dem von Drexler und Fujimoto (2008) beschriebenen Zusammenhang zwischen Phasenrauschen $\sigma_\psi$ und dem SNR zu Grunde. Insbesondere für hohe Sättigungsgrenzen $fwc > 1000$ beschreibt dieser Zusammenhang die Ergebnisse gut. Somit kann Gleichung (153) im Vergleich zwischen SNR und der hier betrachteten Sättigungsgrenze wie folgt erweitert werden:

$$\sigma_\psi = \frac{1}{\sqrt{\text{SNR}}} \approx \frac{4}{\sqrt{fwc}} \qquad (155)$$

Die in Abhängigkeit der Sättigungsgrenze erreichbare Messgenauigkeit ist in Abbildung 62 dargestellt. Das Phasenrauschen wurde mit Gleichung (154) in Auslenkungsrauschen umgerechnet.

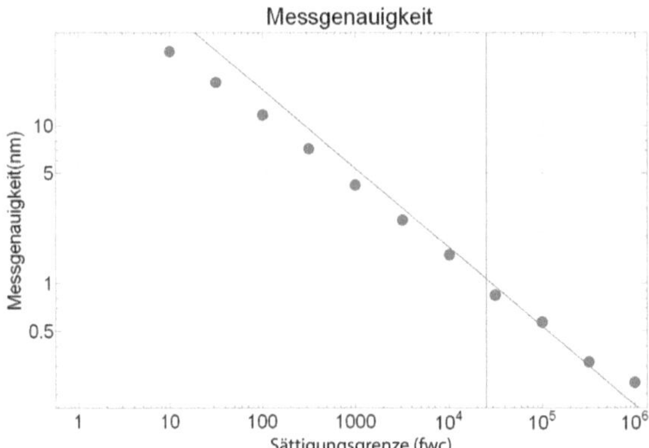



Abbildung 62: *Berechneter Zusammenhang von Messgenauigkeit und zugrundeliegender Sättigungsgrenze*

Die vertikale rote Linie markiert die Sättigungsgrenze des verwendeten Kameradetektors von 25.000 e$^-$. Bei voll ausgesteuertem Detektor beträgt das Phasenrauschen nach Abbildung 61 etwa 0,023 mrad, was nach Abbildung 62 etwa 1 nm messbarer Auslenkung entspricht.

## 5.2　Experimentelle Sensitivität

Die Ursachen von Detektionsrauschen wurden im Abschnitt 3.1.3 der Grundlagen dargestellt und im vorangegangenen Abschnitt wurde die zu erwartende Rauschamplitude theoretisch abgeschätzt. Im Experiment ist neben dem Detektionsrauschen zusätzlich mit Rauschen durch mechanische Vibrationen zu rechnen. Es können Lageänderungen der Komponenten zueinander auftreten, die zu Phasenänderungen führen. Insbesondere können Luft- oder Wasserkühlungen der Laser zusätzlichen Rauschuntergrund hervorrufen. In diesem Abschnitt wird zunächst anhand der Messung eines starren Objekts ohne photoakustische Anregung das Phasenrauschen und dessen laterale Abhängigkeit bestimmt. Weiterhin wird die Abhängigkeit von der Detektionsrate untersucht.

In der Rauschmessung diente weißes Papier als Objekt. Abbildung 63 zeigt links den vergrößerten Ausschnitt der specklebehafteten Abbildung, rechts das Interferogramm inklusive Referenzlicht. Die Größe des Ausschnitts beträgt 110x110 Pixel, was etwa 1x1 mm entspricht.

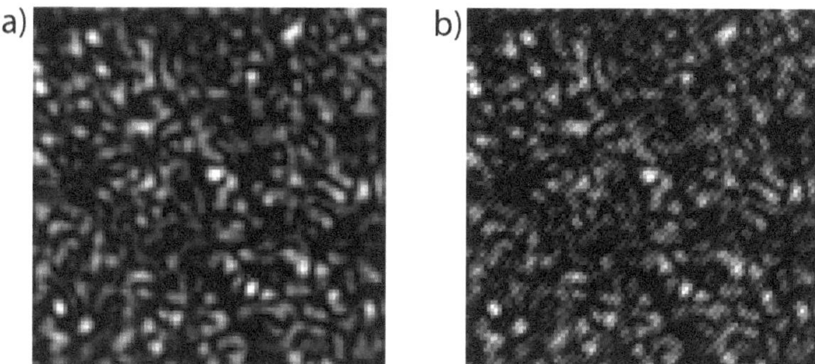


Abbildung 63: *Vergrößerter Ausschnitt (1x1 mm auf dem Objekt) eines Speckle-Interferogramms. a) ohne Referenz, b) mit gekippter Referenz und resultierenden Interferenzstreifen.*

In Teil B der Simulation im letzten Abschnitt wurde dargestellt, dass das Phasenrauschen von der Anzahl detektierter Photonen abhängt (vgl. Abbildung 59). Entsprechend des hohen Kontrastes in einem Specklefeld (vgl. Abschnitt 3.1.1 der Grundlagen) ist die Intensität einer specklebehafteten Abbildung lokal stark schwankend. Werden aus den specklebehafteten Interferogrammen Phasendifferenzbilder berechnet, resultiert dies in Bereichen sehr niedriger Intensität in einem extrem hohen Rauschen. Dies wird im Folgenden gezeigt. Mit dem ruhenden Objekt wurden 480 Interferogramme aufgenommen, aus denen 240 Phasendifferenzbilder berechnet wurden. Um das axiale Rauschen zu analysieren, wird die Phasendifferenz über der Anzahl der Ergebnisbilder aufgetragen. Dies wird für drei Bereiche ausgeführt, die in einem exemplarischen Phasendifferenzbild in Abbildung 64 farblich markiert sind:

- Grün: 1 Pixel in einem Bereich hoher Intensität

- Rot: 1 Pixel in einem Bereich niedriger Intensität

- Blau: Mittelung über einen quadratischen Bereich von 20x20 Pixel (etwa 10 Speckle enthalten)

Die Phasendifferenzen sind in Grauwerten visualisiert. Hierbei steht grau für eine Differenz von 0, schwarz für eine negative und weiß für eine positive Differenz. Da in dieser Messung das Objekt im Ruhezustand ist, beträgt der Erwartungswert 0 und das Phasendifferenzbild ist idealerweise homogen grau.

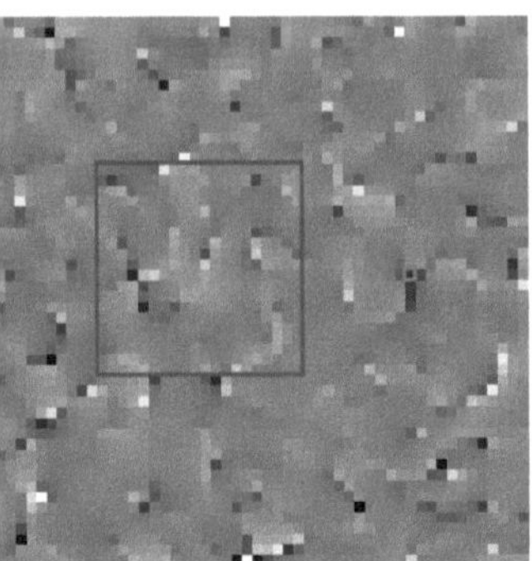

Abbildung 64: *Vergrößerter Ausschnitt eines Phasendifferenzbildes. Die homogen grauen Bereiche sind örtlich den Bereichen hoher Intensität innerhalb der Speckles zuzuordnen. Die schwarzen oder weißen Bereiche stammen aus intensitätsarmen Bereichen zwischen den Speckles. Die farbig markierten Regionen werden auf das zeitliche Rauschen analysiert.*

Um zu überprüfen, ob das experimentelle Rauschen durch mechanische Störungen oder durch Detektionsrauschen verursacht wird, wurden Auslenkungsmessungen entsprechend Abschnitt 4.2 bei Detektionsraten zwischen 100 Hz und 6 kHz bei ruhendem Objekt durchgeführt. Der Detektionslaser verfügt über einen Lüfter zur Kühlung, der grundsätzlich für die Messdauer ausgeschaltet wurde. Um den mechanischen Einfluss der Wasserkühlung des Anregungslasers zu untersuchen, wurden die Rauschmessungen zusätzlich mit dem in Betrieb befindlichen Anregungslaser durchgeführt. Diese Zeitverläufe sind für die beiden Detektionsraten von 100 Hz und 4 kHz in Abbildung 65 dargestellt.

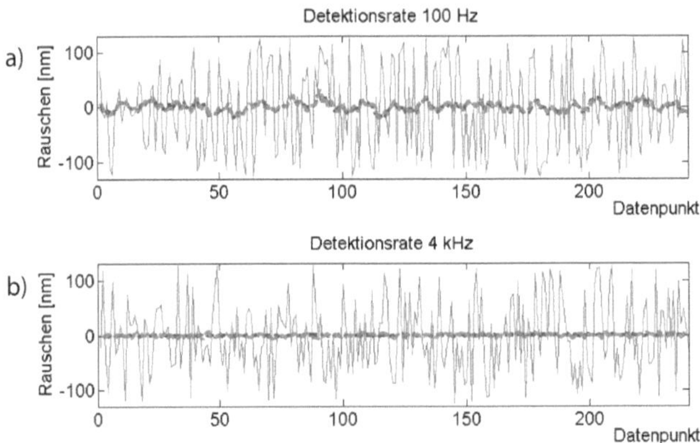

Abbildung 65: *Gemessene Phasendifferenzen bei ruhendem Objekt. a) Messung mit 100 Hz, b) Messung mit 4 kHz. Der rote Verlauf zeigt das Rauschen eines einzelnen Pixels niedriger Intensität. Der grüne und blaue Verlauf (fast deckungsgleich) entstammt einem einzelnen Pixel hoher Intensität bzw. einer gemittelten Region (blaue Markierung).*

Das in rot aufgetragene Rauschen eines Pixels niedriger Intensität ist wesentlich höher als das eines Pixels hoher Intensität (grün aufgetragen) oder der gemittelten Region (blau aufgetragen, fast deckungsgleich mit grün). Abbildung 66 gibt Aufschluss über die Rauschamplitude (Standardabweichung der Messpunkte) bei verschiedenen Detektionsraten mit und ohne den in Betrieb befindlichen Anregungslaser.

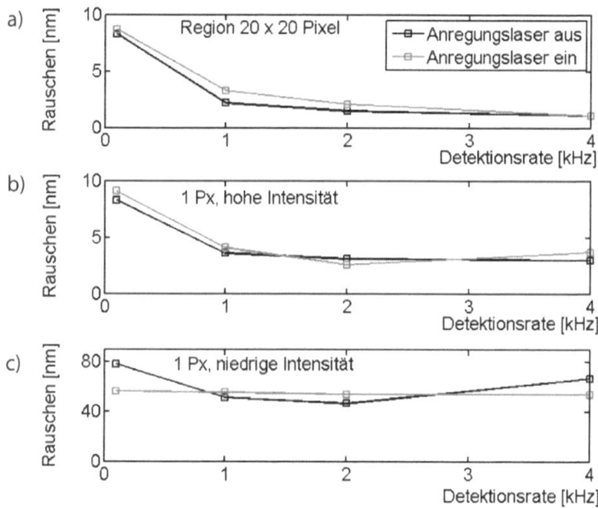


Abbildung 66: *Grafische Darstellung der experimentellen Rauschamplituden*

Es lässt sich feststellen, dass im Fall der gemittelten Region (a) das Rauschen mit steigender Detektionsrate abnimmt. Bei niedrigeren Detektionsraten ist im Fall des eingeschalteten Anregungsglasers das Rauschen etwas höher. Oberhalb von 2 kHz gleicht sich der Verlauf an. Dies kann auf mechanische Vibrationen durch die Wasserkühlung des Lasers zurückzuführen sein, welches eher niederfrequent ist und somit bei höheren Detektionsraten weniger ins Gewicht fällt. Für ein Pixel mit geringer Intensität (66c) ist die Rauschamplitude wesentlich höher und hängt nicht systematisch von der Detektionsrate ab, da hier das Quantenrauschen die anderen Rauschquellen dominiert. Das Rauschminimum wird bei 4 kHz Abtastrate erreicht und beträgt 1,1 nm. Dieser Wert liegt sehr nah an der mit 1 nm theoretisch berechneten quantenrauschbegrenzten Sensitivität (vgl. Abbildung 62). Daher kann geschlossen werden, dass der realisierte experimentelle Aufbau bei hohen Detektionsraten nur durch Quantenrauschen limitiert ist.

**Objektabhängiges Rauschen**  Die Rauschamplitude von 1,1 nm wurde im vorangegangenen Abschnitt an einer weißen Papieroberfläche experimentell bestimmt. Da die Intensität des rückgestreuten Lichts Einfluss auf die Rauschamplitude hat (siehe Abbildung 59) und die Rückstreuung des Detektionslichts am Silikonphantom sowie am Schweinehautphantom geringer ist, wird die Rauschmessung für diese beiden Objekte wiederholt. Die Messungen wurden ebenfalls bei einer Detektionsrate von 2 kHz mit eingeschaltetem aber blockiertem Anregungslaser vorgenommen. Ausgewertet wurde jeweils ein kreisrunder Bereich von 20 Pixeln im Durchmesser im zentralen Bildbereich. Das Ergebnis der Rauschmessung am Silikonphantom ist in Abbildung 67 gezeigt, das Ergebnis der Rauschmessung am Schweinehautphantom in Abbildung 68. In a) sind jeweils 10 Einzelmessungen und in b) jeweils das daraus gemittelte Rauschen zu sehen.

Im Falle des Silikonphantoms beträgt die mittlere Standardabweichung der 10 Einzelmessungen 2,52 +/- 0,14 nm. Zusätzlich wurden die 10 Einzelmessungen gemittelt. Hierdurch verringert sich das Rauschen erwartungsgemäß (Gleichung 49) um den Faktor $\sqrt{10} = 3,2$ auf 0,8 nm. Im Falle des Schweinehautphantoms beträgt die mittlere Standardabweichung der 10 Einzelmessungen 4,4 +/- 0,6 nm. Die Standardabweichung der gemittelten Messung beträgt 1,8 nm. Die mittleren Intensitäten der zugrundeliegenden Interferogramme sind in der Größenordnung von 10 Grauwerten bei 8 Bit-Kodierung, was gemessen an der Sättigungsgrenze von 25.000 $e^-$ etwa 1000 $e^-$ entspricht. Für diese Aussteuerung liegt nach Abbildung 62 die Messgenauigkeit bei etwa 5 nm. Damit entsprechen auch hier die Ergebnisse der Erwartung.

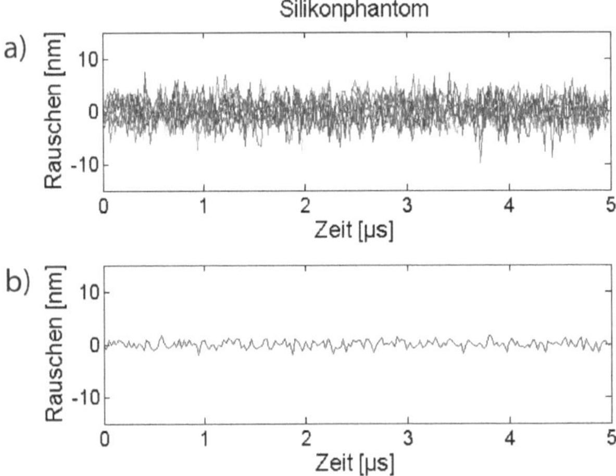



Abbildung 67: *Rauschmessung am streuenden Silikonphantom ohne Absorber bei 2 kHz Abtastrate. a) 10 Einzelmessungen, Standardabweichung 2,52 ±0,14 nm. b) Aus den 10 Einzelmessungen gemittelter Verlauf, die Standardabweichung beträgt 0,8 nm.*

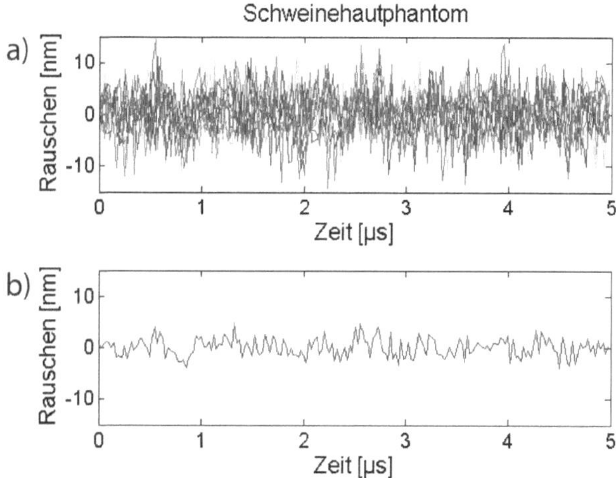


Abbildung 68: *Rauschmessung am streuenden Schweinehautphantom ohne künstlichen Absorber bei 2 kHz Abtastrate. a) 10 Einzelmessungen, Standardabweichung 4,4 ±0,6 nm. b) Aus den 10 Einzelmessungen gemittelter Verlauf, die Standardabweichung beträgt 1,8 nm.*

Tabelle 5 gibt einen Überblick über die erreichten Rauschamplituden bei den verwendeten Objekten.

| | Papier | Silikonphantom | Schweinehautphantom |
|---|---|---|---|
| Rauschamplitude | 2,1 nm | 2,5 nm | 4,4 nm |

Tabelle 5: *Rauschamplituden, gemittelt innerhalb eines kreisrunden Bereichs von 20 Pixeln im Durchmesser im zentralen Bildbereich bei einer Einzelmessung der vermessenen Objekte.*

## 5.3 Laterale Auflösung

Die laterale Auflösung einer optischen Abbildung ist ohne Aberration durch Beugung an der Apertur begrenzt. In der Abbildungsoptik befindet sich eine Aperturblende, welche das Ortsfrequenzspektrum der Abbildung beschneidet und somit das beugungsbegrenzte Auflösungsvermögen bestimmt. Bei aufgrund der Kameraabtastung maximaler nutzbarer Apertur (vgl. Absatz Randbedingungen in Abschnitt 4.1) hat diese einen Durchmesser von 3,6 mm, damit ergibt sich bei einer Entfernung zur Objektebene von 35 cm eine numerische Apertur (Sinus des halben Akzeptanzwinkels) von NA=0,005. Die erwartete, beugungsbegrenzte Auflösung liegt mit einer Wellenlänge von 532 nm nach dem Rayleigh-Kriterium $0,61\,\lambda/NA$ bei 63 µm. Um zu prüfen, ob diese Auflösung in der Praxis erreicht wird, wurde ein Auflösungstestobjekt (1951 USAF resolution test chart, Edmund Optics) inkohärent abgebildet. Das Objekt besteht aus Gruppen und Untergruppen bekannter Strukturgröße. Relevante Gruppen sind in Abbildung 69 a) im zentralen Bildfeld und b) an einem Bildrand dargestellt. Links oben ist jeweils ein vergrößerter Ausschnitt zu sehen. In beiden Fällen kann mindestens Untergruppe 6 der Gruppe 3 aufgelöst werden, was einer Strukturgröße von 35 µm entspricht. Daraus kann geschlossen werden, dass die laterale Auflösung bei methodisch bedingter numerischer Apertur der Abbildung nicht weiter verbesserbar ist.

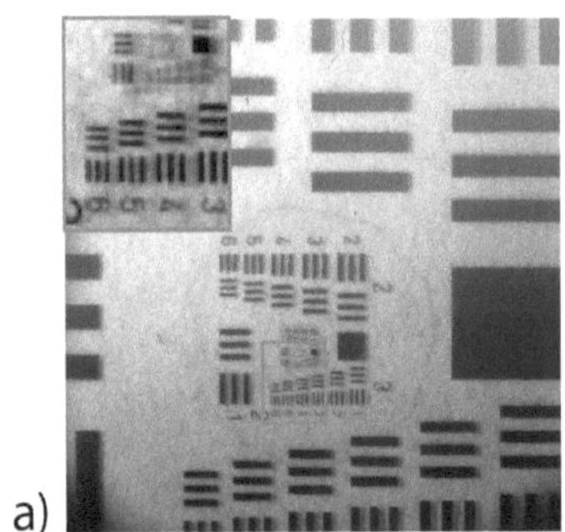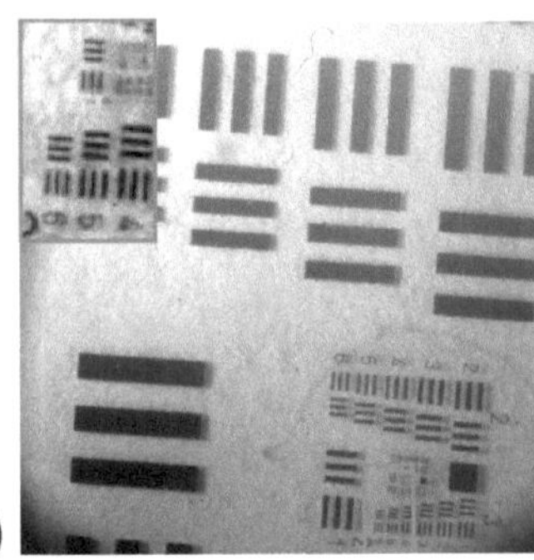

Abbildung 69: *Vergrößerter Bildausschnitt eines abgebildeten USAF test charts, a) im achsnahen Bereich der Abbildung platziert, b) am Bildrand. Links oben im Bild sind jeweils vergrößerte Regionen dargestellt (blau markiert). Als auflösbar wird mindestens die Untergruppe 6 der Gruppe 3 eingestuft.*

# 6   Photoakustische Messungen

In diesem Kapitel werden Ergebnisse photoakustischer Messungen an Silikon- und Schweine-hautphantomen präsentiert und diskutiert. Dabei werden in die Phantome Kugelabsorber aus angefärbtem Silikon oder mit flüssigem Silikon gefüllte Mikroschläuche eingebracht. Im ersten Abschnitt wird der Verlauf der Oberflächenauslenkung nach photoakustischer Anregung eines Absorbers und die zugrundeliegenden physikalischen Phänomene diskutiert. Es folgt die Mes-sung einer Parameterreihe, in welcher der Durchmesser, die Tiefe und der Absorptionskoeffizi-ent von Kugelabsorbern im Silikonphantom variiert wurden. Anschließend werden Ergebnisse der Messungen an Schweinehautphantomen präsentiert und im Vergleich mit den Silikonphan-tomen diskutiert. Absorberstrukturen werden mithilfe von Mikroschläuchen im Silikon- und Schweinehautphantom gemessen. Im Abschnitt Rekonstruktion werden die beiden eingeführ-ten verschiedenen Rekonstruktionsansätze angewendet und im Ergebnis verglichen. Es werden zwei- oder dreidimensionale Rekonstruktionen aller gemessenen Phantome präsentiert.

## 6.1   Zeitliche Änderung der Oberfläche

Das Ergebnis einer photoakustischen Messung ist eine Zeitreihe von Phasendifferenzbildern. Im Folgenden wird das Ergebnis einer Messung eines Silikonphantoms analysiert. Abbildung 70 zeigt eine Skizze und die Geometrie des Phantoms. Die optische Streuung des Silikonphan-toms von $\mu'_s = 10\,\mathrm{cm}^{-1}$ ist an die menschliche Dermis angepasst (Cheong et al. 1990; Jacques 1991). Für dieses eingehende Experiment wurde ein relativ hoher Absorptionskoeffizient von $\mu_a = 20\,\mathrm{cm}^{-1}$ und eine Bestrahlung von 40 mJ/cm$^2$ gewählt, die doppelt so hoch ist wie in allen folgenden Messungen. Dies führt zu einer höheren Signalamplitude und guten Er-kennbarkeit der physikalischen Effekte. Die Größe des Messfeldes betrug 7,7x7,7 mm, die des Anregungsfeldes 4x4 mm.

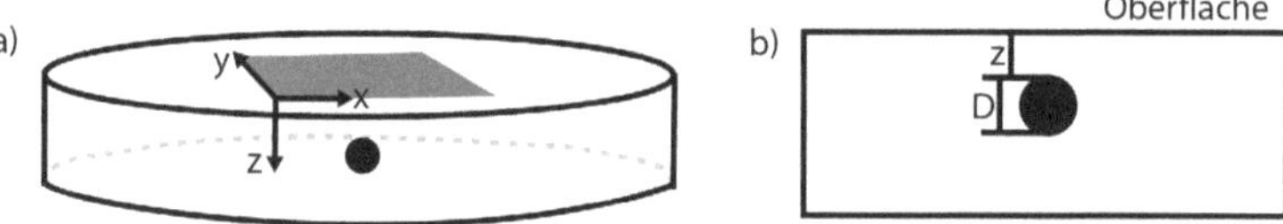

Abbildung 70: *a) Skizze des Phantoms mit absorbierender Kugel. Die Detektionsfläche ist rot mar-kiert. b) Seitenansicht und Geometrie*

| D | z | $\mu_{\mathrm{a,abs}}$ | $\mu_{\mathrm{s,surr}}$ | $H_0$ |
|---|---|---|---|---|
| 1 mm | 0,64 mm | 20 cm$^{-1}$ | 10 cm$^{-1}$ | 40 mJ/cm$^2$ |

Tabelle 6: *Parameter des vermessenen Kugelphantoms*

**Zeitreihe von Phasendifferenzbildern**   Die Zeitreihe besteht insgesamt aus 240 Phasen-differenzbildern, ausgewählte Bilder sind in Abbildung 71 präsentiert. Von einer Pulssequenz zur nächsten wurde die Zeit zwischen Anregungspuls und nachlaufendem Beobachtungspuls um jeweils 25 ns erhöht, sodass eine Zeit von 6 µs nach Anregung abgetastet wurde. Die Grauwertskala zeigt die korrespondierende geometrische Auslenkung. Für eine Analyse wird das Signal im Zeitverlauf visuell in 3 Phasen unterteilt.

- Phase 1: 0,0 µs bis 0,65 µs

  In der Transitphase ist bis auf Rauschen keine Auslenkung zu beobachten. Das erwartete Ende der Transitphase ergibt sich durch die Tiefe $z$ und die Schallgeschwindigkeit $c$ im Medium:

  $$t = \frac{z}{c} = \frac{0{,}64\,\mathrm{mm}}{0{,}97\,\mathrm{mm/\mu s}} = 0{,}66\ \mu s.$$

- Phase 2: 0,65 µs bis 1,4 µs

  Aufschwingphase: Die Amplitude der Auslenkung in Richtung der optischen Achse nimmt zu und der laterale Bereich der Auslenkung wird größer. Am Ende der Aufschwingphase ist der Maximalwert der Auslenkung im lateralen Zentrum (markiert mit roter Region im Bild zu 1,4 µs) erreicht.

- Phase 3: ab 1,4 µs

  Im Anschluss an den Zeitpunkt des Maximalwerts nimmt die Auslenkung im Zentrum ab. Die laterale Ausdehnung der Auslenkung vergrößert sich, da weiter vom Zentrum entfernte Teile der Kugelwelle nun auf die Oberfläche treffen. Diese Teile der Welle werden mit fortschreitender Zeit immer weiter außen im Bild sichtbar, bis sie aus dem Bildfeld laufen bzw. ihre Amplitude sich soweit verringert hat, dass sie nicht mehr detektierbar sind.

Auffällig ist, dass um das Zentrum herum nach dem Maximum des photoakustischen Transienten eine Auslenkung erhalten bleibt. Dieses Verhalten wird bei Silikonphantomen grundsätzlich beobachtet. Erst nach einigen Millisekunden kehrt die Oberfläche in ihren Ausgangszustand zurück, wie im Folgenden gezeigt wird.

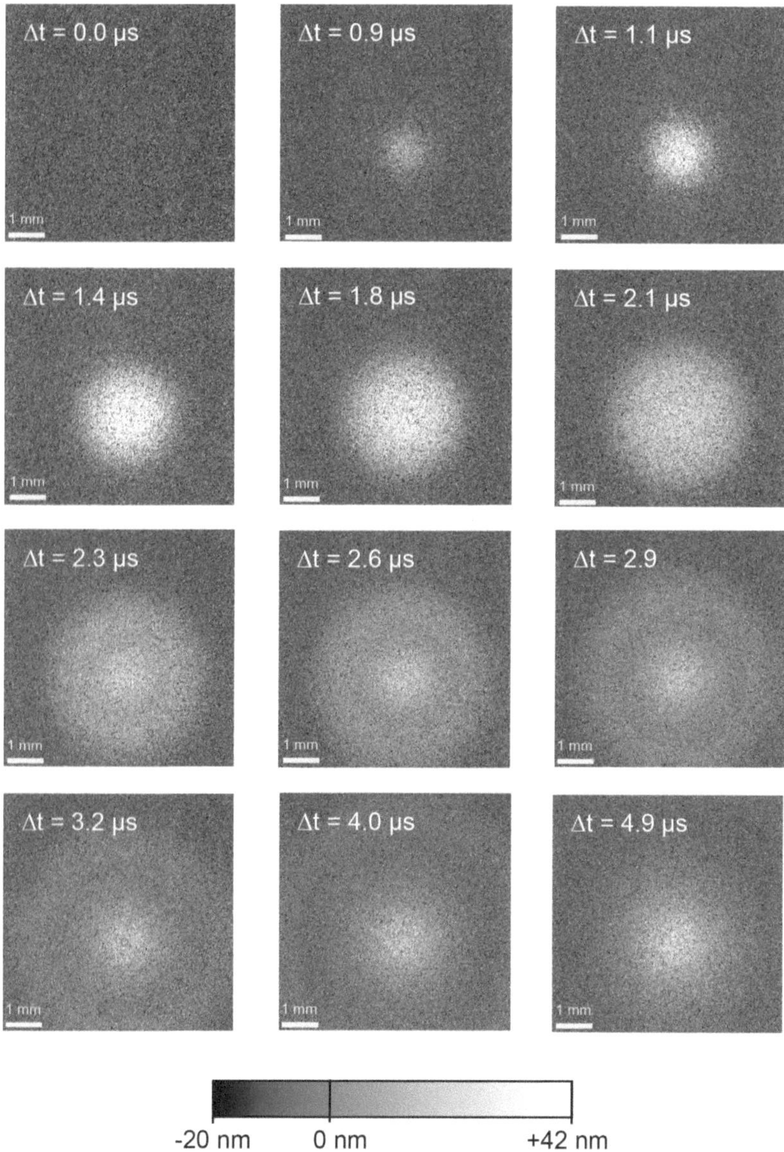


Abbildung 71: *Ausgewählte Phasendifferenzbilder der photoakustischen Messung eines Phantoms mit Kugelabsorber.*

**Auswertung einer gemittelten Region**  Für die Analysen und Auswertungen wird im Zentrum der Auslenkung über die im Bild zu 1,4 µs rot markierte Region von 20 Pixeln Durchmesser gemittelt und die Auslenkung wird über die Zeit nach Anregung dargestellt.

Abbildung 72 zeigt oben 10 einzeln gemessene Transienten, die im unteren Teil der Abbildung gemittelt dargestellt sind. Die drei oben beschriebenen Phasen lassen sich anhand dieses Verlaufs nachvollziehen.

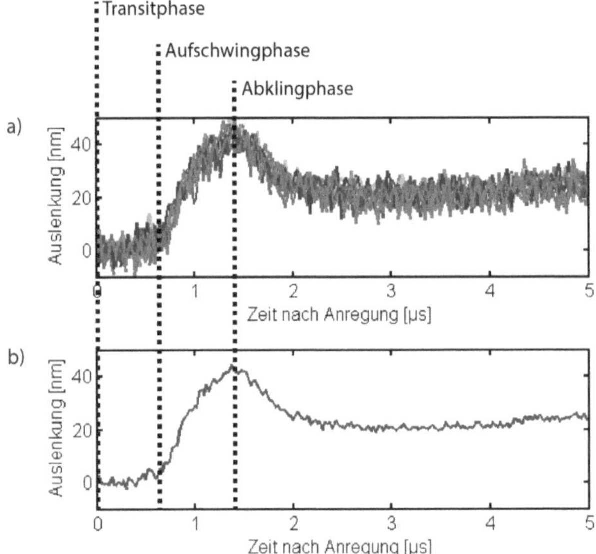


Abbildung 72: *a) Verlauf der Oberflächenauslenkung von 10 Messungen in einer Region zentral über dem Absorber. b) Mittelung über alle 10 Transienten.*

**Untersuchung der Reversibilität**  Nachdem das Maximum der Auslenkung im Zeitverlauf vorüber ist, fällt die Amplitude zunächst etwa auf die Hälfte ab. Um zu beobachten, wann die Oberfläche zentral wieder in den Ursprungszustand zurückkehrt, muss die Messzeit verlängert werden. Bei der üblichen Aufnahmerate von 2 kHz liegen 0,5 ms zwischen zwei Beobachtungspulsen, was der längstmöglichen Messzeit entspricht. Während dieser Zeit bleibt die Lage der Oberfläche jedoch annähernd konstant. Abbildung 73 zeigt das Ergebnis einer Messung mit der geringstmöglichen Abtastrate von 50 Hz, welche eine Messzeit < 20 ms ermöglicht. Wegen der langsamen Aufnahmegeschwindigkeit ist die Messung anfällig gegen Vibrationen des Aufbaues und daher extrem verrauscht. Die rote Linie stellt den gleitenden Mittelwert über 100 Messpunkte dar. Am Verlauf ist zu beobachten, dass die Lage der Oberfläche erst nach etwa 8 ms annähernd auf ihre ursprüngliche Position zurück geht.

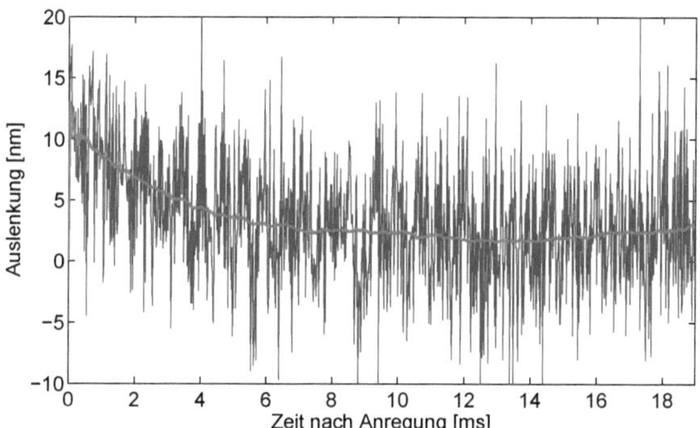

Abbildung 73: *Messung der Oberflächenauslenkung einer Region zentral über dem Absorber über 20 ms (blau). Durch die hier notwendige langsame Abtastrate von 50 Hz ist die Messung stark verrauscht. Der rote Verlauf zeigt den gleitenden Mittelwert über 100 Punkte. Es dauert etwa 8 ms, bis die Oberfläche in ihre ursprüngliche Lage zurückgekehrt ist.*

Dieses Ergebnis wurde durch weitere Messungen bestätigt, bei denen während der Datenaufnahme mithilfe des elektronisch steuerbaren Shutters der Anregungsstrahl zu zwei verschiedenen Zeitpunkten, 200 ms und 400 ms nach Start der Akquisition, geblockt wurde. Die Ergebnisse sind in Abbildung 74 zu sehen, welche auf der unteren x-Achse die Zeit nach Anregung und auf der oberen die absolute Akquisitionszeit zeigt. Zur Berechnung der 600 dargestellten Phasendifferenz-Datenpunkte waren 1200 Aufnahmen nötig, die aufgrund der Detektionsrate von 2 kHz eine Akquisitionszeit von 600 ms in Anspruch genommen haben. Daher entspricht ein Datenpunkt einer Millisekunde Akquisitionszeit oder 25 ns Zeitversatz nach Anregung (vgl. Abschnitt 4.2). Wenn der Shutter schließt, werden trotz fortlaufender Aufnahme keine Transienten mehr erzeugt. Entsprechend geht das Signal auf Null zurück und verbleibt dort. Der Abfall dauert in beiden Fällen 8 ms.

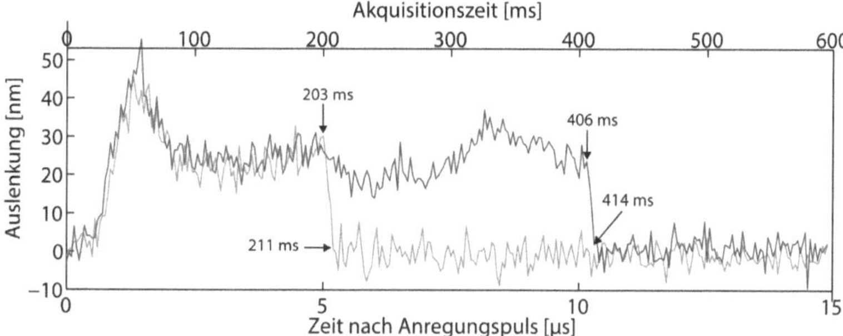

Abbildung 74: *Verlauf der Oberflächenauslenkung. Dargestellt sind 600 Datenpunkte. Die obere x-Achse zeigt die absolute Akquisitionszeit, wobei die Aufnahme eines Datenpunktes 1 ms in Anspruch nimmt. Nach etwa 200 ms und 400 ms Akquisitionszeit wurde der Anregungsstrahl blockiert. Jeweils etwa 8 ms später ist das Signal auf 0 gefallen.*

**Ausschluss von thermischer Ausdehnung als Signalbeitrag**   Um thermische Ausdehnung durch die mittlere eingebrachte Leistung der repetitiven Bestrahlung mit Anregungspulsen als Ursache für den verzögerten Rückgang der Auslenkung auszuschließen, wurde die Messung erneut rückwärts, also mit kleiner werdenden Zeitversätzen durchgeführt. In der ersten Pulssequenz wurden 6 µs Versatz zwischen Anregungs- und nachfolgendem Detektionspuls eingestellt, mit jeder weiteren wurde der Versatz um 25 ns verringert. Wie in Abbildung 75 zu sehen ist, ist das Verhalten qualitativ gleich, was thermische Expansion als Ursache für die beobachtete Verschiebung der Oberfläche ausschließt.

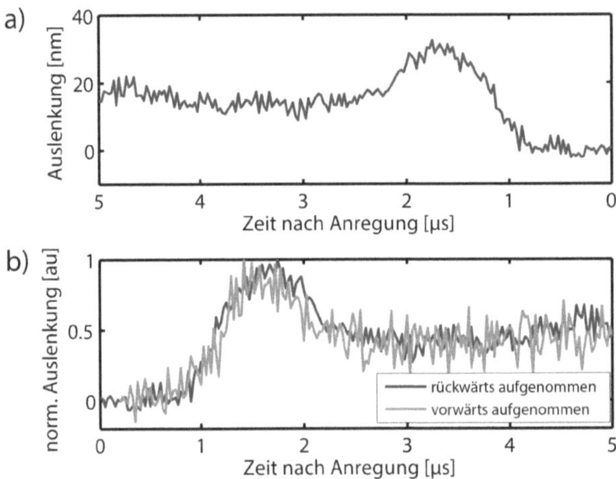


Abbildung 75: *a) Mit kleiner werdendem Zeitversatz aufgenommene Oberflächenauslenkung. b) Zum Vergleich wurde die Zeitachse der rückwärtigen Messung aus a) umgedreht und mit einer Standardmessung mit größer werdendem Zeitversatz zusammen normiert aufgetragen.*

**Unabhängigkeit der Signalform von Abtastbreite und Detektionsrate**   Die in den folgenden Abbildungen gezeigten Messergebnisse belegen weiterhin eine Unabhängigkeit des Signalverhaltens von der eingestellten Abtastbreite und Detektionsrate. In Abbildung 76 wurde am gleichen Phantom das gleiche Zeitfenster von 6 µs nach Anregung mit unterschiedlichen Abtastbreiten zwischen 100 ns (60 Datenpunkte) und 25 ns (240 Datenpunkte) aufgenommen.

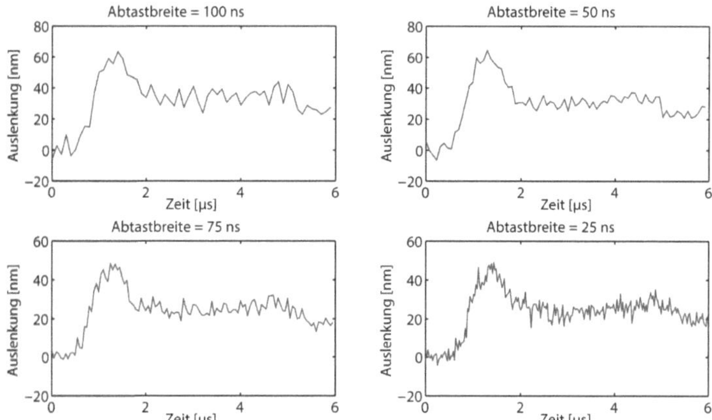

Abbildung 76: *Oberflächenauslenkung bei verschiedenen Abtastraten im Bereich 100 ns bis 25 ns bei gleichbleibendem Akquisitionszeitfenster von 10 µs.*

In Abbildung 77 wurde bei konstanter Abtastrate von 25 ns und einer konstanten Anzahl Messpunkte von 240 die Detektionsrate zwischen 100 Hz (Akquisitionsdauer 4,8 s) und 4 kHz (Akquisitionsdauer 0,12 s) gewählt. Erwartungsgemäß ist das Rauschen bei niedrigeren Detektionsraten höher, was mechanischen Vibrationen geschuldet ist. Die Maximalamplituden und Signalverläufe sind jedoch vergleichbar, was prinzipiell auf die Unabhängigkeit der Signale von der Detektionsrate im Rahmen der hier durchgeführten Variation schließen lässt.

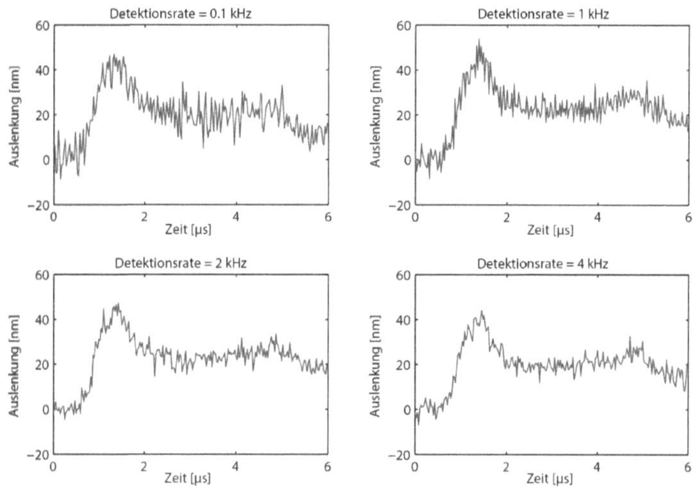

Abbildung 77: *Oberflächenauslenkung bei gleicher Abtastbreite (25 ns) und gleicher Anzahl an Datenpunkten (240) mit Abtastraten von 100 Hz (Akquisitionszeit 4,8 s) bis 4 kHz (Akquisitionszeit 0,12 s).*

## 6.2 Kugelabsorber im Silikonphantom

Es wurden 24 Silikonphantome vermessen, die jeweils einen kugelförmigen Absorber enthalten. Die Anregungsbestrahlung betrug 20 mJ/cm². Variiert wurde der Kugeldurchmesser (1 und 2 mm), der Absorptionskoeffizient der Kugeln (5 cm$^{-1}$ bis 20 cm$^{-1}$) sowie die Tiefe der Absorber als Abstand von der Absorberoberfläche bis zur Kugeloberfläche (1 bis 3 mm). Die Parameter wurden um die erfahrungsgemäße Sensitivitätsgrenze herum ausgelegt. Da die Tiefe im Produktionsprozess nicht exakt reproduzierbar ist, wurde diese in jedem Phantom nachträglich über eine Laufzeitanalyse wie folgt verifiziert. Zu jeder Messung wird die Standardabweichung der ersten 20 Messpunkte (entspricht 0,5 μs nach Anregung) berechnet. Aufgrund der Tiefen der Absorber, die in allen Fällen $> 0,5$ mm beträgt, ist die Oberfläche hier in Ruhelage und der Wert kann als das Rauschniveau der Messung angenommen werden. Als Ankunftszeit wird der Zeitpunkt betrachtet, zu dem das Mess-Signal die zweifache Standardabweichung übersteigt. Zur eindeutigen Beurteilung dieses Zeitpunktes wurde das Signal tiefpassgefiltert, um Rauschen zu unterdrücken (Matlab *Butterworth* Filter 1. Ordnung, Grenzfrequenz 5 % der Maximalfrequenz, entspricht 2 MHz). Dieses Vorgehen ermöglichte die Bestimmung der Ankunftszeit bei allen gemessenen Signalen (Abbildung 78). Die Tiefe im Phantom wird ermittelt, indem die Ankunftszeit mit der Schallgeschwindigkeit multipliziert wird.

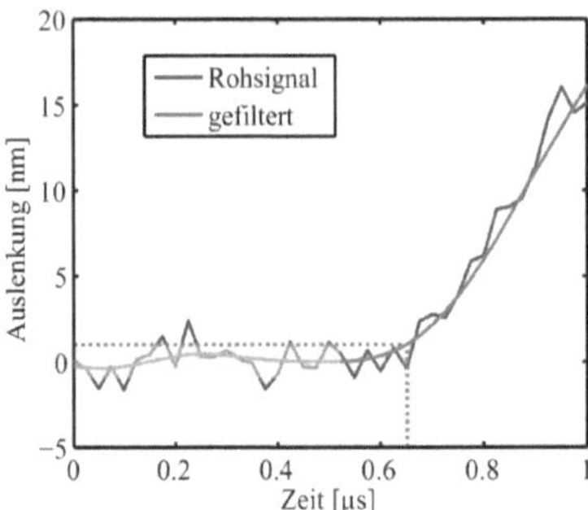


Abbildung 78: *Ausschnitt des Auslenkungssignals von Phantom 13. Der gelb unterlegte Bereich entspricht der zweifachen Standardabweichung (in dieser Messung 1,98 nm), die bei allen Messungen für die ersten 20 Messpunkte (0,5 μs) ermittelt wurde. Der Zeitpunkt, zu dem das gefilterte Signal die zweifache Standardabweichung übersteigt, wird als Ankunftszeit des Transienten betrachtet.*

Tabelle 7 gibt eine Übersicht über die relevanten Parameter der vermessenen Phantome.

| # | $\mu_a$ [1/cm] | D [mm] | $z_{\text{angestrebt}}$ [mm] | $z_{\text{verifiziert}}$ [mm] |
|---|---|---|---|---|
| 1 | 5 | 1 | 1 | 0,83 |
| 2 | 5 | 2 | 1 | 1,05 |
| 3 | 5 | 1 | 2 | nicht auswertbar |
| 4 | 5 | 2 | 2 | 1,74 |
| 5 | 5 | 1 | 3 | nicht auswertbar |
| 6 | 5 | 2 | 3 | nicht auswertbar |
| 7 | 10 | 1 | 1 | 0,86 |
| 8 | 10 | 2 | 1 | 0,86 |
| 9 | 10 | 1 | 2 | 1,84 |
| 10 | 10 | 2 | 2 | 1,86 |
| 11 | 10 | 1 | 3 | nicht auswertbar |
| 12 | 10 | 2 | 3 | 2,9 |
| 13 | 15 | 1 | 1 | 0,64 |
| 14 | 15 | 2 | 1 | 0,81 |
| 15 | 15 | 1 | 2 | 1,62 |
| 16 | 15 | 2 | 2 | 1,76 |
| 17 | 15 | 1 | 3 | 3,01 |
| 18 | 15 | 2 | 3 | 2,94 |
| 19 | 20 | 1 | 1 | 0,61 |
| 20 | 20 | 2 | 1 | 0,96 |
| 21 | 20 | 1 | 2 | 1,72 |
| 22 | 20 | 2 | 2 | 1,99 |
| 23 | 20 | 1 | 3 | 2,57 |
| 24 | 20 | 2 | 3 | 2,82 |

Tabelle 7: *Absorptionskoeffizient, Durchmesser und Tiefe der vermessenen Phantome*

Abbildung 79 gibt einen Überblick über die Messergebnisse aller vermessenen Phantome. Bei den dargestellten Kurven handelt es sich jeweils um den Zeitverlauf der Oberflächenauslenkung, welche innerhalb einer kreisrunden Region von 20 Pixeln Durchmesser zentral über dem Absorber gemittelt wurde. Jedes dargestellte Signal ist das Ergebnis einer Mittelung von 10 einzeln gemessenen Zeitverläufen der Auslenkung. Die roten Kurven sind hierbei die auf 1 mm Tiefe ausgelegten Phantome, grün entspricht 2 mm und blau 3 mm ausgelegte Tiefe. Die wahren Tiefen gehen aus der obigen Tabelle hervor. Für die folgende Analyse wurden die Signale einer Tiefpassfilterung unterzogen (Matlab *Butterworth* Filter 1. Ordnung, Grenzfrequenz 5 % der Maximalfrequenz, entspricht 2 MHz), um die Bestimmung des maximalen Signals zu ermöglichen. Die tiefpassgefilterten Signale sind in schwarzen Linien über den einzelnen Signalverläufen dargestellt.

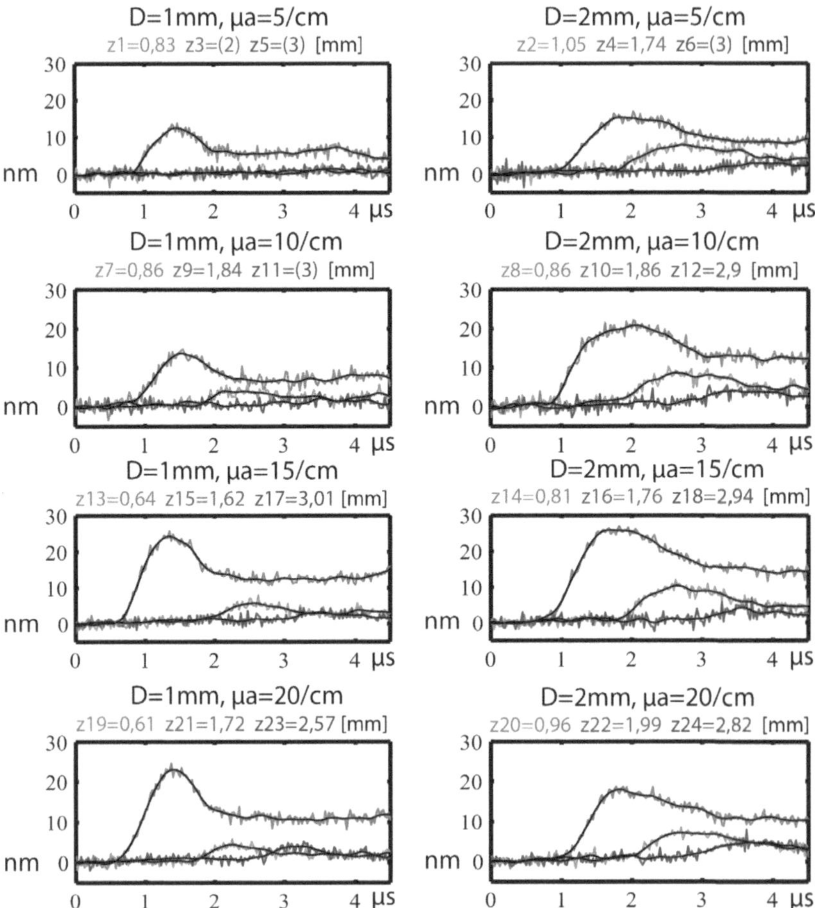



Abbildung 79: *Ergebnisse der Parameterreihe aus 24 Phantomen unter Variation von Absorberdurchmesser, -tiefe und Absorptionskoeffizient. (rot: etwa 1 mm Tiefe, grün: etwa 2 mm Tiefe, blau: etwa 3 mm Tiefe, schwarz: tiefpassgefilterte Signale zur Analyse der Maxima.*

Als nicht auswertbar aufgrund zu schwachen Signals wurden die Signale der Phantome 3, 5, 6 und 11 eingestuft. In allen anderen Fällen sind deutliche Kurvenverläufe zu erkennen, deren Maximum die dreifache Standardabweichung des Rauschens übersteigt. Das Maximum der Auslenkung $\xi_{max}$, das Rauschniveau $\sigma_\xi$ der individuellen Messungen, sowie das sich daraus ergebende SNR sind in Tabelle 8 aufgeführt. Hierbei ist das Rauschen die Standardabweichung der ersten 20 Punkte eines Zeitverlaufs. Das Maximum wurde anhand der tiefpassgefilterten Signale bestimmt.

| # | $\mu_a$ [1/cm] | D [mm] | z[mm] | $\xi_{max}$ [nm] | $\sigma_\xi$ [nm] | SNR |
|---|---|---|---|---|---|---|
| 1 | 5 | 1 | 0,83 | 12,5 | 1,05 | 11,90 |
| 2 | 5 | 2 | 1,05 | 15,3 | 0,91 | 16,81 |
| 3 | 5 | 1 | (2,00) | - | - | - |
| 4 | 5 | 2 | 1,74 | 7,8 | 1,21 | 6,45 |
| 5 | 5 | 1 | (3,00) | - | - | - |
| 6 | 5 | 2 | (3,00) | - | - | - |
| 7 | 10 | 1 | 0,86 | 13,7 | 1,37 | 10 |
| 8 | 10 | 2 | 0,86 | 20,8 | 1,24 | 16,77 |
| 9 | 10 | 1 | 1,84 | 4 | 0,98 | 4,08 |
| 10 | 10 | 2 | 1,86 | 8,6 | 1,25 | 6,88 |
| 11 | 10 | 1 | (3,00) | - | - | - |
| 12 | 10 | 2 | 2,9 | 4 | 1,25 | 3,2 |
| 13 | 15 | 1 | 0,64 | 24,3 | 0,91 | 26,70 |
| 14 | 15 | 2 | 0,81 | 25,9 | 0,86 | 30,12 |
| 15 | 15 | 1 | 1,62 | 5,8 | 0,93 | 6,24 |
| 16 | 15 | 2 | 1,76 | 10,4 | 0,97 | 10,72 |
| 17 | 15 | 1 | 3,01 | 3,2 | 1,07 | 2,99 |
| 18 | 15 | 2 | 2,94 | 4,3 | 1,25 | 3,44 |
| 19 | 20 | 1 | 0,61 | 23 | 0,93 | 24,73 |
| 20 | 20 | 2 | 0,96 | 18 | 0,71 | 25,35 |
| 21 | 20 | 1 | 1,72 | 4,4 | 0,77 | 5,71 |
| 22 | 20 | 2 | 1,99 | 7,1 | 0,91 | 7,8 |
| 23 | 20 | 1 | 2,57 | 4 | 0,84 | 4,76 |
| 24 | 20 | 2 | 2,82 | 4,8 | 0,9 | 5,33 |

Tabelle 8: *Maximale Auslenkung* $\xi_{max}$, *Rauschuntergrund* $\sigma_\xi$ *und daraus resultierendes SNR der Messungen.*

Die Abbildungen 80 und 81 zeigen die gemessenen Maximalauslenkungen grafisch in Abhängigkeit der verifizierten Tiefe. Hier wird ein exponentieller Abfall der Auslenkung bei zunehmender Tiefe sichtbar. Dies ist erwartet, da die Amplitude des photoakustischen Signals von der Bestrahlung abhängt (Gleichung 78) und diese in der Tiefe exponentiell abnimmt (Gleichung 63).

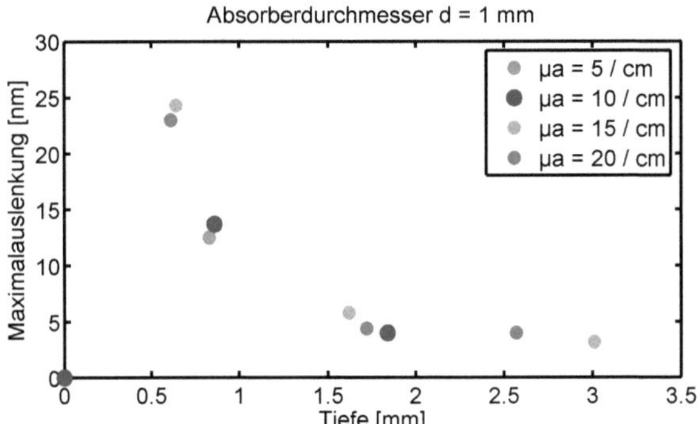

Abbildung 80: *Gemessene Maximalauslenkungen der Kugelabsorber mit d=1mm über der verifizierten Tiefe im Silikonphantom*

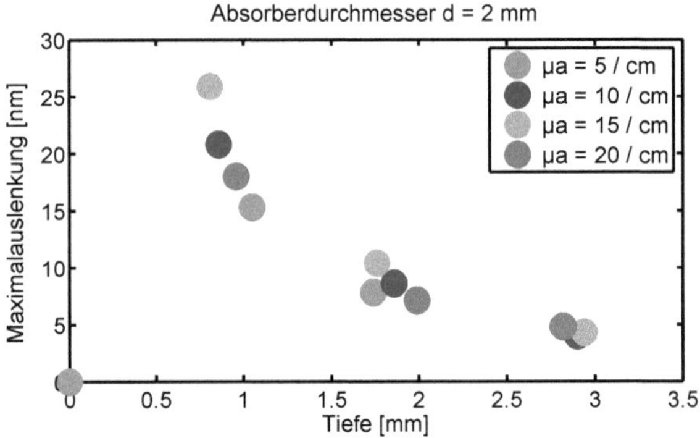

Abbildung 81: *Gemessene Maximalauslenkungen der Kugelabsorber mit d=2mm über der verifizierten Tiefe im Silikonphantom*

## 6.3  Kugelabsorber im Schweinehautphantom

Entsprechend der Beschreibung im Abschnitt 4.5.3 wurde die Haut vom Schweineohr präpariert. Um Vergleichbarkeit mit den Messungen an den Silikonphantomen zu schaffen, wurden ebenfalls eingebettete Kugelabsorber mit einem Durchmesser von 1 mm und 2 mm und einem Absorptionskoeffizienten von $\mu_a = 20\,\mathrm{cm}^{-1}$ vermessen. Vor dem Zusammenklappen der Hautschicht wurde etwas Ultraschallgel hinzugefügt, um Impedanzsprünge zu vermeiden. Die Dicke der Hautschicht oberhalb des Absorbers betrug etwa zwischen 0,8 und 1,6 mm. Angeregt wurde mit einer Bestrahlung von 20 mJ/cm² auf einer Fläche von 4x4 mm zentral über dem Absorber. Gemessen wurde mit 2 kHz, die Abtastrate betrug 25 ns. Tabelle 9 gibt einen Überblick über Durchmesser und Tiefe der Absorber in den 10 verwendeten Schweinehautphantome.

| Phantom # | Tiefe $z$ [mm] | Durchmesser $d$ [mm] |
|:---:|:---:|:---:|
| 1 | 1.,05 | 1 |
| 2 | 1,08 | 1 |
| 3 | 1,31 | 1 |
| 4 | 1,36 | 1 |
| 5 | 1,52 | 1 |
| 6 | 0,78 | 2 |
| 7 | 1,2 | 2 |
| 8 | 1,23 | 2 |
| 9 | 1,27 | 2 |
| 10 | 1,56 | 2 |

Tabelle 9: *Durchmesser und Tiefe der vermessenen Schweinehautphantome*

In Abbildung 82 dargestellt ist der Zeitverlauf der mittleren Auslenkung einer kreisrunden Region von 20 Pixeln im Durchmesser zentral über dem Absorber für die 10 Messparameter dargestellt. Es wurde jeweils über 10 Einzelmessungen gemittelt.

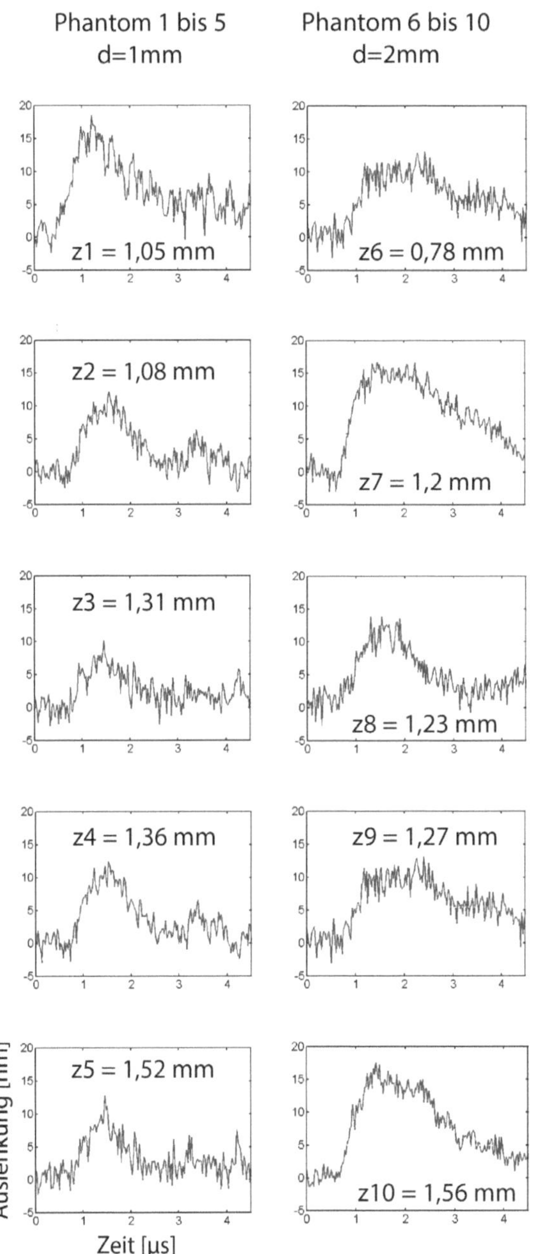


Abbildung 82: *Zeitverlauf der Oberflächenauslenkungen der Messungen von je 5 Schweinehautphanto-men mit eingebetteten Kugelabsorbern vom Durchmesser 1 und 2 mm. Angeregt wurde mit 20 mJ/cm$^2$. Die Abtastrate ist 2 kHz. Ausgewertet ist eine runde Region von 20 Pixeln im Durchmesser zentral über dem Absorber.*

Auffällig im Vergleich zu den Messungen in Silikonumgebung ist, dass bei fast allen 1 mm Kugelabsorbern das Signal im Zeitverlauf nach dem Maximum nahezu auf den Ursprungswert abfällt. Die beim Silikonmodell grundsätzlich auftretende verzögerte Reversibilität der Auslenkung ist somit im Schweinehautmodell in wesentlich geringerem Maße oder überhaupt nicht beobachtet. Lediglich bei einigen Messungen mit 2 mm Kugelabsorbern wurde eine solche Verzögerung beobachtet. Dies kann auf das Verhältnis von Absorberdurchmesser zur eingebetteten Tiefe zurückzuführen sein. In allen Fällen ist hier die Tiefe bis zur Absorberoberfläche kleiner als der Durchmesser des Absorbers, was in der Objektgeometrie einen überwiegenden Anteil an Silikon gegenüber der Schweinehaut bedeutet.

Hinsichtlich der Maximalamplitude ist im Gegensatz zu den Silikonphantomen keine exponentielle Abhängigkeit zur Absorbertiefe zu erkennen. Dies ist in der Grafik in Abbildung 83 dargestellt. Die Ursache muss auf lokal variierenden Eigenschaften der Gewebeumgebung beruhen. Stärkere Pigmentierung kann lokal zu höherer Lichtabschwächung bei der Anregung führen. Weiterhin können unterschiedliche Verarbeitungs- und Messzeiten der einzelnen Phantome durch fortschreitendes Austrocknen zu abweichenden mechanischen und elastischen Eigenschaften der Umgebung führen.

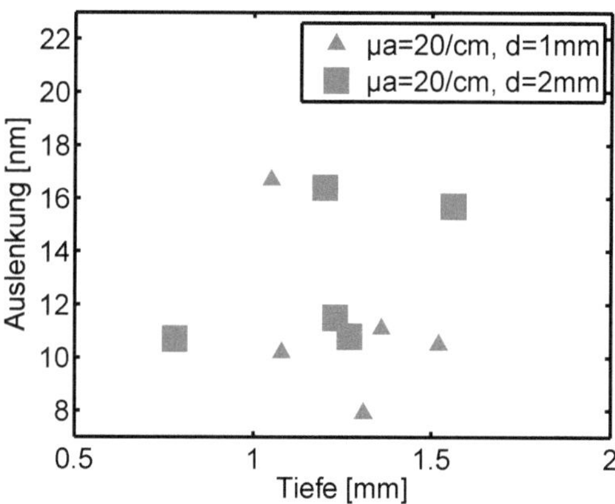


Abbildung 83: *Maximalauslenkungen der Oberfläche in den Messungen an den Schweinehautphantomen*

## 6.4 Absorberstrukturen im Silikonphantom

Für die Messung von einfachen Absorberstrukturen wurden Mikroschläuche aus Silikon (Helix Medical 45630103) mit einem Innendurchmesser von 0,64 mm und einem Außendurchmesser von 1,19 mm in eine streuende Silikonumgebung eingebettet und mit flüssigem angefärbten Silikon gefüllt. Der Absorptionskoeffizient für die verwendete Anregungswellenlänge von 1064 nm betrug 20 cm$^{-1}$. Angeregt wurde mit 20 mJ/cm$^2$ auf einer Fläche von 6x6 mm. Die Größe des Detektionsfeldes betrug 7,7x7,7 mm. In jeder Messung wurden 250 Phasendifferenzbilder im effektiven Zeitabstand von 25 ns aufgenommen und über jeweils 5 Einzelmessungen gemittelt. In den Abbildungen 84, 85 und 86 werden ausgewählte Phasendifferenzbilder von Messungen an drei verschiedenen Phantomen präsentiert.

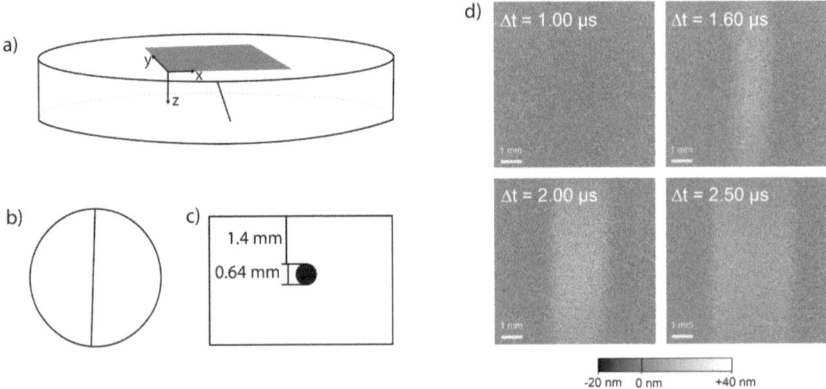

Abbildung 84: *Strukturphantom 1: Ein Silikonschlauch in vertikaler Ausrichtung durch das gesamte Bildfeld, Tiefe ca. 1,4 mm. a) Skizze mit Messfeld (rot), b) Schematische Ansicht, c) Schematischer Querschnitt, d) Ausgewählte Phasendifferenzbilder. Die maximale Auslenkung beträgt 14,5 nm.*

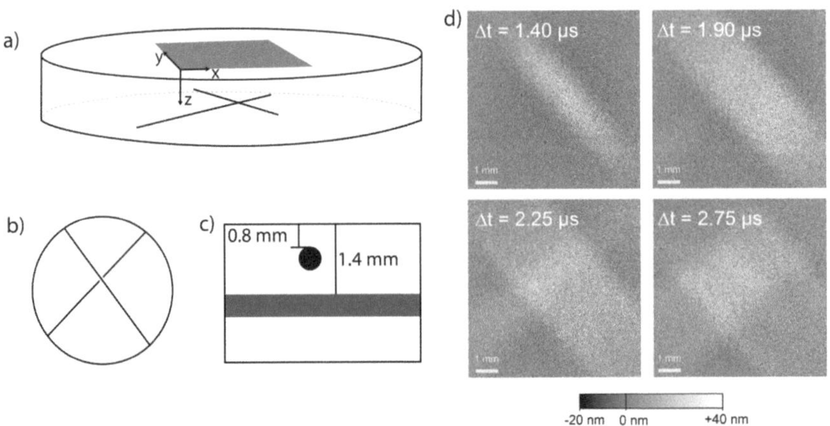

Abbildung 85: *Strukturphantom 2. Zwei Silikonschläuche gekreuzt im rechten Winkel untereinander. Tiefe ca. 0,8 mm (oberer Schlauch) und 1,4 mm (unterer Schlauch). a) Skizze mit Messfeld (rot), b) Schematische Ansicht, c) Schematischer Querschnitt, d) Ausgewählte Phasendifferenzbilder. Die maximale Auslenkung beträgt 21 nm.*

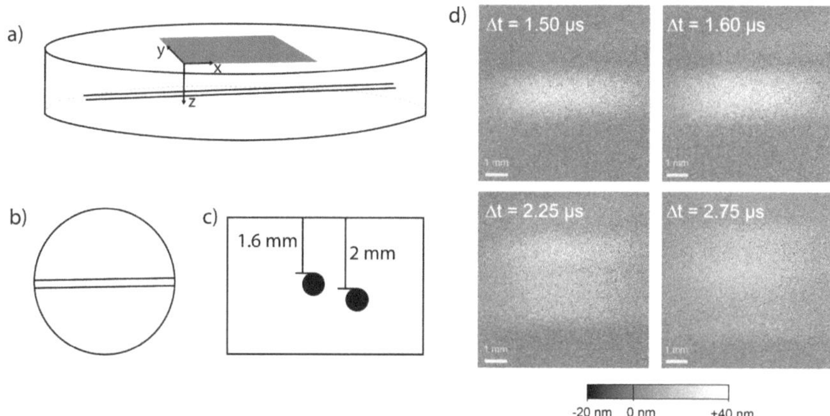



**Abbildung 86:** *Strukturphantom 3: Zwei Silikonschläuche versetzt untereinander in horizontaler Ausrichtung durch das gesamte Bildfeld. Tiefe ca. 1,6 mm (oberer Schlauch) und 2,0 mm (unterer Schlauch). a) Skizze mit Messfeld (rot), b) Schematische Ansicht, c) Schematischer Querschnitt, d) Ausgewählte Phasendifferenzbilder. Die maximale Auslenkung beträgt 27 nm.*

## 6.5  Absorberstrukturen im Schweinehautphantom

Äquivalent zu den Messungen von Kugelabsorbern (vgl. Abschnitt 6.3) wurden die Mikroschlauchstrukturen im Schweinehautphantom vermessen. Zunächst wurden zwei mit flüssigem Silikon ($\mu_a = 20\,\mathrm{cm}^{-1}$) befüllte Schläuche nebeneinander in Kontakt in dem geklappten Schweinehautlappen platziert. Die Schläuche haben einen Innendurchmesser von 0,64 μm und eine Wandstärke von 0,32 μm. Abbildung 87 zeigt eine Skizze der Phantomanordnung sowie einige repräsentative Phasendifferenzbilder.

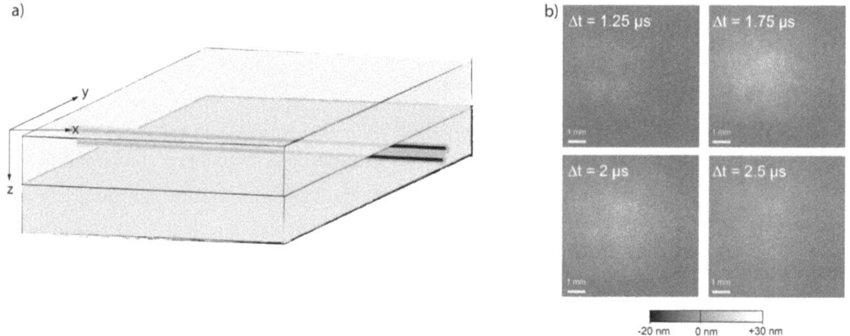



**Abbildung 87:** *Strukturphantom 4: Zwei Silikonschläuche nebeneinander in Kontakt in horizontaler Ausrichtung durch das gesamte Bildfeld im Schweinehautphantom. Tiefe ca. 0,7 mm. a) Skizze der zusammengeklappten Hautlappen mit Schläuchen. b) Ausgewählte Phasendifferenzbilder. Die maximale Auslenkung beträgt etwa 17 nm.*

In der gleichen Anordnung wurde ein als Schlaufe ausgelegter Mikroschlauch im Schweinehautphantom vermessen. Eine Skizze des Phantoms sowie einige Phasendifferenzbilder sind in Abbildung 88 dargestellt.

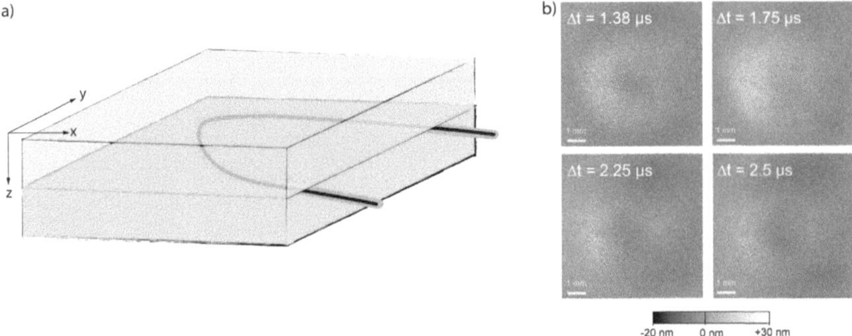


Abbildung 88: *Strukturphantom 5: Silikonschlauch als Schlaufe im Schweinehautphantom. Tiefe ca. 0,6 mm. a) Skizze der zusammengeklappten Hautlappen mit Schläuchen. b) Ausgewählte Phasendifferenzbilder. Die maximale Auslenkung beträgt etwa 15 nm.*

## 6.6  Rekonstruktion

### 6.6.1  Vorbetrachtungen

**Vergleich der Rekonstruktionsmethoden**  Zum qualitativen Vergleich der beiden implementierten Rekonstruktionsmethoden (vlg. Abschnitt 3.3) dient der Datensatz der photoakustischen Messung am Silikonphantom 19 der Parameterreihe mit eingebetteter Silikonkugel mit einem Durchmesser von 1 mm in einer Tiefe von 0,61 mm. Der Absorptionskoeffizient der Kugel betrug 20 cm$^{-1}$, angeregt wurde mit 20 mJ/cm². Der Datensatz besteht aus 240 Phasendifferenzbildern im Format 768x768 Pixel, die im effektiven zeitlichen Abstand von 25 ns aufgenommen wurden. Das SNR der Messung betrug etwa 25.

Bei der Implementierung der einfachen Rückprojektion im Zeitbereich werden sequenziell einzelne Voxel rekonstruiert und die rekonstruierten Volumina bzw. Schichten sind frei einstellbar. In dieser Berechnung wurde die maximale rekonstruierte Tiefe mit 4 mm gewählt. Bei der exakten Rückprojektion steht die Tiefe des rekonstruierten Volumens fest und hängt von der eingestellten Schallgeschwindigkeit $c$ und vom eingestellten Zeitversatz zwischen den Phasendifferenzbildern $\Delta t$ ab. Das rekonstruierte Volumen hat die gleiche Anzahl Schichten wie die Eingangsmatrix. Die rekonstruierte Tiefe in Schicht $i$ berechnet sich dabei wie folgt. Bei 240 rekonstruierten Schichten unter Nutzung der exakten Rückprojektion und einer eingestellten Schallgeschwindigkeit von 0,97 mm/µs wird somit eine Tiefe von 5,8 mm rekonstruiert.

$$z_{\mathrm{rek}} = c\,\Delta t\,i \tag{156}$$

In Abbildung 89 ist jeweils die laterale Schicht der beiden rekonstruierten Volumina dargestellt, in der das globale Maximum der Rekonstruktion zu finden ist. In a) ist das Ergebnis
der einfachen Rückprojektion abgebildet, in b) das der exakten. In beiden Bildern sind die
Signalmaxima auf 1 normiert mit der gleichen Farbskala dargestellt. Die gestrichelten weißen
Linien markieren das Maximum der Rekonstruktionen in x- und y-Richtung. Die Abbildungen
c) und d) zeigen die Intensitätsverläufe entlang dieser Linien.

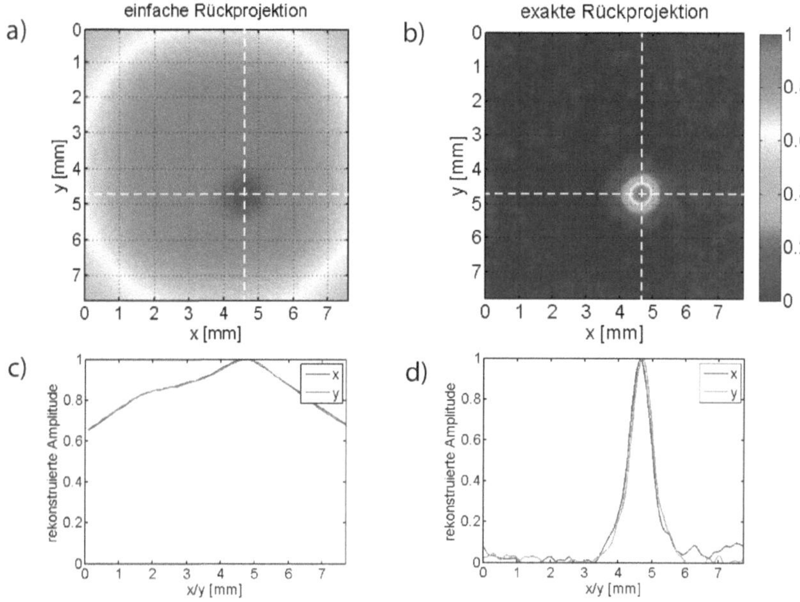

Abbildung 89: *a) Einfache und b) exakte Rückprojektion der photoakustischen Messung am Silikon-
phantom 19. Dargestellt ist die Schicht des Volumens mit der höchsten Intensität. Weiße gestrichelte
Linien markieren die Maxima in x- und y-Richtung. In c) und d) sind Intensitätsverläufe entlang dieser
Linien zu sehen.*

Beide Methoden rekonstruieren das Maximum an der gleichen lateralen Position (x = 4,6 mm,
y = 4,7 mm). Beim Vergleich der Bilder wird sofort deutlich, dass die exakte Rückprojektion
den Absorber in einem wesentlich höheren Kontrast zum Hintergrund darstellt. Während bei
der einfachen Rückprojektion der Hintergrund vom Maximum aus in beide Richtungen stetig,
aber im gesamten Bild nicht unter 0,6 abfällt, beträgt der mittlere Hintergrund unter Nutzung
der exakten Rückprojektion in den Bereichen x = 0 bis 4,1 mm und 5,1 bis 7,7 mm bzw. y =
0 bis 4,2 mm und 5,2 bis 7,7 mm nur 4 % des Maximums. Abbildung 90 zeigt Schnittbilder
entlang aller Dimensionen durch das mittels exakter Rückprojektion berechnete Volumen. Die
rekonstruierte Tiefe liegt bei 0,65 mm.

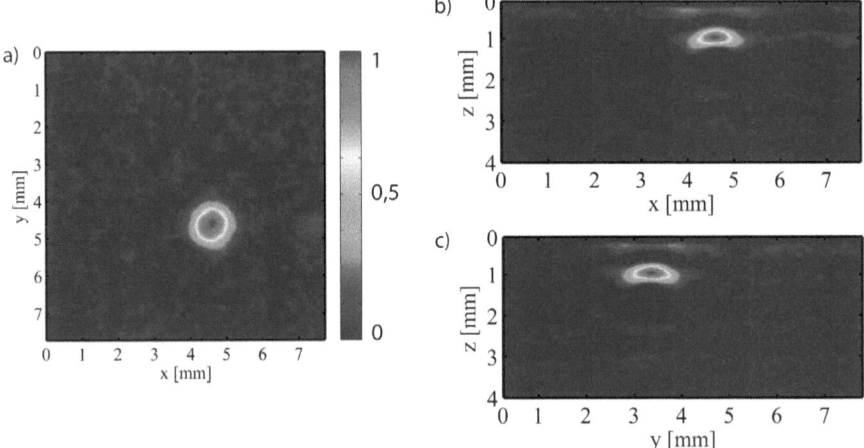

Abbildung 90: *Schnitte durch das rekonstruierte Volumen. a) x/y-Schnitt beim maximalen z-Wert.*
*b) y/z-Schnitt beim maximalen x-Wert. c) x/z-Schnitt beim maximalen y-Wert.*

### 6.6.2  Rekonstruktionen

**Parameterreihe Kugelabsorber im Silikonphantom**   Im Folgenden wird die Qualität
der Rekonstruktion im Hinblick auf das Verhältnis der rekonstruierten Amplitude zum Hinter-
grundrauschen beurteilt. Insbesondere wird die Frage gestellt, wie das Signal-Rausch-Verhältnis
(SNR) einer Messung sich auf dieses Merkmal der Rekonstruktion auswirkt. Hierfür werden
die Ergebnisse der Messungen an den 24 Silikonphantomen (vgl. Skizze der Phantome in Abbildung 70, Parameter der Reihe in Tabelle 7) mit eingebetteten Kugelabsorbern von 1 mm
und 2 mm Durchmesser in Tiefen von 0,6 mm bis 3 mm und mit Absorptionskoeffizienten
von 5 cm$^{-1}$ bis 20 cm$^{-1}$ verwendet. Es handelt sich um individuelle Phantome, weshalb die
laterale Position abweicht. Die Abbildungen 91 bis 98 zeigen die 24 rekonstruierten Messungen. Zusätzlich wird in der linken Spalte zur Einschätzung der Rekonstruktionsqualität das
zugrundeliegende Messsignal noch einmal gezeigt. In der Mitte befindet sich diejenige laterale
x/y-Schicht des rekonstruierten Volumens, die auf der z-Achse den maximalen Wert aufweist.
Die rekonstruierten Schichten sind mit ihrem maximalen Signal jeweils auf 1 normiert. Rechts
ist zur Beurteilung des Rekonstruktionsqualität der Intensitätsverlauf entlang einer horizontalen Linie durch die Schicht gezeigt, dessen vertikale Position sich nach dem Maximum richtet.

## Phantom 1, 3, 5:   D = 1mm, μa = 5/cm

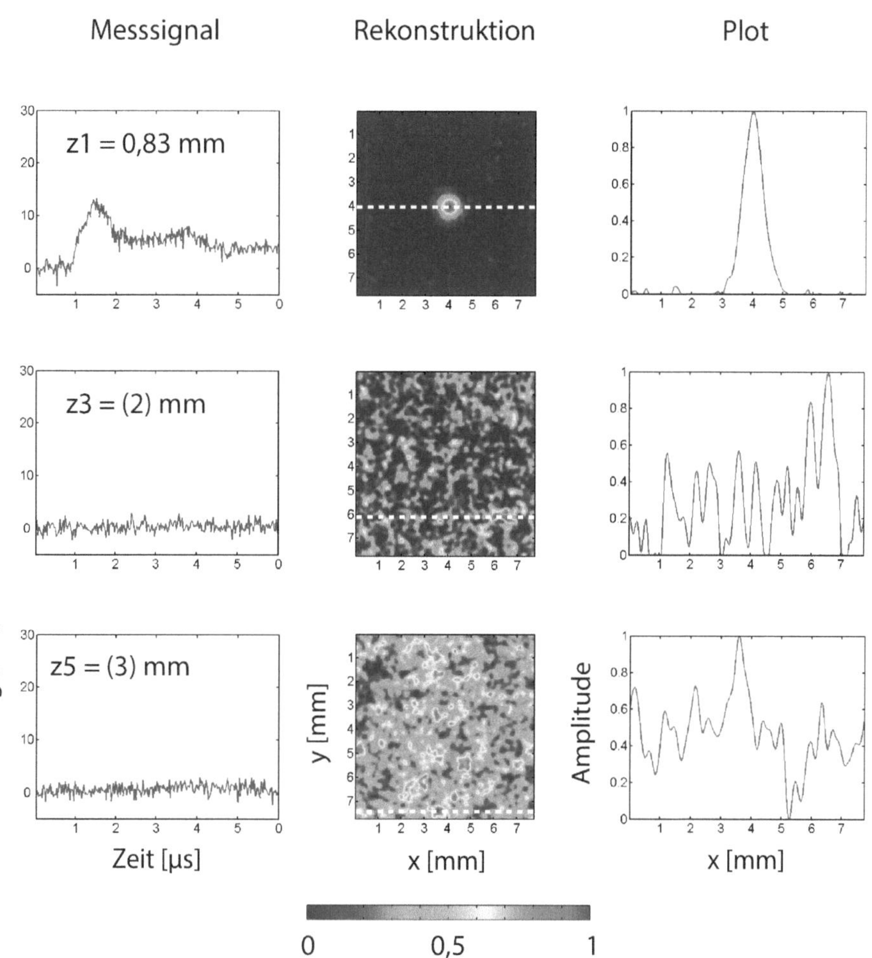



Abbildung 91: *Rekonstruktionen (Mitte) der Phantome 1, 3, 5 mit Kugelabsorber D = 1 mm,* $\mu_a = 5\,cm^{-1}$ *mit Plot entlang der x-Achse beim maximalen Wert (rechts) und zugrunde liegendem Messsignal (links).*

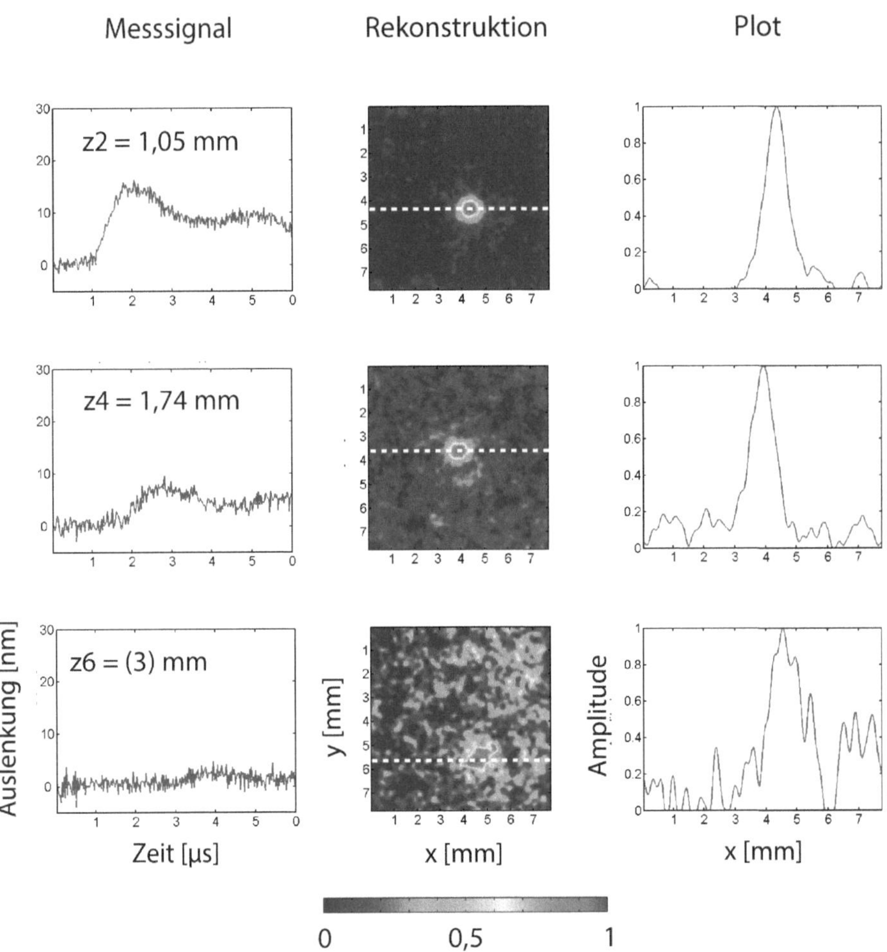


Abbildung 92: *Rekonstruktionen (Mitte) der Phantome 2, 4, 6 mit Kugelabsorber $D = 2\ mm$, $\mu_a = 5\ cm^{-1}$ mit Plot entlang der x-Achse beim maximalen Wert (rechts) und zugrunde liegendem Messsignal (links).*

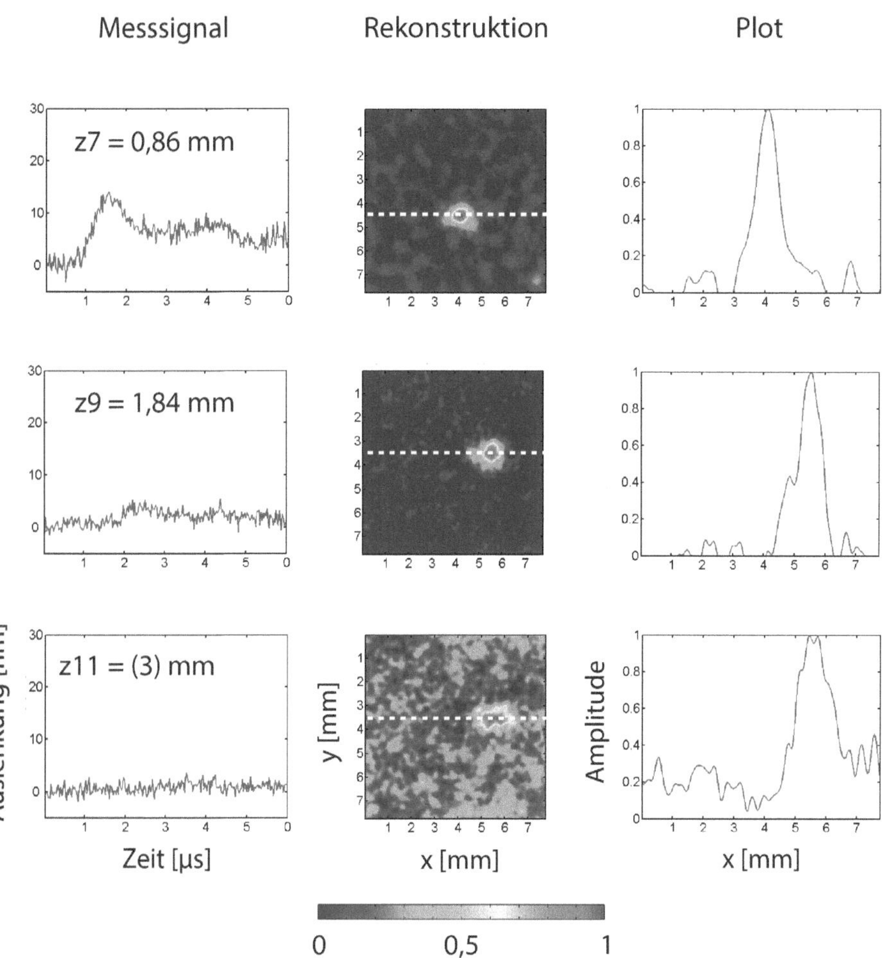



**Abbildung 93:** *Rekonstruktionen (Mitte) der Phantome 7, 9, 11 mit Kugelabsorber $D = 1$ mm, $\mu_a = 10$ cm$^{-1}$ mit Plot entlang der x-Achse beim maximalen Wert (rechts) und zugrunde liegendem Messsignal (links).*

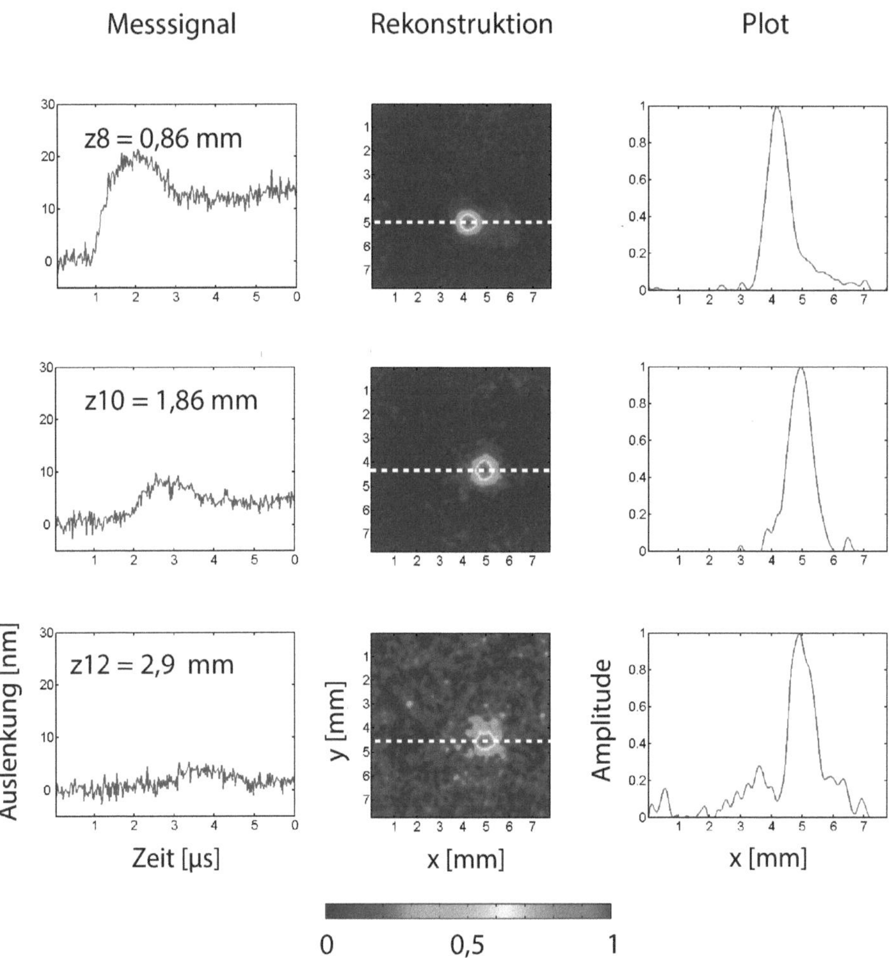



Abbildung 94: *Rekonstruktionen (Mitte) der Phantome 8, 10, 12 mit Kugelabsorber $D = 2$ mm, $\mu_a = 10\,cm^{-1}$ mit Plot entlang der x-Achse beim maximalen Wert (rechts) und zugrunde liegendem Messsignal (links).*

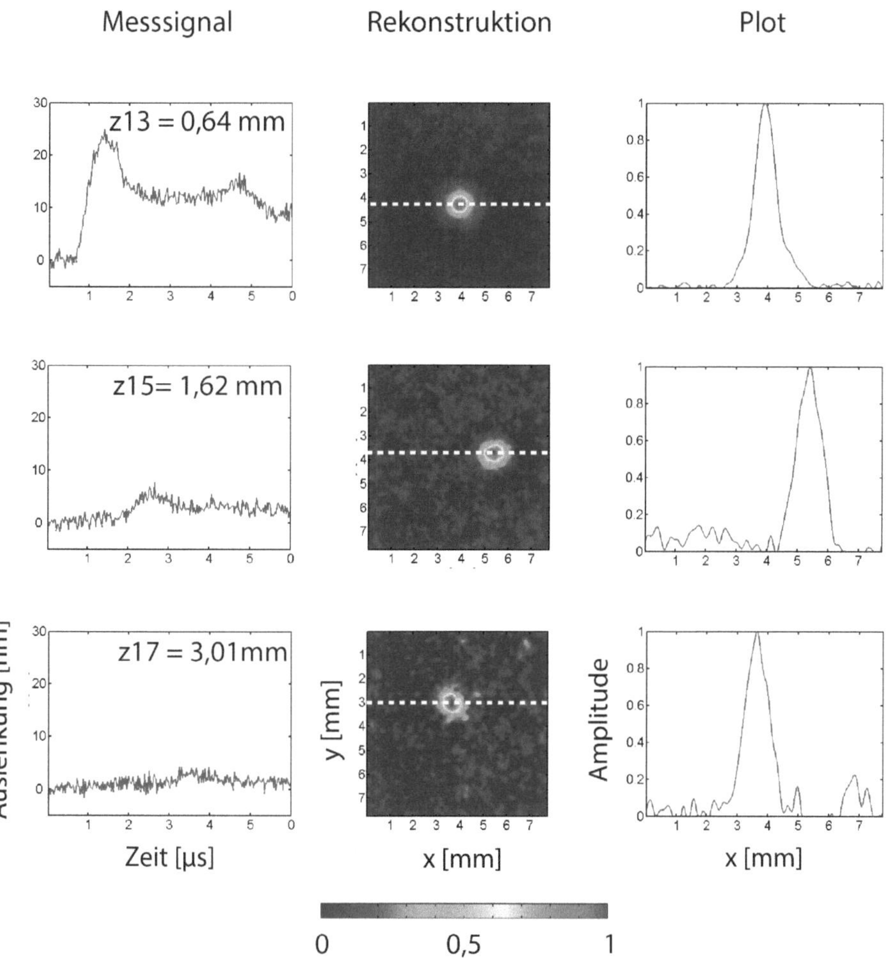


Abbildung 95: *Rekonstruktionen (Mitte) der Phantome 13, 15, 17 mit Kugelabsorber $D = 1$ mm, $\mu_a = 15\ cm^{-1}$ mit Plot entlang der x-Achse beim maximalen Wert (rechts) und zugrunde liegendem Messsignal (links).*

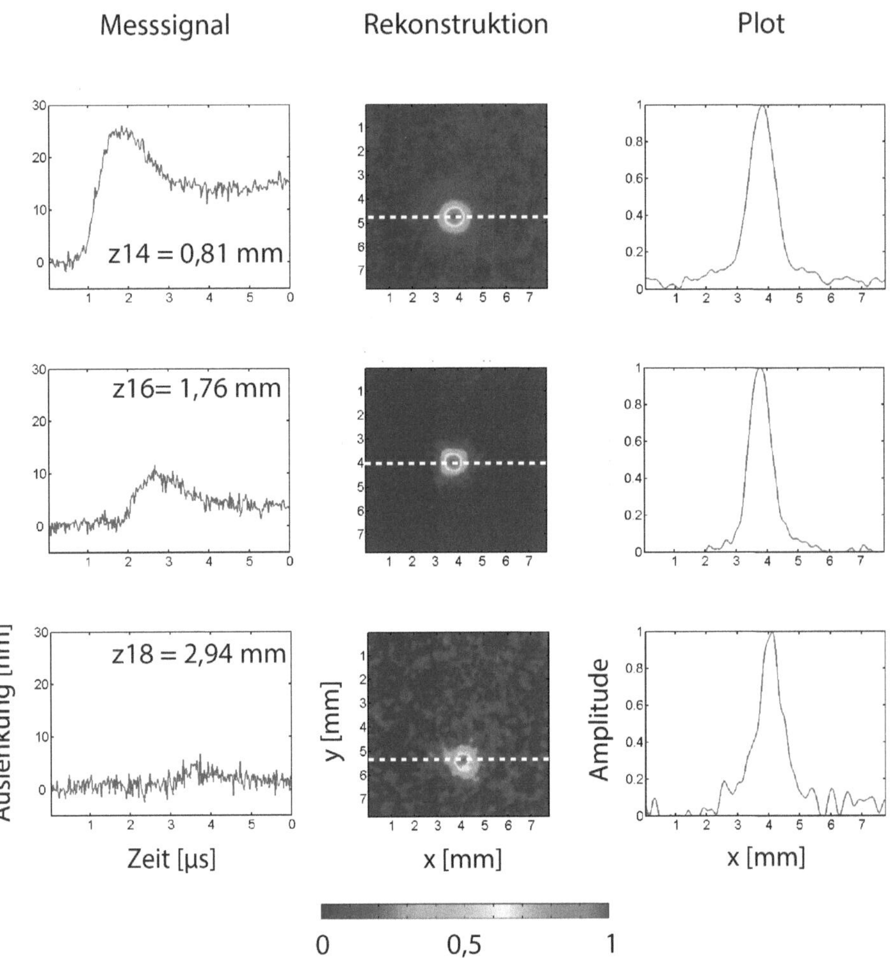



Abbildung 96: *Rekonstruktionen (Mitte) der Phantome 14, 16, 18 mit Kugelabsorber $D = 2\ mm$, $\mu_a = 15\ cm^{-1}$ mit Plot entlang der x-Achse beim maximalen Wert (rechts) und zugrunde liegendem Messsignal (links).*

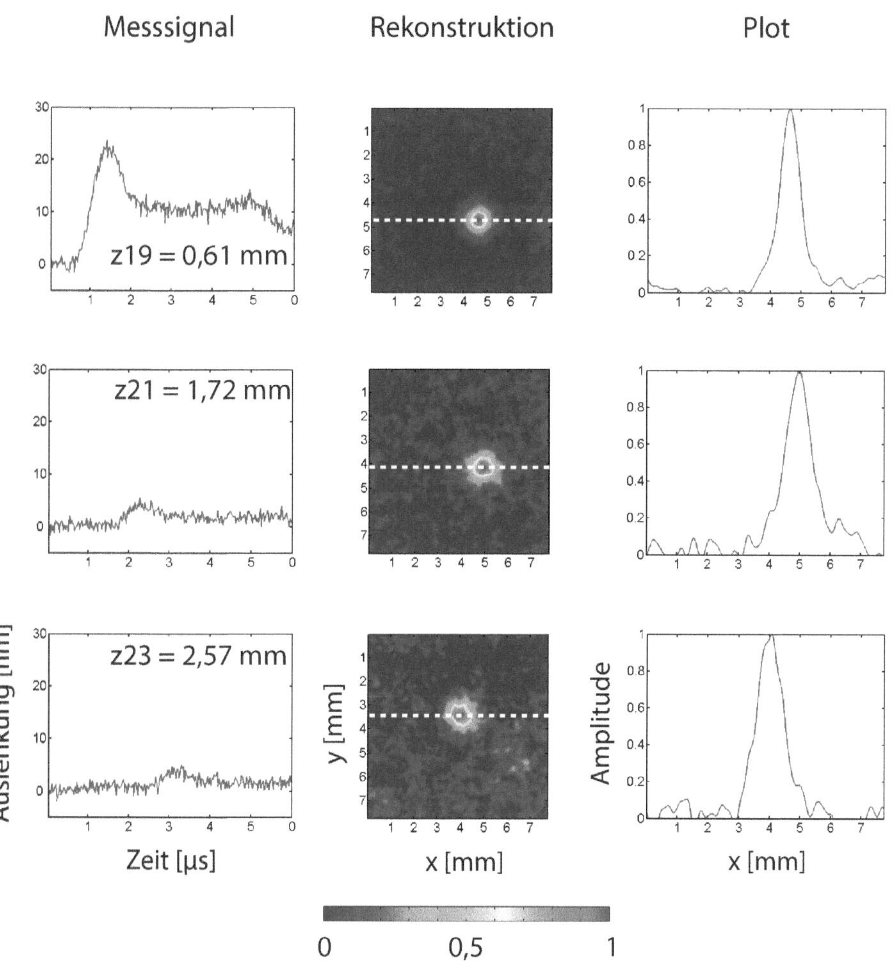


Abbildung 97: *Rekonstruktionen (Mitte) der Phantome 19, 21, 23 mit Kugelabsorber $D = 1$ mm, $\mu_a = 20$ cm$^{-1}$ mit Plot entlang der x-Achse beim maximalen Wert (rechts) und zugrunde liegendem Messsignal (links).*

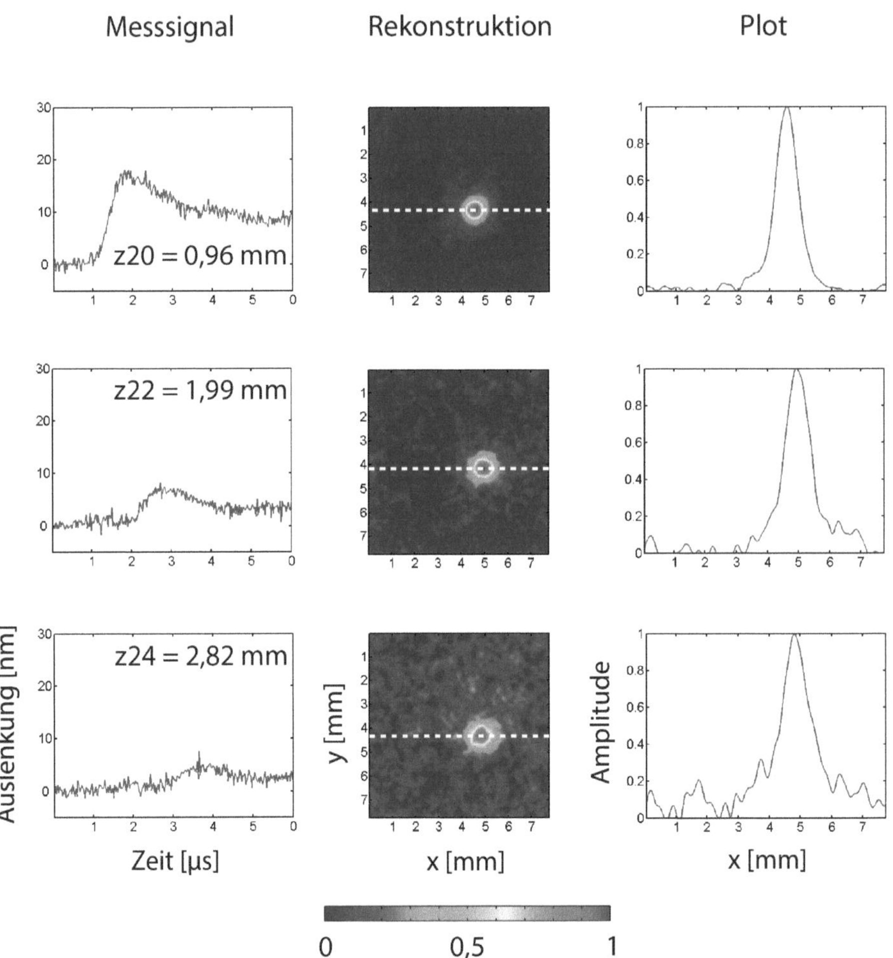


Abbildung 98: *Rekonstruktionen (Mitte) der Phantome 20, 22, 24 mit Kugelabsorber $D = 2$ mm, $\mu_a = 20\ cm^{-1}$ mit Plot entlang der x-Achse beim maximalen Wert (rechts) und zugrunde liegendem Messsignal (links).*

**Rekonstruierter Durchmesser**  Bei Betrachtung der rekonstruierten Schichten in den gezeigten Abbildungen fällt auf, dass die Kugeln mit 2 mm Durchmesser in den meisten Fällen nicht größer rekonstruiert wurden als die Kugeln mit 1 mm Durchmesser. Die Analyse des rekonstruierten Durchmessers wird anhand der Plots entlang der x-Achse durchgeführt. Hier wird für alle Rekonstruktionen die Breite bei 1/3 der Maximalamplitude abgelesen. Dieser Wert entspricht in der farbkodierten Darstellung der hellblauen Umrandung und wurde einerseits ausgewählt, weil diese Begrenzung dem visuellen Eindruck des rekonstruierten Durchmessers entspricht. Weiterhin liegen bei den meisten Rekonstruktionen die Artefakte unterhalb dieses Werts. Somit ist für die meisten Rekonstruktionen die Bestimmung des Durchmessers anhand dieses Schwellwertes möglich. Der Mittelwert der rekonstruierten Größe der 1 mm-Kugeln liegt bei $1,47 \pm 0,17$ mm, der Mittelwert der 2 mm-Kugeln bei $1,47 \pm 0,18$ mm.

Der zu niedrig rekonstruierte Durchmesser der 2 mm-Kugeln wird der mangelnden Reversibilität der Auslenkung der Oberfläche nach photoakustischer Anregung zugeschrieben, die im Abschnitt 6.1 diskutiert wurde. Alle in Silikonumgebung gemessenen Auslenkungssignale kehren nach Erreichen des Maximums nicht in die Ausgangslage zurück, sondern verbleiben auf einem höheren, innerhalb des betrachteten Zeitfensters stabilen Niveau. Erst nach mehreren Millisekunden wurde die Ausgangslage erreicht (vgl. Abbildungen 73 und 74). Da die Messdauer über die Schallgeschwindigkeit mit der Tiefe verknüpft ist, wäre als Folge in der Rekonstruktion eine erhöhte Amplitude unterhalb des Absorbers zu erwarten. Dies ist jedoch nicht der Fall, da während der Rekonstruktion das Signal abgeleitet wird (vgl. Abschnitt 3.3.2, letzter Absatz). Die zeitlich konstante Auslenkung des photoakustischen Signals trägt daher nicht direkt zum rekonstruierte Bild bei. Jedoch ist die Höhe des Messartefakts abhängig vom Durchmesser des Absorbers. Bei den Messungen der 1 mm-Absorber geht das Signal auf etwa die Hälfte der Maximalamplitude zurück, bei den 2 mm-Absorbern jedoch nur auf etwa 2/3. Dies führt zu einer Verkürzung der detektierten Transientenlänge, die in einer zu kleinen Rekonstruktion resultiert.

Weiterhin wurden die 1 mm-Kugeln zu groß rekonstruiert und der rekonstruierte Durchmesser scheint mit der Tiefe zuzunehmen. Dies ist durch die tiefenabhängige, beugungsbegrenzte Auflösung zu erklären. Abbildung 99 und die nachfolgenden Betrachtungen verdeutlichen dies anhand der Detektionsgeometrie.

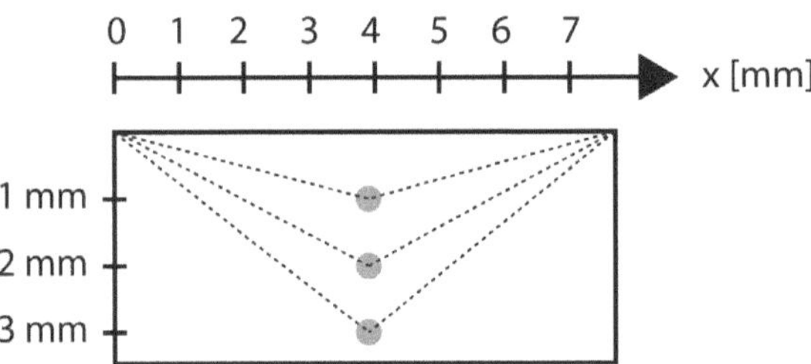

Abbildung 99: *Detektionsgeometrie der Auslenkungsmessung für Absorber in 1 bis 3 mm Tiefe. Die Größe des Messfeldes beträgt 7,7 mm. Der Detektionswinkel ist tiefenabhängig.*

Der Detektionswinkel wird mit zunehmender Tiefe kleiner. Nach dem Rayleigh-Kriterium hängt die kleinste auflösbare Struktur $d_{\mathrm{min}}$ von der Wellenlänge und der numerischen Apertur $NA$ ab, die sich mit dem Sinus des halben Öffnungswinkels der Detektion berechnet (Hecht 1987):

$$d_{\mathrm{min}} = 0,61 \, \frac{\lambda}{NA} \tag{157}$$

Setzt man die Dauer der detektierten Signale vom Beginn der Auslenkung bis zum Erreichen eines konstanten Untergrundes fest, ergeben sich Zeiten von bis zu 2 µs. Mit einer Schallgeschwindigkeit von etwa 1 mm/µs in den Silikonphantomen entspricht dies akustischen Wellenlängen um 2 mm. Die Grafik in Abbildung 100 zeigt die für diese Wellenlänge mit Gleichung (157) berechnete, tiefenabhängige NA (grüne Kurve) und die damit erreichbare Auflösung (blaue Kurve).

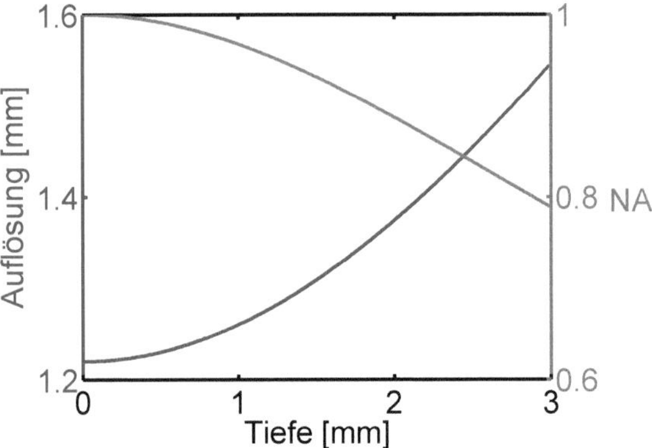

Abbildung 100: *Grüne Kurve: Effektive numerische Apertur in Abhängigkeit der Tiefe der Struktur. Blaue Kurve: Mit Gleichung (157) berechnete beugungsbegrenzte Auflösung.*

Demnach ist bei oberflächlichen Absorbern eine Auflösung von 1,22 mm möglich, die sich bei zunehmender Tiefe auf mehr als 1,5 mm verschlechtert. In Abbildung 101 sind die rekonstruierten Durchmesser der Kugel in x-Richtung über der Tiefe im Phantom aufgetragen. Die Dreiecke zeigen dabei die 1 mm-Absorber, die Quadrate die 2 mm-Absorber. Die rote Kurve zeigt erneut die beugungsbegrenzte akustische Auflösungsgrenze.

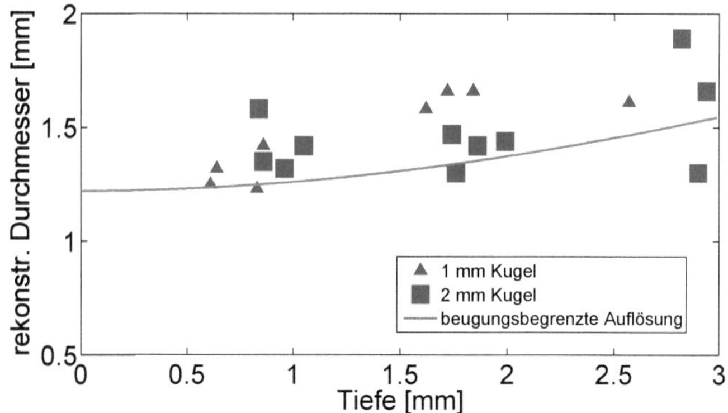


Abbildung 101: *Rekonstruierte Durchmesser der Absorberkugeln in x-Richtung in Abhängigkeit der Tiefe. In der Tendenz entsprechen die Ergebnisse der beugungsbegrenzten Auflösung.*

Die relativ niedrige erreichbare Auflösung ist das Resultat der im Vergleich zur Strukturgröße relativ kleinen Detektionsfläche.

**Rekonstruktionskontrast**  Als Bewertungskriterium einer Rekonstruktion wird der Rekonstruktionskontrast eingeführt und für die rekonstruierten Schichten der Parameterreihe ausgewertet. Der Rekonstruktionskontrast $K_{\mathrm{rek}}$ wird aus der normierten Maximalamplitude ($A_{\mathrm{norm}} = 1$) und der Amplitude des maximalen Artefakts außerhalb des Absorbers berechnet.

$$K_{\mathrm{rek}} = \frac{A_{\mathrm{norm}} - A_{\mathrm{Artefakt}}}{A_{\mathrm{norm}} + A_{\mathrm{Artefakt}}} \tag{158}$$

Tabelle 10 führt die Ergebnisse der Kontrastanalyse auf. $A_{\mathrm{norm}}$ bezeichnet die jeweils auf 1 normierte Maximalamplitude der Rekonstruktionen. Für die Phantome 3 und 5 wurde aufgrund des nicht erkennbaren Signalausschlags der Kontrast gleich 0 gesetzt. Bei den Phantomen 6 und 11 ist die Rekonstruktion gelungen und somit der Kontrast auswertbar, obwohl in der zugehörigen Zeitverlauf des Signals visuell kaum ein Ausschlag zu erkennen ist.

| # | $A_{\mathrm{Artefakt}}$ | $K_{\mathrm{rek}}$ |
|---|---|---|
| 1 | 0,04 | 0,92 |
| 2 | 0,12 | 0,79 |
| 3 | 1 | 0 |
| 4 | 0,22 | 0,64 |
| 5 | 1 | 0 |
| 6 | 0,64 | 0,22 |
| 7 | 0,17 | 0,71 |
| 8 | 0,06 | 0,89 |
| 9 | 0,13 | 0,77 |
| 10 | 0,12 | 0,79 |
| 11 | 0,46 | 0,37 |
| 12 | 0,27 | 0,57 |
| 13 | 0,03 | 0,94 |
| 14 | 0,11 | 0,8 |
| 15 | 0,14 | 0,75 |
| 16 | 0,07 | 0,87 |
| 17 | 0,21 | 0,65 |
| 18 | 0,19 | 0,68 |
| 19 | 0,1 | 0,82 |
| 20 | 0,04 | 0,92 |
| 21 | 0,2 | 0,67 |
| 22 | 0,18 | 0,69 |
| 23 | 0,1 | 0,82 |
| 24 | 0,32 | 0,52 |

Tabelle 10: Untergrundsignal $A_{\mathrm{Artefakt}}$ *und Rekonstruktionskontrast* $K_{\mathrm{rek}}$ *der Phantomreihe*

Bei Rekonstrukionen mit einem Kontrast oberhalb von 0,5 ist die Dimension des Absorbers klar abgegrenzt und dieser hebt sich deutlich vom Hintergrund ab. Daher werden diese visuell als gut bewertet (vgl. Rekonstruktionen 12 mit $K_{\mathrm{rek}} = 0.57$ im Gegensatz zu den Rekonstruktionen 3, 5, 6 und 11 mit $K_{\mathrm{rek}} < 0,5$ in den Abbildungen 91 bis 98). Um eine allgemeine Aussage darüber zu erhalten, welche Amplitude bzw. welches SNR der Messung der Oberflächenauslenkung nötig ist, das eine Rekonstruktion mit einem Kontrast $> 0,5$ ermöglicht, wird in Abbildung 102 der rekonstruierte Kontrast über dem zugrundeliegenden SNR der jeweiligen Messung aufgetragen. Die SNR-Daten stammen aus Tabelle 8. An die Daten wurde eine Exponentialfunktion angepasst, die den Verlauf gut beschreibt. Hieran lässt sich für den gewünschten Kontrast das nötige SNR mit 3 bestimmen.

134

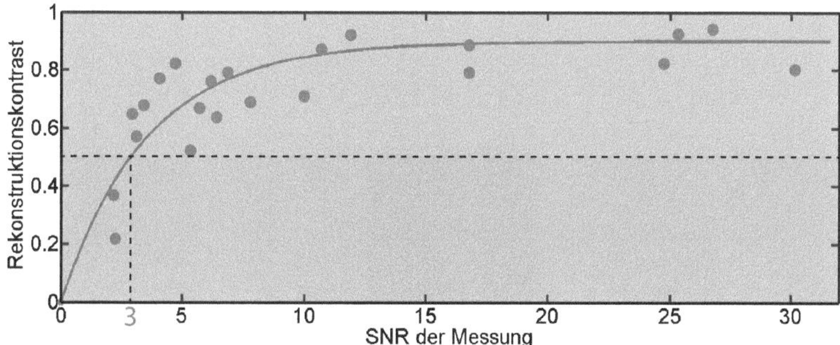

Abbildung 102: *Zusammenhang zwischen Rekonstruktionskontrast und zugrundeliegendem SNR der Messungen. Für einen Kontrast von 0,5 ist demnach ein SNR von etwa 3 nötig.*

**Kugelabsorber im Schweinehautphantom**   Die in Abbildung 82 im Zeitverlauf einer Region gezeigten photoakustischen Daten der Kugelabsorber im Schweinehautphantom wurden ebenfalls mittels der exakten Rückprojektion rekonstruiert. Analog zur Auswertung der Parameterreihe im letzten Abschnitt werden in den Abbildungen 103 und 104 die Schicht des rekonstruierten Volumens mit dem maximalen Signal sowie ein Plot in x-Richtung durch das Maximum der Schicht gezeigt. Die zugrundeliegenden Zeitsignale werden in der linken Spalte gezeigt. Die Rekonstruktion gelingt in allen Fällen mit einem deutlichen Maximum an der Position des Absorbers. Das höhere Rauschen der Messungen führt in den meisten Fällen zu höheren Artefakten in der Rekonstruktion.

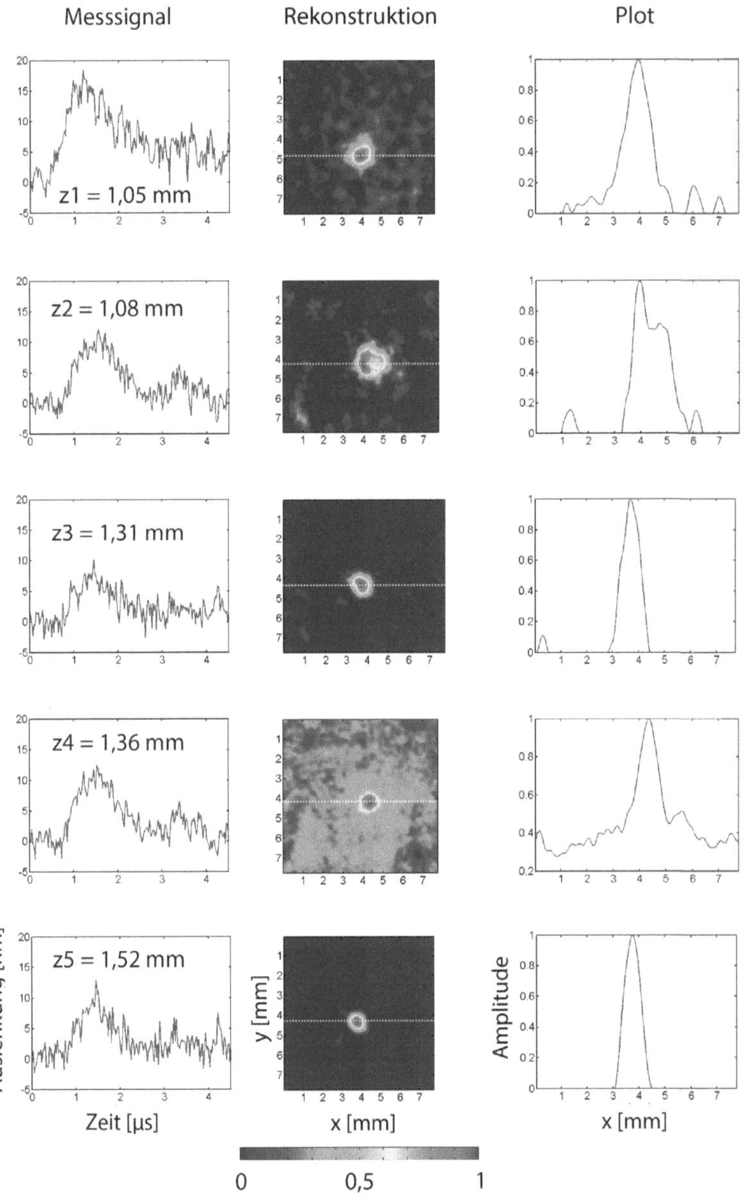


Abbildung 103: *Rekonstruktionen (Mitte) der Phantome 1 bis 5 mit Kugelabsorber $D = 1mm$, $\mu_a = 20\,cm^{-1}$ mit Plot entlang der x-Achse beim maximalen Wert (rechts) und zugrunde liegendem Messsignal (links).*

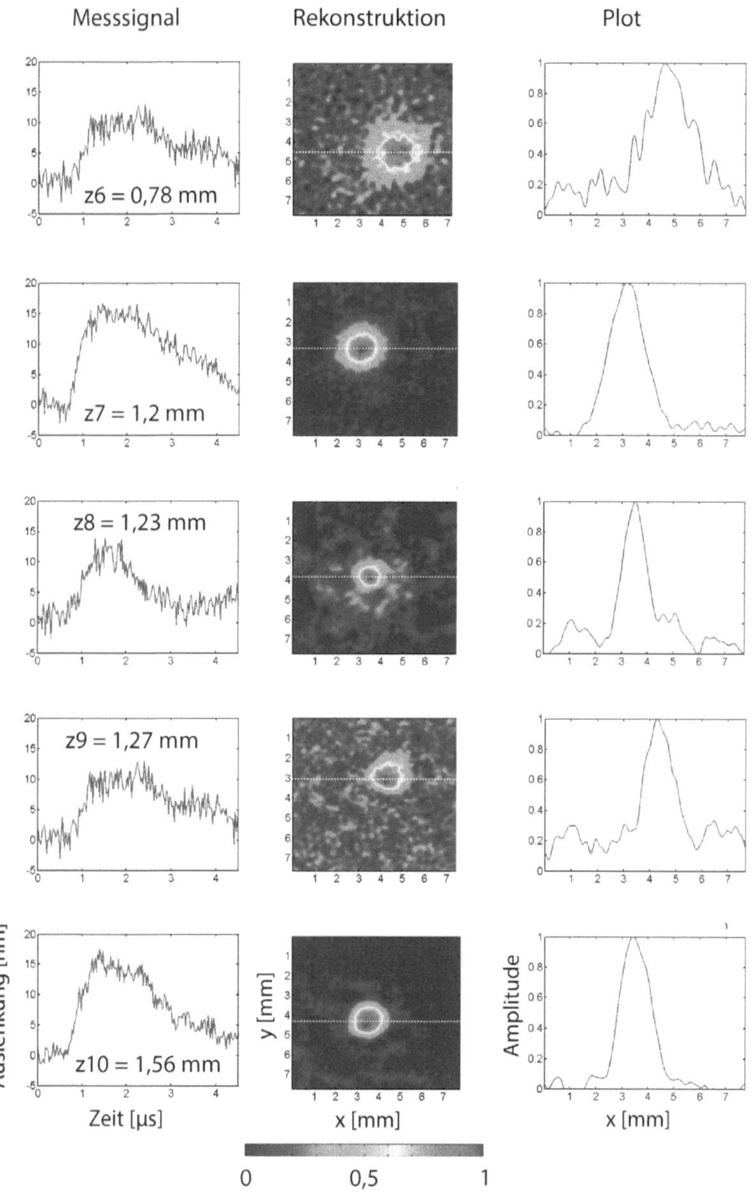


Abbildung 104: *Rekonstruktionen (Mitte) der Phantome 6 bis 10 mit Kugelabsorber D=2 mm, $\mu_a = 20\,cm^{-1}$ mit Plot entlang der x-Achse beim maximalen Wert (rechts) und zugrunde liegendem Messsignal (links).*

Auffällig ist, dass in allen Fällen die 2 mm-Kugeln größer rekonstruiert wurden als die 1 mm-Kugeln, was bei den Silikonphantomen nicht der Fall war. Analog zur Diskussion des rekonstruierten Durchmessers bei den Silikonphantomen werden die Durchmesser der Silikonkugeln in x-Richtung über ihrer Tiefe im Schweinehautphantom in Abbildung 105 aufgetragen.

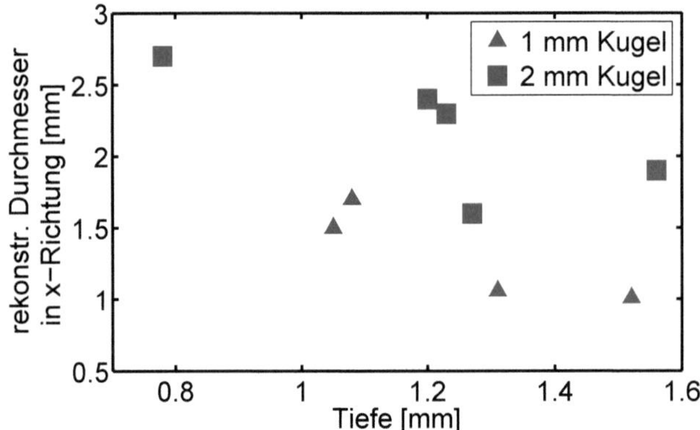


Abbildung 105: *Rekonstruierter Durchmesser in x-Richtung in Anhängig der Tiefe im Schweinehautphantom. Die Quadrate stehen für die 2 mm-Absorber, die Dreiecke für die 1 mm-Absorber.*

Durch die in den meisten Fällen annähernd reversible Auslenkung können bei den Schweinehautphantomen im Gegensatz zu den Silikonphantomen die Auslenkungen der 2 mm-Kugeln in voller Länge detektiert werden. Dies führt zu einem höheren rekonstruierten lateralen Durchmesser. Der mittlere Durchmesser der rekonstruierten 2 mm-Kugeln beträgt $2,2 \pm 0,4$ mm, der der 1 mm-Kugeln $1,3 \pm 0,4$ mm.

**Strukturen im Silikonphantom**   Die Messergebnisse der Silikonphantome, welche mit angefärbtem Silikon gefüllte Schläuche enthalten, wurden ebenfalls mit der exakten Rückprojektion rekonstruiert. Die Darstellung der rekonstruierten Volumen in den Abbildungen 106, 107 und 108 erfolgt einerseits mittels Maximumintensitätsprojektionen (MIP) in Tiefenrichtung (z). Weiterhin werden je nach Absorberszenarium Schnittbilder durch das Volumen präsentiert. Der Innendurchmesser der Mikroschläuche beträgt in allen Fällen 640 µm. Jede Darstellung ist auf ihr maximales Signal normiert.

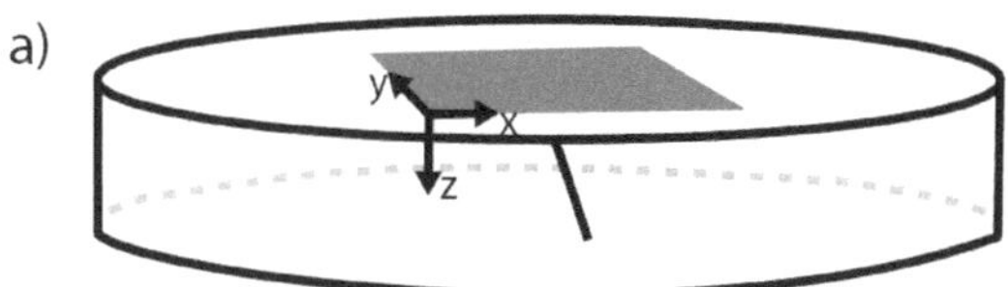

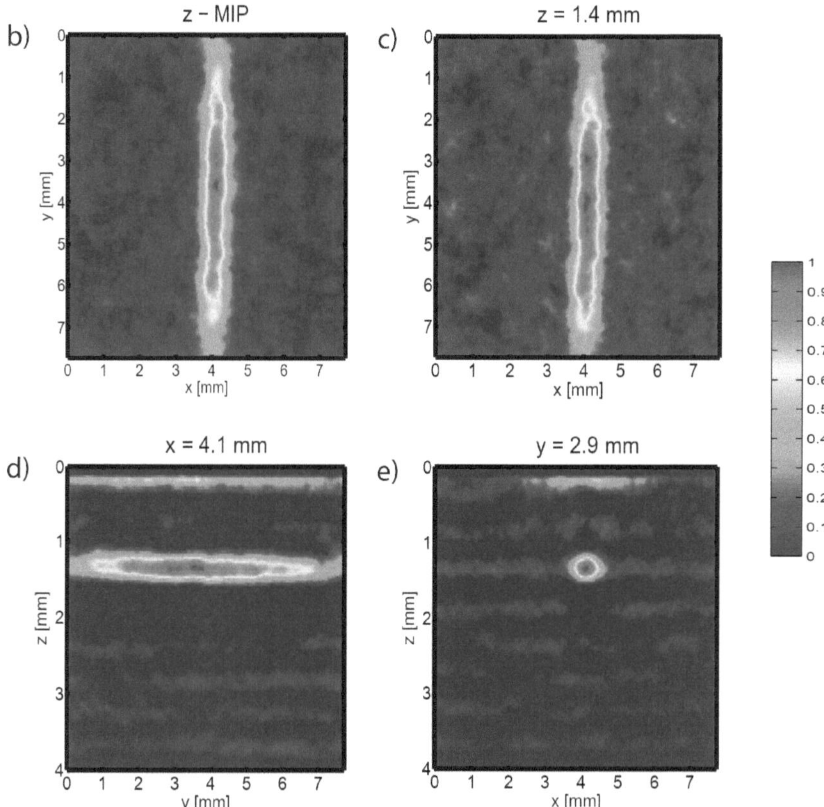

Abbildung 106: *Rekonstruktion der Messung am Strukturphantom 1: Ein Silikonschlauch mit starker Absorption in vertikaler Ausrichtung durch das Messfeld $x/y$, Tiefe ca. 1,4 mm. a) Skizze mit Koordinatensystem, b) Maximumintensitätsprojektion über z, c) $x/y$-Schicht bei $z=$ 1,4 mm, d) $y/z$-Schicht bei $x=4,1$ mm, e) $x/z$-Schicht bei $y=2,9$ mm.*

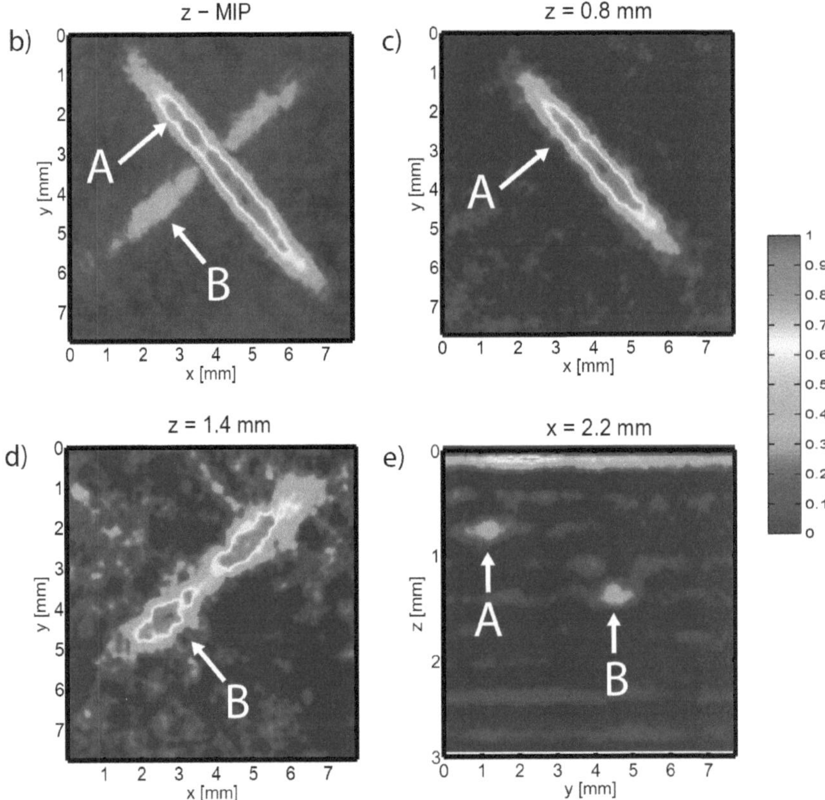



Abbildung 107: *Rekonstruktion der Messung am Strukturphantom 2: Zwei unter einem Winkel von unter 90° gekreuzte Silikonschläuche mit starker Absorption in Tiefen von ca. 0,8 und 1,4 mm. a) Skizze mit Koordinatensystem, b) Maximumintensitätsprojektion über z=0,5 bis 3 mm, c) und d) x/y-Schichten bei z= 0,8 und 1,4 mm, e) y/z-Schicht bei x=2,2 mm.*

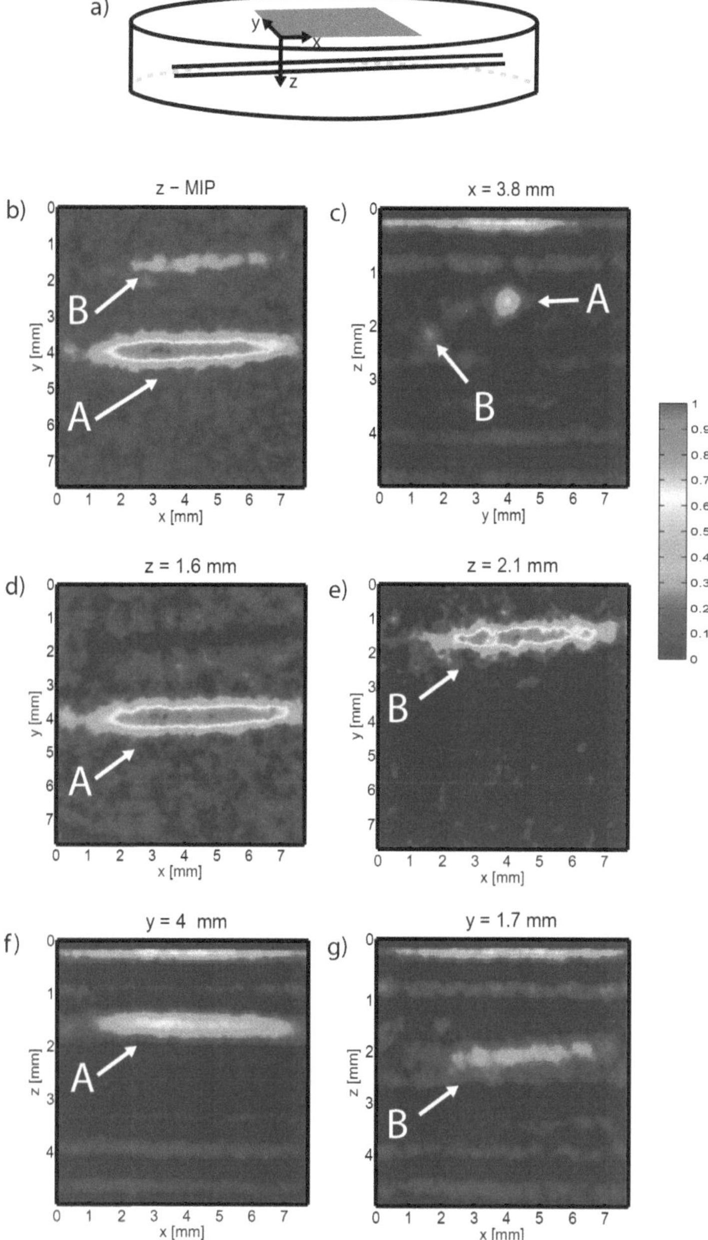



Abbildung 108: *Rekonstruktion der Messung am Strukturphantom 3: Zwei Mikroschläuche mit starker Absorption liegen untereinander in Tiefen von ca. 1,6 und 2 mm. a) Skizze mit Koordinatensystem, b) Maximumintensitätsprojektion über z=0,5 bis 5 mm, c) y/z-Schnitt bei x= 3,8 mm, d) und e) x/y-Schnitte bei z=1,6 und 2,1 mm, f) und g) x/z-Schnitte bei y=4 und 1,7 mm.*

Der horizontal durch das Messfeld gehende, absorbierende Schlauch im Strukturphantom 1 wurde durchgehend und in korrekter Position rekonstruiert (Abbildung 106). Im peripheren Bereich nimmt die rekonstruierte Amplitude ab. Dies ist zum einen auf das im Vergleich zum Messfeld von 7,7x7,7 mm kleinere Anregungsfeld (6x6 mm) zurückzuführen. Zum anderen ist in den Randbereichen der Raumwinkel der akustischen Detektion geringer, was zu schlechteren Rekonstruktionsergebnissen führt. Dieses Phänomen ist als *Limited View-* oder *Finite Aperture-* Problem bekannt (Cox und Beard 2007; Paltauf et al. 2007a; Tao und Liu 2010).

In der Rekonstruktion vom Strukturphantom 2 (Abbildung 107) sind beide Schläuche in ihren verschiedenen Tiefen und Orientierungen richtig rekonstruiert. Wie in der Maximumintensitätsprojektion in Abbildung 107a zu sehen ist, beträgt die rekonstruierte Amplitude des tieferen Schlauchs in 1,4 mm Tiefe nur etwa ein Drittel der des höheren in 0,8 mm Tiefe. Da die Rekonstruktion oberflächennah starke Artefakte aufweist (Abbildung 107e), wurden für das MIP Tiefen $< 0{,}5$ mm nicht berücksichtigt. Abbildung 107d zeigt den tieferen Schlauch als en-face-Bild (x-y-Schicht). Dieser ist im Vergleich zur Rekonstruktion des weiter oben liegenden Schlauches ebenfalls deutlich schlechter rekonstruiert. Die Messung in Abbildung 106 hat gezeigt, dass ein einzelner Schlauch in der gleichen Tiefe von 1,4 mm sehr gut dargestellt werden kann. Die schlechtere Rekonstruktion, welche sich besonders im Kreuzungsbereich zeigt, ist daher vor allem auf die Abschattung zurückzuführen, welche sowohl die Anregung als auch die akustische Propagation beeinträchtigt.

In Abbildung 108, der Rekonstruktion von Strukturphantom 3, ist der obere der beiden parallel in verschiedenen Tiefen laufenden Schläuche trotz seiner vergleichsweise großen Tiefe von 1,6 mm sehr gut rekonstruiert. Die MIP in Abbildung 108a für Tiefen größer als 0,5 mm ermöglicht den Vergleich der Amplituden. Der tiefere Schlauch wurde mit nur etwa einem Drittel der Amplitude des höheren rekonstruiert. Der x/y-Schnitt in entsprechender Tiefe (Abbildung 108e) zeigt, dass der tiefere Schlauch ebenfalls mit großen Schwankungen der Amplitude, jedoch im Vergleich zu den gekreuzten Schläuchen in Abbildung 107 über die Lange mit annähernd gleicher Qualität rekonstruiert wurde, da keine direkte Abschattung durch den höheren Schlauch vorliegt. Einschränkend ist hier primär die vergleichsweise große Tiefe von über 2 mm, die aufgrund schwächerer Anregung und höherer Signalabschwächung bei der akustischen Propagation ein schlechteres SNR und somit eine schlechtere Rekonstruktion verursacht.


**Strukturen im Schweinehautphantom**  Die Messergebnisse der Mikroschlauchstrukturen, deren Signale im Abschnitt 6.5 diskutiert worden sind, wurden mit der exakten Rückprojektion rekonstruiert. In Abbildung 109 ist das rekonstruierte Volumen in einer Maximumintensitätsprojektion entlang der Tiefe sowie in der Schnittbilddarstellung entlang der y-Achse dargestellt. Die Tiefe der Strukturen unter der Oberfläche beträgt etwa 0,7 mm. Die Schlauchmäntel mit einer Stärke von 0,32 mm waren in Kontakt. Der Abstand der Absorberstrukturen voneinander beträgt demnach 0,64 mm. Abbildung 110 zeigt die Rekonstruktion des als Schlaufe ausgelegten Mikroschlauch in 0,6 mm Tiefe als Maximumintensitätsprojektion. Wie zuvor in den Strukturphantomen mit Schläuchen in Silikonumgebung bereits beobachtet wurde, werden die Schläuche zwar durchgehend, jedoch nicht bis an den Bildrand rekonstruiert.

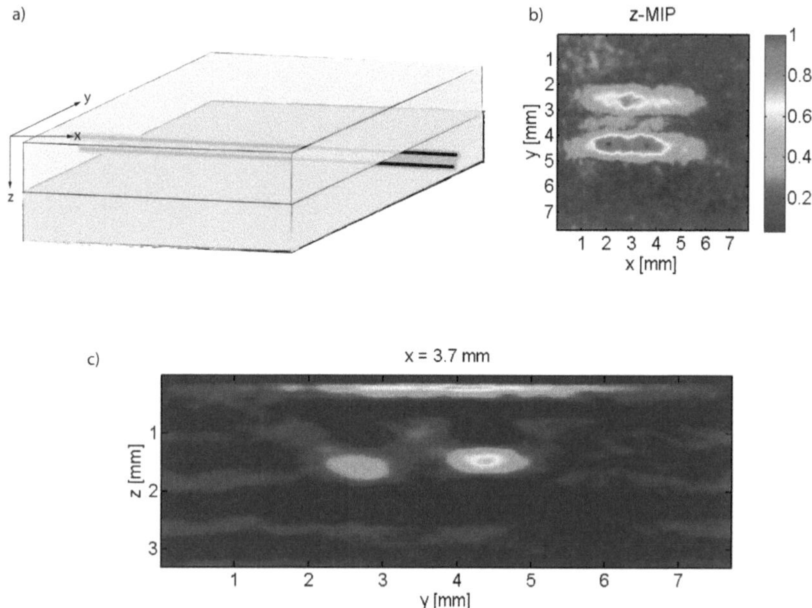

Abbildung 109: *Rekonstruktion Strukturphantom 4: Zwei Silikonschläuche nebeneinander in Kontakt in horizontaler Ausrichtung durch das gesamte Bildfeld im Schweinehautphantom. Tiefe ca. 0,7 mm. a) schematische Darstellung der Phantomgeometrie. b) Maximumintensitätsprojektion entlang der Tiefe. c) Schnittbild entlang der y-Achse.*

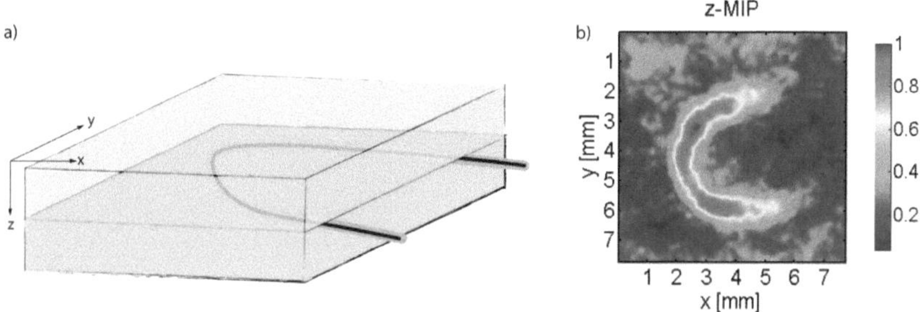

Abbildung 110: *Rekonstruktion Strukturphantom 5: Silikonschlauch als Schlaufe ausgelegt im Schweinehautphantom. Tiefe ca. 0,6 mm. a) schematische Darstellung der Phantomgeometrie. b) Maximumintensitätsprojektion entlang der Tiefe.*

# 7 Evaluation und Diskussion

In diesem Kapitel werden zunächst die experimentellen Ergebnisse diskutiert und bewertet. Die erreichte Auflösung und Bildgebungstiefe wird mit dem Stand der Technik verglichen. Es werden Möglichkeiten erörtert, wie durch andere Komponenten oder die Variation von Messparametern die Leistungsfähigkeit der kontaktlosen photoakustischen Tomographie weiter gesteigert werden kann und es wird die Anwendbarkeit für die Bildgebung von biologischem Gewebe abgeschätzt.

## 7.1 Beurteilung der experimentellen Ergebnisse

### 7.1.1 Photoakustische Signale

Die gemessenen photoakustischen Auslenkungen haben eine maximale Amplitude bis etwa 25 nm und liegen damit in der Größenordnung anderer Arbeiten, welche die Schallwellen als Oberflächenauslenkung kontaktlos mit optischen Messverfahren messen (Payne et al. 2003; Rousseau et al. 2012; Speirs und Bishop 2013). Der Betrag der Auslenkung hängt maßgeblich von der Anregungsbestrahlung ab. Mit den ANSI-Normen (vgl. Abschnitt 3.2.2) ergibt sich die für die Anwendung an menschlicher Haut maximal zulässige Bestrahlung. Diese hängt von der Wellenlänge sowie der gewählten Repetitionsrate und der Gesamtdauer des Pulszugs ab. Für alle photoakustischen Experimente in dieser Arbeit wurde eine Bestrahlung von 20 mJ/cm² bei einer Wellenlänge von 1064 nm gewählt, die in etwa der maximal zulässigen Bestrahlung für Haut bei den verwendeten Bestrahlungsparametern entspricht. Hiermit und mit den gegebenen Detektorparametern ergibt sich bei der erreichten Rauschuntergrenze von etwa 1 nm für die untersuchten Phantome ein maximales SNR von etwa 25. Das analysierte mittlere SNR der Parameterreihe (Abschnitt 6.2) beträgt 12,8 (vgl. Tabelle 8), das höchste 30,1.

Der gemessene zeitliche Signalverlauf weicht in den Silikonphantomen von dem für reine thermoelastische Expansion erwarteten ab. Die Auslenkung der Oberfläche kehrte nicht vollständig in die Ausgangslage zurück, sondern verblieb innerhalb des betrachteten Zeitfensters bei etwa der Hälfte des Maximalsignals. In Abbildung 111 ist die Oberflächenauslenkung für einen Kugelabsorber mit 1 mm Durchmesser in 0,6 mm Tiefe ($\mu_a$=20 cm$^{-1}$, Silikonphantom 19, Tabelle 7) nochmals dargestellt. In dieser Messung wurde für eine bessere Signalqualität mit 40 mJ/cm², dem doppelten der sonst üblichen Bestrahlung angeregt, was zu einer höheren Signalamplitude von etwa 42 nm führt.

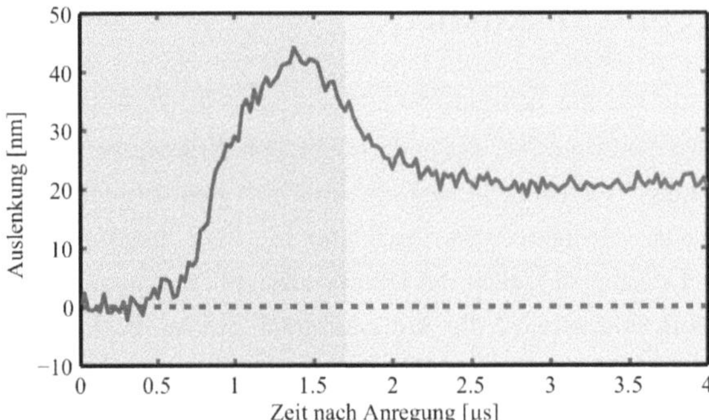

Abbildung 111: *Oberflächenauslenkung nach photoakustischer Anregung von Silikonphantom 19 mit 40 mJ/cm². Für die Darstellung wurde eine Region von 20 Pixeln im Durchmesser zentral über dem Absorber gemittelt dargestellt.*

Mit der in Abschnitt 4.5.2 gemessenen der Schallgeschwindigkeit von $c = 0{,}97$ mm/µs wird die steigende Flanke bei 0,62 µs erwartet. Die Höhe der verbleibenden Auslenkung ist abhängig vom Durchmesser der Absorber bzw. der Auslenkungsamplitude. Sie beträgt etwa die Hälfte der Maximalauslenkung bei den 1 mm-Kugeln und etwa 2/3 bei den 2 mm-Kugeln. Messungen über längere Zeiten (vgl. Abbildung 73 und 74) haben gezeigt, dass es mehrere Millisekunden dauert, bis die Oberfläche wieder in ihren Ursprungszustand geht. Dieses Verhalten wurde grundsätzlich bei allen Silikonphantomen beobachtet. Die Ursache konnte bisher nicht geklärt werden, es könnten jedoch viskoelastische oder nichtlineare Effekte verantwortlich sein. Messartefakte konnten ausgeschlossen werden, da die mangelnde Reversibilität nicht von den Parametern der Messung abhängt (Abbildungen 75 bis 77) und zudem bei den Messungen von Kugelabsorbern im Schweinehautphantom (vgl. Abbildung 82) wesentlich schwächer auftritt. In Abbildung 112 wird nochmals die Messung an Schweinehautphantom 1 (vgl. Tabelle 9) für 1 mm Absorberdurchmesser in 1 mm Tiefe gezeigt.

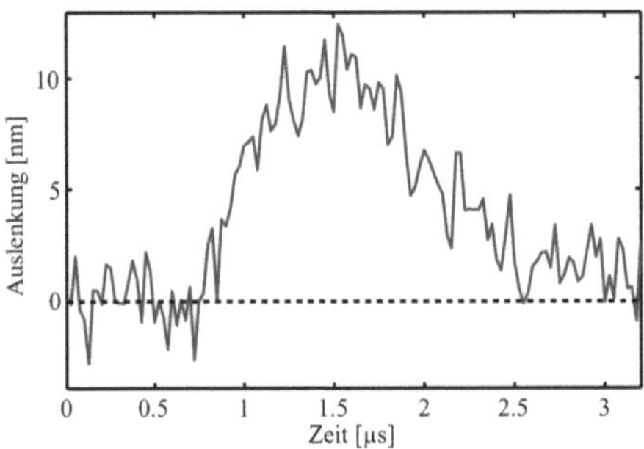

Abbildung 112: *Die von einer im Vergleich zu Silikonphantom 19 (Abbildung 111) identische Absorberkugel in Schweinehaut erzeugte Oberflächenauslenkung ist annähernd reversibel.*

146

Mit der Schallgeschwindigkeit in Gewebe von 1,5 mm/µs liegt die Propagationszeit erwartungsgemäß bei 0,7 µs. Nach Durchlaufen des Maximums bei 1,5 µs geht der Verlauf bei etwa 2,5 µs annähernd in den Ursprungszustand zurück.

In der Literatur gibt es zwei Veröffentlichungen, die absolute Oberflächendeformation durch photoakustische Signale zeigen. Allerdings werden diese grundsätzlich anders gemessen: Während bei dem hier vorgestellten flächig-interferometrischen Ansatz simultan alle lateralen Punkte der Oberfläche zu verschiedenen Zeitpunkten aufgenommen werden, messen die anderen optisch detektierenden Verfahren jeweils an einem Punkt der Oberfläche kontinuierlich über die Zeit. Dabei entfällt die im Abschnitt 4.2 beschriebene Referenzierung einer Auslenkungsmessung auf eine zuvor aufgenommene Messung in Ruheposition und eine thermische Ausdehnung des Volumens durch die mittlere Erwärmung wird sichtbar.

Speirs und Bishop (2013) arbeiteten mit einem Michelson-Interferometer (vgl. Abschnitt 2.3). Abbildung 113 zeigt den Verlauf der von ihnen kontinuierlich gemessenen Auslenkung. Das Objekt war ein in Wasser immergierter, mit Tinte gefüllter Schlauch mit einem Innendurchmesser von 0,5 mm. Gemessen wurde an der Wasseroberfläche.

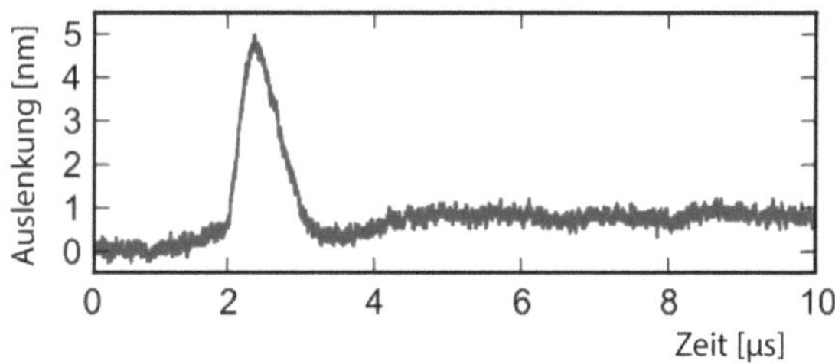

Abbildung 113: *Optisch gemessene Auslenkung aus der Arbeit von Speirs und Bishop (2013). Die Oberfläche kehrt nach Auslenkung wieder in die Ruhelage zurück, welche jedoch mit der Zeit leicht ansteigt. Dies ist auf die thermische Expansion des Messvolumens zurückzuführen.*

Die Dauer der Auslenkung beträgt etwa 1 µs. Im Vergleich zu den Messungen in Abbildung 111 und 112 ist die Auslenkung kürzer, was auf die höhere Schallgeschwindigkeit innerhalb des flüssigen Absorbers zurückzuführen ist. Der im Vergleich zum Anstieg langsamere Abfall wird auch bei der Messung in Abbildung 112 festgestellt.

Eom et al. (2015) zeigen Auslenkungssignale, die mittels Doppler-Vibrometrie ebenfalls in einem Punkt der Oberfläche aufgenommen wurden (Abbildung 114). Als Probenmaterial diente hier Gelatine mit zwei untereinander liegenden schwarzen Kunststoffstrukturen als Absorber. Angeregt wurde zur mit dem roten Pfeil markierten Zeit. Da das dargestellte Zeitfenster relativ groß ist, erscheinen die phototaktischen Signale nur als kurze positive Ausschläge. Interessant ist jedoch die deutlich sichtbare Expansion des Phantoms durch die mittlere Erwärmung, die einen Untergrund nach dem Signal des zweiten Absorbers mit sich bringt.

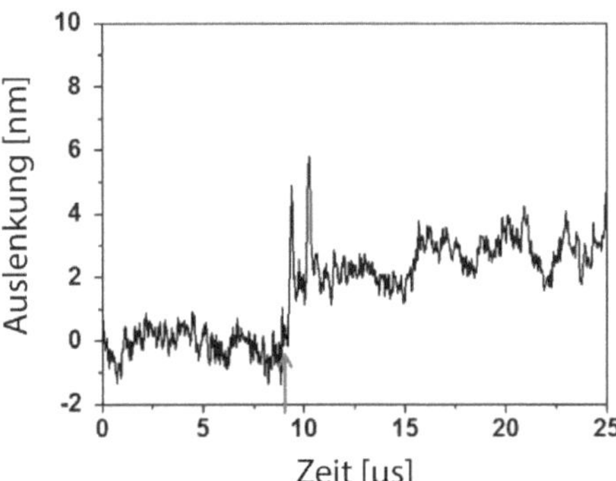

Abbildung 114: *Optisch gemessene Auslenkung in der Arbeit von Eom et al. (2015). Der Anregungspuls wurde zum mit dem roten Pfeil markierten Zeitpunkt abgegeben. Die mit der Zeit fortschreitende Expansion des Phantoms ist deutlich zu erkennen.*

### 7.1.2 Rekonstruktion

Ein SNR der Messungen von maximal etwa 30 (vgl. Tabelle 8) erscheint zwar gering, führt aber zu guten Rekonstruktionsergebnissen. Die Rekonstruktionsqualität hängt erwartungsgemäß vom SNR, mit dem die Auslenkung gemessen wird, ab. Diese Abhängigkeit lässt sich anhand der Abbildungen 91 bis 98 nachvollziehen, die einzelne laterale Schichten der Rekonstruktionen der Kugelphantome zusammen mit den zugrundeliegenden Signalverläufen zeigt. So ist beispielsweise bei der Messung und Rekonstruktion von Phantom 11 in Abbildung 93 (Kugelabsorber $d = 1$ mm, $z = 3$ mm, $\mu_a = 10$ cm$^{-1}$) visuell kaum ein Ausschlag des Signals zu erkennen, der Absorber in der Rekonstruktion aber klar zu lokalisieren. Da alle Pixel zur Rekonstruktion herangezogen werden, erhöht sich das SNR. Es findet quasi eine Mittelung der lateral gemessenen Auslenkung statt.

Bei der Messung einer Phantomreihe in Abschnitt 6.2 wurde der Absorptionskoeffizient zwischen 5 und 20 cm$^{-1}$ variiert, die Tiefe betrug zwischen 0,6 und 3 mm und der Durchmesser 1 oder 2 mm. Vier der 24 Phantome, die einen schwachen Absorptionskoeffizienten hatten und in vergleichsweise großer Tiefe positioniert waren, konnten nicht erfolgreich rekonstruiert werden. Eine Analyse der Abhängigkeit des Rekonstruktionskontrasts vom zugrundeliegenden SNR der Messung hat ergeben, dass ab einem SNR von 3 die Rekonstruktionen klar den Absorberumriss zeigen und visuell als gut beurteilt werden (vgl. Tabelle 10 mit den Abbildungen 91 bis 98).

Die Absorberkugeln mit 1 mm Durchmesser wurden in allen Fällen zu groß ($> 1,2$ mm) rekonstruiert. Dies ist auf das beugungsbegrenzte akustische Auflösungsvermögen zurückzuführen (siehe auch Abschnitt 6.6.2). Die Strukturgrößen von bis zu 2 mm bewirken relativ lange akustische Wellenlängen von 1 bis 2 mm. Das dazu im Vergleich kleine Messfeld von 7,7x7,7 mm führt zu einem akustischen Auflösungsvermögen von minimal 1,2 mm. Für eine Verbesserung des Auflösungsvermögens muss das Messfeld vergrößert werden, um die numerische Apertur der akustischen Detektion zu erhöhen. Dies stellt praktisch kein Problem dar, da die Fläche des Detektionsfeldes über optische Vergrößerung skalierbar ist. Eine Vergrößerung der Detektorfläche wäre jedoch ohne die Verbesserung der Sensitivität nicht Erfolg versprechend, da die Amplitude der Auslenkungssignale zum lateralen Randbereich schnell abnimmt und bereits im aktuellen Randbereich nicht mehr detektierbar ist (Abbildung 71). Demnach ist die Auflösungsgrenze erwartungsgemäß nicht nur von der akustischen Apertur, sondern auch von der Sensitivität abhängig.

Das Phänomen der nicht vollständigen Reversibilität der Auslenkung beeinträchtigt die Rekonstruktion insofern, dass es abhängig vom Durchmesser der Absorber die detektierte Transientenlänge verkürzt, was bei den 2 mm-Absorbern im Silikonphantom zu einer zu kleinen Rekonstruktion führt (Abbildung 101). Bei den Schweinehautphantomen blieb das Messartefakt in mehreren Fällen aus, was zu einer annähernd korrekt rekonstruierten Größe der Absorber führt (Abbildung 105). Da während der Rekonstruktion das Signal zeitlich abgeleitet wird (vgl. Abschnitt 3.3.2, letzter Absatz), führt eine konstant erhöhte Amplitude des Signals nicht zu Rekonstruktionsartefakten unterhalb des Absorbers (vgl. Tiefenschnittbilder, Abbildung 90 sowie 106 ff.).

Die Rekonstruktion von einfachen Absorberstrukturen wie den Silikonschläuchen (vgl. Abschnitt 6.6.2) ermöglicht die Beurteilung der Leistungsfähigkeit als dreidimensionale Tomographie. Die in Silikon- und Schweinehautumgebung eingebetteten und mit angefärbtem Silikon als Absorbermaterial gefüllten Schläuche konnten in korrekter Lage rekonstruiert werden. In Bereichen in denen sich zwei Schläuche verdecken, wird der untere nicht rekonstruiert. Dies ist auf die Abschattung der Anregungsstrahlung und der emittierten Schallwellen durch den oberen der beiden Schläuche zurückzuführen. Die rekonstruierte Amplitude verschwindet am Bildrand, obwohl die Schläuche darüber hinaus gehen. Das liegt zum einen an dem im Vergleich zum Messfeld kleineren Anregungsfeld, welches aufgrund der begrenzten Pulsenergie des Anregungslasers gewählt wurde. Zum anderen ist bei Absorbern in den Randbereichen die akustische Apertur geringer, was zu schlechteren Rekonstruktionsergebnissen führt. Dieses Phänomen ist in der Literatur als *Limited View-* oder *Finite Aperture-* Problem bekannt (Cox und Beard 2007; Paltauf et al. 2007a; Tao und Liu 2010). Durch die wiederholte Aufnahme mit versetzten Anregungs- und Detektionsfeldern können Strukturen in einem größeren Bereich detektiert werden (Auner 2015).

Unklar geblieben ist die Ursache von nach der Rekonstruktion auftretenden scheinbar absorbierenden Schichten, wie sie in den Tiefenschnittbildern (Abbildung 90 sowie 106ff.) zu erkennen sind. Deren Intensität ist kurz unterhalb der rekonstruierten Oberflächen am größten.

### 7.1.3 Laterale Auflösung der optischen Messung

Die laterale Auflösung der optischen Messung der Oberflächenauslenkung ergibt sich durch das Bildfeld und die Anzahl der Pixel des Bildsensors und kann somit durch die gewählte Vergrößerung beeinflusst werden. Weiterhin beeinflusst die numerische Apertur des Detektionsstrahlengangs die Auflösung. Um im realisierten Aufbau eine mittlere Specklegröße von mehreren Pixeln zu gewährleisten, wurde die Bandbreite der Detektion durch eine Aperturblende eingeschränkt (vgl. Absatz *Randbedingungen* im Abschnitt 3.1.2 und Gleichung 38). Dadurch sind bei der gewählten Vergrößerung die Anforderungen an die abbildenden Optik-Komponenten eher gering. Am USAF-Testchart konnte in Abschnitt 5.3 eine laterale Auflösung von 35 µm demonstriert werden. Da dieser Wert sogar leicht unter dem nach dem Rayleigh-Kriterium berechneten beugungsbegrenzten Auflösungsvermögen liegt, ist die laterale Auflösung durch eine aufwändigere Optik nicht weiter verbesserbar.

Die laterale Wellenlänge $\lambda_{\text{lat}}$ der Schallwellen ist die erwartete laterale Ausdehnung der Oberflächendeformation und hängt vom Durchmesser $d$ der Struktur und dessen Tiefe $z$ innerhalb des Objekts ab. Sie kann mit der Interferenz durch die äußeren Punkte eines Kugelabsorbers abgeschätzt werden, wie in Abbildung 115 verdeutlicht.

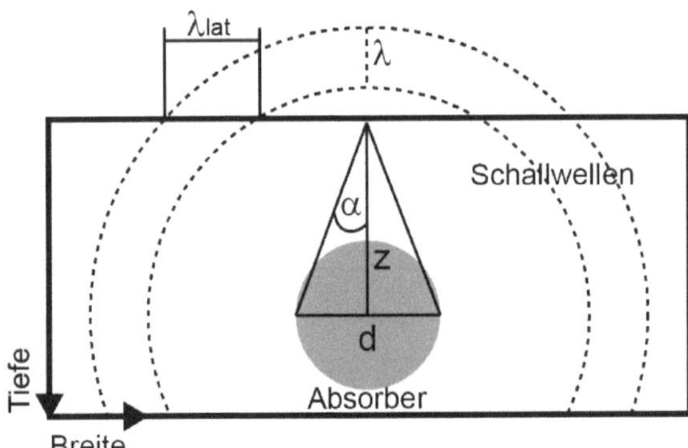


Abbildung 115: *Laterale Wellenlänge $\lambda_{\text{lat}}$ und geometrische Parameter zu dessen Abschätzung*

Die laterale Wellenlänge $\lambda_{\text{lat}}$ beträgt näherungsweise

$$\lambda_{\text{lat}} = \frac{\lambda}{\sin\left(2\alpha\right)} \tag{159}$$

Für Kugelphantom 19 (vgl. Tabelle 7) ergibt sich damit mit einer akustischen Wellenlänge $\lambda$ von 1 mm eine laterale Wellenlänge $\lambda_{\text{lat}}$ von 1,3 mm. Dies entspricht in etwa der experimentellen Beobachtung (vgl. Abbildung 71). Für die Detektion dieser Wellenlänge beträgt die nötige laterale Ortsauflösung des Detektors $\lambda_{\text{lat}}/2 = 0,65$ mm. Überlagern sich akustische Wellen mehrerer Absorber oder einer ausgedehnten absorbierenden Struktur, können kürzere laterale Wellenlängen entstehen. Die kleinste bei der derzeitigen Detektionsgeometrie erwartete Wellenlänge beträgt 0,5 mm. Diese müsste mit einer Auflösung von 0,25 mm abgetastet werden. Da die Auflösung der Abbildung 35 μm beträgt, verfügt die Detektion über laterale Reserven, die zur Mittelung genutzt werden könnten. Hierauf wird im Unterpunkt 7.4 eingegangen.

## 7.2 Vergleich mit dem Stand der Technik

### 7.2.1 Auflösung und Tiefe

Wie bereits erörtert, hängen die Parameter Auflösung und Tiefe direkt zusammen, da kleine Strukturen hohe akustische Zentralfrequenzen verursachen und die akustische Dämpfung für hohe Frequenzen zunimmt. Im Falle der piezoelektrisch detektierenden akustisch aufgelösten photoakustischen Mikroskopie (acoustic resolution photoacoustic microscopy, AR-PAM) lässt sich über die Wahl der Bandbreite des Detektors das Parameterpaar in Grenzen skalieren: Mit einem 50 MHz-Schallwandler kann eine laterale Auflösung von 45 μm bei 3 mm Eindringtiefe (Zhang et al. 2006a) erreicht werden, während ein 5 MHz-Schallwandler zu einer lateralen Auflösung von 560 μm bei 38 mm Eindringtiefe führt (Song und Wang 2007). Wird ein Schallwandlerarray mit 128 Elementen genutzt, welches einem klassischen Ultraschallkopf ähnlich ist, kann die laterale Auflösung z.B. 150 μm in 1,2 mm Tiefe (Burton et al. 2013) oder 400 μm in 3 mm Tiefe betragen (Daoudi et al. 2014).

Bei den optisch arbeitenden Ansätzen haben Zhang et al. (2008a) mit ihrer Implementierung der Fabry-Perot-Folie anhand von Phantommessungen eine laterale Auflösung von 50 bis 100 μm in Tiefen bis 5 mm demonstriert. Hierfür rasterten sie im Sinne einer großen akustischen Apertur einen lateralen Bereich von 40 mm in kleiner Schrittweite von 20 μm ab. Rousseau et al. (2011) konnten mit dem extrem sensitiven konfokalen Fabry-Perot-Ansatz Strukturen von 0,5 mm Durchmesser in 14 mm Tiefe messen, allerdings ist die Rekonstruktion artefaktbehaftet und die Absorber sind im veröffentlichten Tiefenschnittbild kaum zu erkennen (Abbildung 12). Mit dem Michelson-Interferometer, in welchem einer der Spiegel im akustischen Kontakt zur Probe liegt, wurde eine 500 μm große Struktur in 3 mm Tiefe abgebildet (Speirs und Bishop 2013). Mittels Laser-Doppler-Vibrometer ist eine Bildgebungstiefe von 10 mm bei 200 μm Auflösung gezeigt (Carp und Venugopaplan 2007). Die erreichten Auflösungen sind in Abhängigkeit von der Bildgebungstiefe in der Grafik in Abbildung 116 dargestellt.

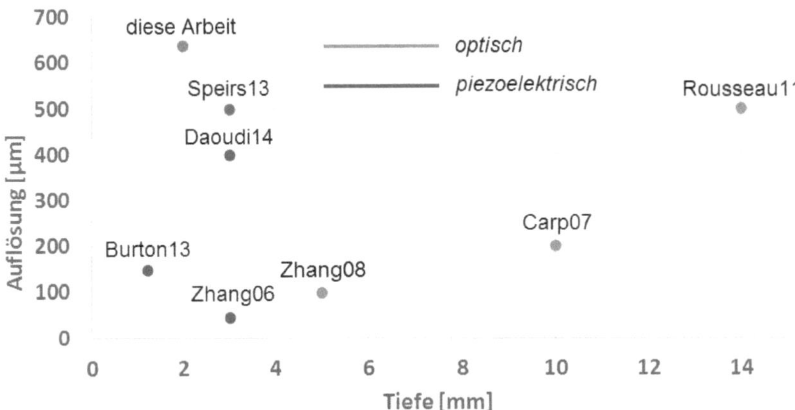


Abbildung 116: *Vergleich der in dieser Arbeit erreichten Auflösung und Tiefe mit dem Stand der Technik. Für diese Arbeit wurde Auflösung und Objekttiefe der Messung aus Abbildung 108 eingetragen, welche eine 640 µm-Struktur in 2 mm Tiefe zeigt.*

Es ist zwar tendenziell zu erkennen, dass in höheren Bildgebungstiefen die Auflösung abnimmt, jedoch ist die Streuung der erreichten Parameter sehr groß. Dies ist auf fehlende Standards oder Auflösungsphantome für die photoakustische Bildgebung zurückzuführen. Teilweise beziehen sich die Ergebnisse auf in vivo Bildgebung von biologischen Strukturen, teilweise auf Phantom-Messungen.

Mit der in dieser Arbeit vorgestellten flächig-interferometrischen Methode konnte z.B. eine Absorberkugel in Silikonumgebung mit 1 mm Durchmesser in 3 mm Tiefe mit sehr guter Abgrenzung und hohem Kontrast aufgelöst werden (vgl. Abbildungen 91 bis 98). Zwei parallel verlaufende, mit Absorbermaterial gefüllte Schläuche mit einem Innendurchmesser von 640 µm konnten in ihren Tiefen von 1,6 und 2 mm abgebildet werden, wobei der tiefere einen unklaren Umriss hat (Abbildung 108). Im Schweinehautphantom sind zwei dieser Schläuche im direkten Kontakt (Abstand der Absorber: 640 µm) in einer Tiefe von 0,7 mm in der Rekonstruktion klar getrennt auflösbar (Abbildung 109).

Im Vergleich zu den bisherigen Arbeiten mit optischer und piezoelektrischer Detektion sind die erreichten Auflösungen mit der erstmalig realisierten flächig-interferometrischen Methode etwa um einen Faktor 2 schlechter. Es ist jedoch zu erwarten, dass durch optimierte Komponenten und Parameter sowie Signalmittelung die Leistungsfähigkeit noch gesteigert werden kann. Dies wird in Abschnitt 7.4 ausführlich diskutiert.

### 7.2.2  Sensitivität

Zentrale Bildgebungsparameter wie Auflösung, Eindringtiefe, Bildgebungsgeschwindigkeit und damit letztlich die gesamte Funktionalität sind direkt von der Sensitivität abhängig. Die Sensitivität von akustischen Drucksensoren wird in der Literatur mit dem rauschäquivalenten Druck (NEP, engl. noise equivalent pressure) beschrieben. In der photoakustischen Bildgebung kommen als Drucksensoren häufig piezoelektrische Schallwandler zum Einsatz, welche aufgrund jahrzehntelanger Entwicklung für die Ultraschallbildgebung optimiert und damit sehr sensitiv sind. Die ultimative Sensitivität dieser Detektoren wird im Review von Yao und Wang (2014) diskutiert. Begrenzend ist das thermische Rauschen des Detektors sowie das elektronische Rauschen des nachgeschalteten Verstärkers. Die erreichbare Sensitivität hängt maßgeblich von der aktiven Fläche des Sensors und seiner Bandbreite ab. Mit einem piezoelektrischen Schallwandler mit aktiver Detektionsfläche von 30 mm$^2$ ist in der Praxis ein NEP von 0,13 Pa bei 40 MHz Bandbreite erreichbar (Winkler et al. 2013). Arrays haben pro Detektorelement eine deutlich geringere aktive Fläche und damit eine niedrigere Sensitivität; ein optimiertes Ultraschall-Lineararray mit 128 Elementen kann eine Sensitivität von 150 Pa für ein einzelnes Element haben (Wang et al. 2011).

Analog zum NEP wird die Sensitivität der Auslenkung messenden Ansätze hier mit der rauschäquivalenten Auslenkung (NED, noise equivalent displacement) beschrieben. Unter guten Bedingungen, d.h. bei hoher Abtastrate im kHz-Bereich und hoher optischer Rückstreuung des Objekts, beträgt das hier erreichte NED etwa 1 nm (vgl. Abschnitt 5.2). Mit Gleichung (98) kann hieraus das NEP mit 1,5 kPa abgeschätzt werden, wobei als akustische Impedanz $1,5 \cdot 10^6$ Pa $\cdot$ s/m für Weichgewebe und eine akustische Frequenz von 1 MHz mit einem $\partial \xi / \partial t$ von 1 nm in 0,5 µs angenommen wird. Die erreichte Sensitivität der optischen Detektion wird in Tabelle 11 dem im Abschnitt 2.3 vorgestellten Stand der Technik gegenübergestellt.

| Methode | Zitat | Bandbreite | NEP | NED |
|---|---|---|---|---|
| f-I | diese Arbeit, Kapitel 5 | 80 MHz | 1 nm | 1500 Pa |
| FPI-F | Laufer et al. (2009) | 20 MHz | 0,13 nm | 200 Pa |
| kFPI | Rousseau et al. (2011) | 3 MHz | 0,8 pm | 1 Pa |
| MI | Speirs und Bishop (2013) | 20 MHz | 0,5 nm | 750 Pa |
| LDI | Carp und Venugopaplan (2007) | 500 MHz | 0,1 nm | 150 Pa |

Tabelle 11: *Vergleich der Sensitivität. Methoden: f-I: flächig-interferometrisch, FPI-F: Fabry-Perot-Polymerfolie, kFPI: konfokales Fabry-Perot-Interferometer, MI: Michelson Interferometer, LDI: Laser-Doppler-Interferometer. Der unterstrichene Wert wurde in der jeweiligen Veröffentlichung angegeben, der andere berechnet.*

Der in dieser Arbeit vorgestellte flächig-interferometrische Ansatz ist etwa eine Größenordnung weniger sensitiv als die verglichenen Verfahren. Die Sensitivität der kontaktlosen photoakustischen Tomographie wird vor allem von der optischen Detektion bestimmt. Im quantenrauschenbegrenzten Fall skaliert nach den Gleichungen (47) und (154) das Rauschen invers mit der Anzahl detektierter Photonen. Einzelne Pixel von Flächensensoren und speziell Hochgeschwindigkeitskameras können im Vergleich zu einer punktuellen Detektion mit einer Photodiode deutlich weniger Photonen aufnehmen. Dies führt zu einem höheren Rauschen. Bei der extrem sensitiven Implementierung von Rousseau et al. (2011) wurde mit hohen Photonenzahlen gearbeitet und zusätzlich Rauschquellen erfolgreich kompensiert.

Der in dieser Arbeit vorgestellte Ansatz verfügt zwar über eine im Vergleich zum Stand der Technik niedrigere Sensitivität, ist jedoch der einzige, der alle lateralen Bildpunkte simultan aufnimmt. Dies kann die niedrigere Sensitivität relativieren, was im Abschnitt 7.4.2 diskutiert wird.

## 7.3  Optimierungsbedarf

**Laser**  Da die unter guten Messbedingungen erreichte Genauigkeit von 1,1 nm (Abschnitt 5.2) mit geringer Abweichung dem modellierten quantenrauschenbedingten Wert von 1 nm (Abschnitt 5.1) entspricht, ist auf Seiten des Detektionslasers keine Möglichkeit der Optimierung feststellbar. Beim Anregungslaser wirken sich Schwankungen auf die Amplitude der erzeugten photoakustischen Signale aus. Diese Schwankungen sind vom Hersteller mit 3 % spezifiziert. Da die Signale linear von der Bestrahlung abhängen (Gleichung 78), müssten die Schwankungen bei einer Maximalamplitude der Auslenkungen von etwa 25 nm und einer Messgenauigkeit von 1 nm mehr als 4 % betragen, um messtechnisch überhaupt erfasst zu werden. Laterale Schwankungen des Strahlprofils haben wegen der Lichtstreuung im Objektvolumen kaum Einfluss auf das photoakustische Signal.

Große Optimierungsmöglichkeit besteht auf Seiten der Kamera. Wie im Abschnitt 5.1 dargestellt, wird die Sensitivität der optischen Messung durch die Anzahl der detektierten Photonen bestimmt. Diese ist durch die Sättigungsgrenze ($fwc$) des Kameradetektors limitiert. Bei einer höheren $fwc$ könnte mehr Licht zur Detektion verwendet und dadurch der Detektor stärker ausgesteuert werden. Dies führt entsprechend der Modellierung im Abschnitt 5.1 (Abbildung 62) zu einer Verbesserung der Messgenauigkeit. Eine höhere Bildrate oder eine Erhöhung der Pixelzahl steigert die Pixelrate, was laterale und zeitliche Mittelung ermöglicht und somit ebenfalls die Genauigkeit der Bestimmung der Oberflächenauslenkung verbessert.

**Repetitionsartefakte**  Die gezeigten Zeitverläufe der Auslenkung sind aus einzelnen, repetitiv aufgenommenen Messpunkten zusammengesetzt. Im Laufe einer typischen Messung werden etwa 150 Anregungspulse abgegeben, die nach Gleichung (70) zu einer maximalen Temperaturerhöhung von 0,32 K pro Puls im Absorber führen. Vernachlässigt man die Wärmediffusion, ergibt sich durch Akkumulation eine Abschätzung für die Temperaturerhöhung von 48 K bei 150 Pulsen. Dieser Wert ist durch den bei den Silikonabsorbern höheren Absorptionskoeffizienten und die niedrigere Wärmekapazität wesentlich höher als die Abschätzung der Temperaturerhöhung für biologisches Gewebe, die im Bereich einiger Kelvin liegt (vgl. Abschnitt 3.2.3). Nimmt man diesen Temperaturanstieg als homogen innerhalb des Absorbers an, ergibt sich nach Gleichung (99) während der Messung eines Kugelabsorbers mit 1 mm Durchmesser näherungsweise eine thermische Ausdehnung auf 1,02 mm, was in einer im Laufe der Messung abnehmenden akustischen Zentralfrequenz der transienten Auslenkung resultiert. Mit dem steigenden Durchmesser ändert sich die Dichte in der gleichen Größenordnung. Auch die Schallgeschwindigkeit ist temperaturabhängig, jedoch steigt diese mit höheren Temperaturen, was die Transienten wieder verkürzt. Da alle angesprochenen Abweichungen bei den verwendeten Parametern in der Größenordnung unter 2 % sind und linear in das Ergebnis eingehen, ist ein praktischer Einfluss bei der bisher erreichten Genauigkeit nicht zu erwarten.

Trotz möglicher Streuung zwischen den Messungen, welche die Oberflächenauslenkung zu verschiedenen Zeitpunkten aufnehmen, wird die flächig simultane Messung als vorteilhaft gegenüber lateral rasternden Methoden erachtet. Da letztgenannte die verschiedenen Punkte der Oberfläche nacheinander aufnehmen, sind verschiedene laterale Punkte des Bildfeldes nicht automatisch phasenstarr. In vivo am nicht narkotisierten Objekt mit Eigenbewegung dürften rasternde Methoden aufgrund der langen Akquisitionszeiten von teils über 10 Minuten kaum einsetzbar sein.

**Eindringtiefe der Detektionsstrahlung**   Dringt das Licht des Detektionslasers in das Objekt ein, können Photonen aus tieferen Schichten des Volumens rückgestreut oder reflektiert werden und zur Messung beitragen. Dies beeinflusst die Messung nicht, solange die Ursprungstiefe dieser Photonen geringer ist als die akustische Wellenlänge, da sich innerhalb dieser das Volumen gleichmäßig bewegt. Aufgrund der verwendeten Strukturgrößen liegt die akustische Wellenlänge im Bereich 1 bis 2 mm. Tragen Photonen aus tieferen Schichten bei und können diese aufgrund der Kohärenzlänge des Lichtes bei Detektion auf dem Kamerasensor noch mit der Referenz interferieren, wird über eine zu große Tiefe gemittelt, was die Genauigkeit im Sinne zu kleiner Messwerte beeinflusst. Da die Kohärenzlänge des Detektionslasers mit 3 mm bestimmt wurde (Abschnitt 4.3), ist ein Einfluss tiefer eingedrungener Photonen denkbar. Der Anteil jener Photonen ist jedoch gering, da einerseits mit der Tiefe die Photonendichte exponentiell abnimmt. Weiterhin kann die polarisierte Detektion einen Teil der mehrfach gestreuten Photonen unterdrücken. Ideal wäre eine hoch reflektierende Beschichtung der Oberfläche, die das Eindringen des Lichtes ins Gewebe verhindert und das optische Signal maximiert. Im Hinblick auf die praktische Anwendung des ansonsten kontaktfreien Ansatzes wurde dies jedoch nicht in Erwägung gezogen.

## 7.4 Verbesserungsmöglichkeiten

Entscheidend für die Qualität der Rekonstruktion ist das Signal-Rausch-Verhältnis der zugrundeliegenden Messung der Oberflächenauslenkung. Eine Verbesserung ist demnach nur über die Steigerung der Signalamplitude oder die Verringerung der Rauschamplitude möglich.

### 7.4.1 Signalamplitude

Bei der optischen Detektion der photoakustischen Oberflächenauslenkung beeinflusst die Schrittweite der Zeiterhöhung zwischen Anregungspuls und nachfolgendem Detektionspuls die Bandbreite der Messung und der maximale Zeitversatz die Länge des gemessenen Zeitfensters und somit die Messtiefe im Objektvolumen (vgl. Abschnitt 4.2). Hieraus und aus der Repetitionsrate der Komponenten ergibt sich die Anzahl der benötigten Laserpulse und die Gesamtdauer der Pulszüge. Auf diesen Parametern basiert nach Abschnitt 3.2.2 der Grenzwert der Bestrahlung, der für die verwendeten Parameter bei etwa 20 mJ/cm² liegt und in allen Experimenten angewandt wurde. Eine Variation dieser Parameter kann in höheren erlaubten Bestrahlungsgrenzwerten resultieren, da bei einer Verringerung der Abtastrate bei gleichbleibender Bandbreite die Gesamtdosis auf einen längeren Zeitraum verteilt wird und bei Verringerung der Bandbreite bei gleichbleibender Abtastrate eine kleinere Anzahl an Pulsen nötig ist. Die Grafik in Abbildung 117 zeigt die resultierenden Grenzwerte für Abtastraten zwischen 0,1 und 4 kHz sowie Bandbreiten zwischen 5 und 40 MHz.

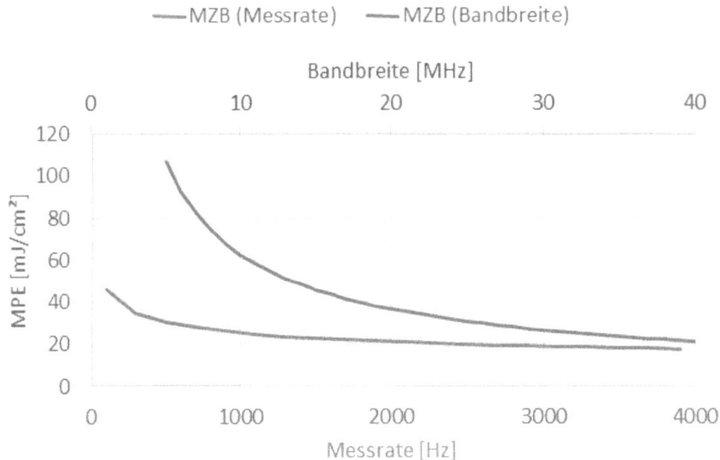


Abbildung 117: *Mit Gleichung (66) berechnete MZB-Werte für verschiedene Bandbreiten und Abtastraten. Die Werte berücksichtigen die zusätzliche Bestrahlung durch den Detektionslaser.*

Die photoakustische Amplitude hängt nach Gleichung (78) linear von der Bestrahlung ab, was zu entsprechend höheren Signalamplituden führt. Die in den Beispielen erreichbare Signalerhöhung gegenüber der sonst verwendeten Anregungsbestrahlung von 20 mJ/cm² ist in den folgenden Abbildungen 118 und 119 gezeigt.

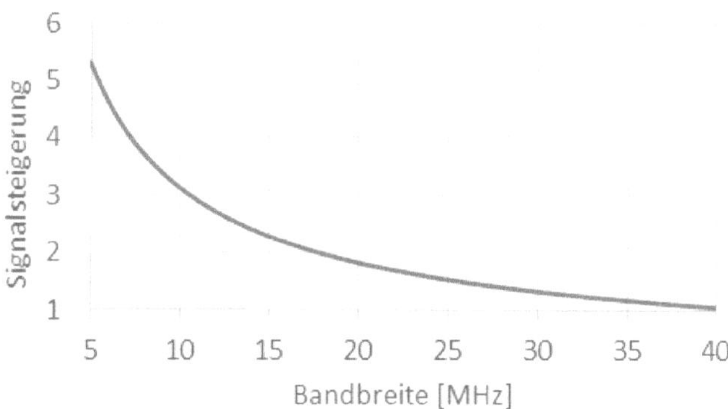

Abbildung 118: *Erwartete Erhöhung des Signals bei Verringerung der Bandbreite, wenn die maximal zulässige Bestrahlung verwendet wird.*

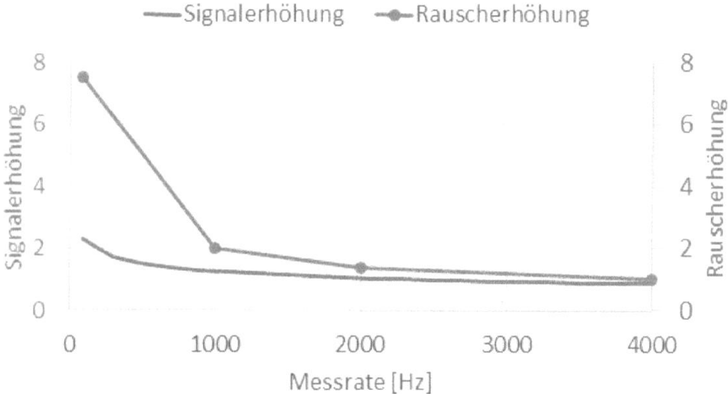

Abbildung 119: *Erwartete Erhöhung des Signals und Erhöhung des Rausches bei Verringerung der Abtastrate, wenn die maximal zulässige Bestrahlung verwendet wird.*

Nach den Berechnungen ist eine Signalerhöhung um mehr als Faktor 5 möglich, wenn die Bandbreite verringert wird. Eine Verringerung auf bis zu 5 MHz erscheint auch praktisch möglich, da die gemessenen, von Dimension und Material der Absorberstruktur abhängigen Transienten eine Zeitdauer oberhalb 1 µs hatten. Dies entspricht Zentralfrequenzen unterhalb 1 MHz.

Praktisch nicht sinnvoll ist die Verringerung der Abtastrate. Zwar sind dadurch ebenso höhere Signalamplituden erreichbar (blaue Kurve in Abbildung 119), jedoch steigt das Rauschen bei geringen Abtastraten im Verhältnis stärker an, was in der roten Kurve anhand der experimentellen Daten der Rauschmessung am Silikonphantom bei verschiedenen Abtastraten gezeigt ist (vgl. Abschnitt 5.2).

Eine weitere Steigerung der Abtastrate erscheint ebenfalls nicht sinnvoll, da die durch die Photonenzahl gegebene Rauschuntergrenze von 1 nm praktisch erreicht wird. Die Bestrahlungsgrenzwerte hingegen verringern sich durch eine höhere Abtastrate. Für die in vivo Bildgebung könnte unter dem Aspekt der Eigenbewegung des Objekts eine höhere Abtastrate sinnvoll sein. Hierauf wird im Abschnitt 7.5 eingegangen.

Im experimentellen Aufbau konnten die optimierbaren Parameter nicht getestet werden, da für die Signalerhöhung die Anregungsbestrahlung entsprechend erhöht werden müsste und dies bei dem verwendeten Laser nicht möglich war.

### 7.4.2  Rauschamplitude

**Zeitliche und laterale Mittelung**  Der in dieser Arbeit vorgestellte Ansatz verfügt über eine niedrigere Sensitivität als andere photoakustische Tomographieverfahren (vgl. Tabelle 11), nimmt jedoch als einziger sehr viele laterale Bildpunkte simultan auf. Dies kann die niedrigere Sensitivität kompensieren, wie im Folgenden anhand eines Vergleichs zum extrem sensitiven optischen Ansatz von Carp und Venugopaplan (2007) gezeigt wird, der rasternd detektiert. Carp berichtet von bis zu 0,5 s Detektionszeit pro Bildpunkt und 0,5 s für das Verfahren des Objekts um einen Bildpunkt. Für eine photoakustische Aufnahme nimmt er z.B. 600 Bildpunkte auf, was insgesamt 10 min dauert. Die Aufnahme eines Datensatzes mit der vorgestellten Methode dauert mit den typischen Parametern (Bandbreite 40 MHz, Abtastrate 2 kHz, Akquisitionszeitfenster 6 µs) 0,24 Sekunden. Abgesehen von den MPE-Beschränkungen könnte in 10 min Messzeit demnach 2500fach gemittelt werden. Das SNR eines Signals lässt sich durch $n$-fache Mittelung um den Faktor $\sqrt{n}$ verbessern (Gleichung 49), was im Beispiel Faktor 50 entspricht. Dies resultiert in einer Verringerung des NEDs von 1 nm auf 20 pm bzw. des NEPs auf 30 Pa. Hierbei ist die Anzahl der lateralen Bildpunkten jedoch wesentlich höher. Die ermittelte laterale Auflösung beträgt 35 µm (vgl. Abschnitt 5.3), was bei dem verwenden Detektionsfeld von 7,7x7,7 mm etwa 48.000 Bildpunkten entspricht.

Dieser Vergleich ist ebenso auf rasternde piezoelektrische Detektionsansätze (PAM) übertragbar, da hier ähnliche Akquisitionszeiten wie bei rasternd optischer Detektion vorliegen (Beard 2011; Wang und Hu 2012). Ein Sensitivitätsvergleich sollte die Detektionsfläche berücksichtigen. Der bereits oben erwähnte von Winkler et al. verwendete extrem sensitive Piezo-Schallwandler verfügt bei einer aktiven Messfläche von 30 mm$^2$ über ein NEP von 0,13 Pa bei 40 MHz Bandbreite. Bei identischer Bandbreite wird die gleiche Fläche bei der vorgestellten interferometrischen Messung aufgrund der lateralen Auflösung von 35 µm von mehr als 24.000 Bildpunkten erfasst. Würde man alle Punkte zur lateralen Mittelung zusammenfassen, würde dies bei gleicher Detektionsbandbreite nach der $\sqrt{n}$-Abhängigkeit das SNR um den Faktor 150 verbessern, was 6,7 pm NED oder 10 Pa NEP entspricht.

## 7.5　Abschätzung der Anwendbarkeit

Mit der erreichten Sensitivität und den aufgezählten Verbesserungsmöglichkeiten soll im Folgenden die Übertragbarkeit der Ergebnisse am Silikonphantom auf die Bildgebung von biologischem Gewebe diskutiert werden. Hierbei werden Blutgefäße in Haut als Absorberstruktur betrachtet.

Die analytische Abschätzung von konkreten Auslenkungsamplituden eines eingebetteten Absorbers ist komplex, da die Temperatur im Inneren des Absorbers exponentiell abnimmt (Gleichung 100). Die resultierende Auslenkung der Absorberoberfläche muss als gewichtete Überlagerung der Auslenkung einzelner Tiefenschichten bestimmt werden. Weiterhin muss die Lichtdiffusion durch Streuung des propagierenden Anregungslichts von der Objektoberfläche zur Absorberoberfläche in drei Dimensionen berücksichtigt werden. Dadurch wird die Anregungsstrahlung im Volumen je nach Streukoeffizient teilweise homogenisiert, was dazu führt, dass der Absorber effektiv aus mehreren Richtungen bestrahlt wird. Dies erhöht effektiv die Eindringtiefe in den Absorber. Um konkrete Abschätzungen zu treffen, kann eine Modellierung der optischen Vorgänge mittels Monte-Carlo-Algorithmen hilfreich sein. Die akustischen Vorgänge können mit der Finite-Differenzen-Methode untersucht werden. Für die Modellierung der Propagation des Signals an die Oberfläche kann ebenso die frei verfügbare Matlab-Toolbox *k-wave* eingesetzt werden (Treeby und Cox 2010).

Im Rahmen dieser Diskussion wird nur ein relativer Vergleich der Situation von Blutgefäßen in Haut gegenüber den in den Experimenten vermessenen Silikonphantomen durchgeführt, um die Anwendbarkeit der flächigen optischen Detektion der photoakustischen Oberflächenauslenkungen abzuschätzen. Dies geschieht in zwei Schritten. Zunächst wird abgeschätzt, wie hoch die photoakustische Signalamplitude eines Blutgefäßes im Vergleich zu einem Silikon-Absorber ist, wenn beide den gleichen Absorptionskoeffizienten haben und mit gleicher Bestrahlung angeregt werden. Dazu werden die relevanten akustischen Parameter verglichen. Im zweiten Schritt werden optische Parameter der verwendeten Silikonphantome mit der Situation in Haut verglichen. Hierbei wird die tiefenabhängige Abschwächung der Anregungsstrahlung in der Haut-Umgebung anhand Literaturdaten eindimensional berechnet. So kann abgeschätzt werden, wie viel Strahlung ein Blutgefäß in gegebener Tiefe erreicht. Weiterhin werden die Absorptionskoeffizienten für verschiedene Wellenlängen betrachtet.

**1. Vergleich der akustischen Parameter**　　Die im Kontext relevanten physikalischen Parameter von Silikon und Gewebe, die im Grüneisenkoeffizienten kombiniert werden können (Gleichung 79), sind in Tabelle 12 aufgeführt.

| **Akustische Parameter** | Silikon | Gewebe |
|:---:|:---:|:---:|
| $\beta$ | $9 \cdot 10^{-4}\,\mathrm{K}^{-1}$ | $3,48 \cdot 10^{-4}\,\mathrm{K}^{-1}$ |
| $\kappa$ | $1,2 \cdot 10^{-9}\,\mathrm{Pa}^{-1}$ | $0,5 \cdot 10^{-9}\,\mathrm{Pa}^{-1}$ |
| $\rho$ | $1000\,\mathrm{kg/m^3}$ | $1000\,\mathrm{kg/m^3}$ |
| $C_v$ | $1250\,\mathrm{J/kg\,K}$ | $4180\,\mathrm{J/kg\,K}$ |
| $\Gamma = \dfrac{\beta}{\kappa \rho C_v}$ | 0,6 | 0,17 |

Tabelle 12: *Vergleich physikalischer Parameter von Silikon und Gewebe. $\beta=$ Volumenausdehnungsko-*
*effizient (Silikon: technisches Datenblatt Wacker Elastosil RT604A/B, umgerechnet aus Längenausdeh-*
*nungskoeffizient mit Gleichung (101), Gewebe: Wert für Wasser bei 37 °C aus Wagner und Kretzschmar*
*2007), $\kappa=$isotherme Kompressibilität (Silikon: Rudnick 2013, Gewebe: Wert für Wasser aus Dorfmül-*
*ler et al. 1998),$\rho=$Dichte (Silikon: technisches Datenblatt Wacker Elastosil RT604A/B, Gewebe: Wert*
*für Wasser aus Wagner und Kretzschmar 2007), $C_v=$Wärmekapazität (Silikon: technisches Datenblatt*
*Wacker Elastosil RT604A/B, Gewebe: Wert für Wasser aus Welch und van Gemert 1995).*

Nach Gleichung (100) hängt die Druckerhöhung in linearer Weise vom Grüneisenkoeffizienten
ab. Demnach wird bei gleicher Bestrahlung und gleichem Absorptionskoeffizienten im Fall von
biologischem Gewebe 28 % der Druckamplitude von Silikonproben erwartet.

Soll die akustische und optische Detektion bei verschiedenen Proben (Gewebe, Kunststoff)
verglichen werden, spielt zusätzlich die akustische Impedanz $Z$ eine Rolle, die das Produkt
aus der Dichte $\rho$ und der Schallgeschwindigkeit $c$ ist (Gleichung 96). Die Schallschnelle $v$ ist
nach Gleichung (97) invers proportional zur Impedanz $Z$. Die Auslenkung $\xi$ ist wiederum
proportional zur Schallschnelle $v$. Mit diesen Betrachtungen ergibt sich:

$$v \sim \xi \sim \frac{1}{Z} = \frac{1}{\rho c} = \frac{1}{\rho \frac{1}{\sqrt{\rho\kappa}}} = \frac{1}{\sqrt{\rho/\kappa}} = \sqrt{\kappa/\rho} \qquad (160)$$

Hierbei ist $\kappa$ die Kompressibilität, die beschreibt, wie stark sich ein Körper bei Druckeinwir-
kung deformiert (inverses Kompressionsmodul $K$). Damit wirkt sich ein größeres Verhältnis
von Kompressibilität zur Dichte bei gleicher Druckamplitude in einer größeren optisch detektierten Auslenkung aus. Die folgenden relativen Vergleiche beziehen sich jedoch auf die
Messungen in dieser Arbeit, bei denen Auslenkung statt Druck gemessen wurde. Daher muss
die abweichende Impedanz hier nicht berücksichtigt werden.

**2. Vergleich der optischen Parameter**   Tabelle 13 gibt einen Überblick über die relevanten optischen Parameter von Blut und Haut gegenüber den in dieser Arbeit verwendeten
Silikonphantomen. Diese sind wellenlängenabhängig. Die Anregung mit einer Wellenlänge von
1064 nm wird in veröffentlichten Arbeiten für photoakustische Experimente an Phantomen
häufig genutzt. Zusätzlich wird die in der Photoakustik häufig verwendete Wellenlänge von
585 nm betrachtet, bei der die Absorption von Blut signifikant höher ist.

|          | Silikonphantome | | Gewebe | |
|----------|-----------------|-----------------|-----------------|-----------------|
|          | **Absorber** | **Umgebung** | **Vollblut** | **Haut** |
| $\mu_a$ | 5 bis 20 cm$^{-1}$ ($\lambda = 1064\,$nm) | 0.25 cm$^{-1}$ ($\lambda = 1064\,$nm) | 3.5 cm$^{-1}$ ($\lambda = 1064\,$nm) | 0.23 cm$^{-1}$ ($\lambda = 1064\,$nm) |
|          |          |          | 345 cm$^{-1}$ ($\lambda = 585\,$nm) | 0.77 cm$^{-1}$ ($\lambda = 585\,$nm) |
| $\mu_s'$ |          | 10 cm$^{-1}$ ($\lambda = 1064\,$nm) |          | 9.1 cm$^{-1}$ ($\lambda = 1064\,$nm) |
|          |          |          |          | 40 cm$^{-1}$ ($\lambda = 1064\,$nm) |

Tabelle 13: *Vergleich optischer Parameter von Silikon und Gewebe.* $\mu_a$ = *Absorptionskoeffizient (Silikon: Diese Arbeit, Abschnitt 4.5.1), Vollblut mit 45% Hämatokrit: Wray et al. 1988),* $\mu_s$ = *Streukoeffizient (Silikon: Diese Arbeit, Abschnitt 4.5.2, Haut: Cheong et al. 1990; Jacques 1991).*

Zunächst wird die tiefenabhängige Lichtabschwächung innerhalb des Objekts für die Wellenlängen 585 nm und 1064 nm nach den Gleichungen (60) und (120) eindimensional berechnet. Zum Vergleich zu den vermessenen Silikonphantomen wird ebenso dessen Abschwächung berechnet. Oberflächlich wird im Falle von 1064 nm Wellenlänge eine Bestrahlung von 20 mJ/cm$^2$ angesetzt, welche bei den photoakustischen Experimenten zu dieser Arbeit verwendet wurde und knapp unterhalb dem Grenzwert für die Bestrahlung von Haut liegt. Nach Gleichung (66) ergibt sich für die Wellenlänge von 585 nm eine niedrigere oberflächliche Bestrahlung von 4 mJ/cm$^2$. Abbildung 120 zeigt die resultierenden tiefenabhängigen Bestrahlungen.

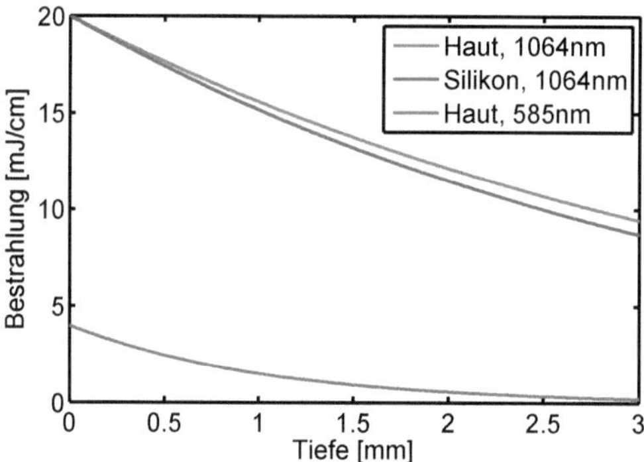


Abbildung 120: *Eindimensional berechnete, tiefenabhängige Abschwächung der Bestrahlung für die Wellenlängen 1064 nm und 585 nm in den hier verwendeten Silikonphantomen und in Haut. Der für 585 nm niedrigere Grenzwert wurde hierbei berücksichtigt.*

Da die optischen Parameter der Silikonphantome an die der Haut bei 1064 nm angepasst wurden, ist die tiefenabhängige Bestrahlung für die beiden Fälle ähnlich. Bei der Wellenlänge von 585 nm ist die maximale oberflächliche Bestrahlung mit 4 mJ/cm$^2$ geringer und fällt zudem durch die höhere Streuung stärker ab.

Im Folgenden soll eine Strukturgröße von 1 mm in einer Tiefe von 1 mm betrachtet werden. Bei 1064 nm Wellenlänge beträgt die erwartete Bestrahlung in dieser Tiefe im Silikonphantom etwa 15,3 mJ/cm$^2$, der Wert in Haut liegt etwas darüber. Ein Absorber im Silikonphantom 1 konnte mit einem Absorptionskoeffizienten von $\mu_a = 5\,\text{cm}^{-1}$ in etwas geringerer Tiefe von 0,83 mm mit einem SNR von 12 sehr gut rekonstruiert werden (vgl. Phantom 1 in Abbildung 91). Im Vergleich beträgt der Absorptionskoeffizient von Blut bei dieser Wellenlänge mit $\mu_a = 3,5\,\text{cm}^{-1}$ etwa 70 %. Da zudem, wie im vorigen Abschnitt gezeigt, die akustische Signalamplitude bei gleicher Bestrahlung in Gewebe gegenüber Silikon etwa 28 % beträgt, wird eine Reduktion des SNR auf 2,4 erwartet. Dies entspricht ungefähr dem für eine gute Rekonstruktion mindestens notwendigen SNR von 3. Demnach kann die Abbildung eines Blutgefäßes in einer Tiefe von 1 mm bei Anregung mit 1064 nm Wellenlänge knapp gelingen.

Geht man zu einer Wellenlänge von 585 nm über, kann in 1 mm Tiefe mit einer Bestrahlung von 1,5 mJ/cm$^2$ ein Zehntel der Bestrahlung bei einer Wellenlänge von 1064 nm realisiert werden. Die Blutabsorption ist jedoch mit $\mu_a = 345\,\text{cm}^{-1}$ hier 100 mal höher. Ohne Berücksichtigung der akustischen Parameter wäre die Druckamplitude demnach bei dieser Wellenlänge zwar 10 mal höher, aber aufgrund des um 0,28-fach geringeren Grüneisenkoeffizienten (Tabelle 12) kann nur von einer 2,8-fach höheren Amplitude ausgegangen werden, die aber immerhin ein SNR von 33,6 und sehr gute Rekonstruktionsqualität erwarten lässt. In 3 mm Tiefe mit einer Bestrahlung von nur noch 0,2 mJ/cm$^2$ liegt das erwartete SNR bei 4,5. Demnach erscheint die Bildgebung eines 1 mm-Blutgefäßes in 3 mm Tiefe bei einer Bestrahlung mit 585 nm Wellenlänge bereits ohne weitere Optimierung realistisch.

Zusätzlich kann die Sensitivität der Detektion unter Ausnutzung der in Abschnitt 7.4 diskutierten Verbesserungsmöglichkeiten noch deutlich gesteigert werden. So ist durch eine geringere Detektionsbandbreite, die weniger Pulse erfordert, die Bestrahlung und somit die Signalamplitude steigerbar. Nach Abbildung 118 ist bei einer Detektionsbandbreite von 5 MHz eine Signalsteigerung um den Faktor 5 möglich. Weiterhin ist durch laterale Mittelung von z.B. 8x8 Bildpunkten eine Verbesserung des SNR um den Faktor $\sqrt{64} = 8$ möglich. Dies kann die Bildgebungstiefe weiter erhöhen.

Eine weitere zeitliche Mittelung ist darüber hinaus nur bedingt sinnvoll, da zum einen einer der Vorteile des vorgeschlagenen Ansatzes die hohe Bildgebungsgeschwindigkeit ist und die Akquisitionszeit für die in vivo Bildgebung geringstmöglich bleiben sollte. Für einen Datensatz bei verringerter Bandbreite von 5 MHz sind nur 10 Anregungspulse und entsprechend 20 Detektionspulse nötig. Damit beträgt die Akquisitionszeit für eine Volumenaufnahme nur 10 ms (vgl. Abschnitt 4.2). Demnach erscheint eine zeitliche Mittelung möglich. Jedoch verlängert sich durch eine wiederholte Messung die Dauer des Pulszugs, was wiederum die Grenzwerte der Bestrahlung verringert. Der Signalverlust durch die geringere Bestrahlung ist hierbei höher als die Signalsteigerung durch die zeitliche Mittelung. Bei einer höheren Bildrate der Kamera bei gleichbleibender Anregungsfrequenz könnten jedoch mehr Interferogramme aufgenommen werden, deren zeitliche Mittelung das SNR weiter verbessern kann.

**Herausforderungen bei der in vivo Bildgebung**  Bei der in vivo Bildgebung ergeben sich weitere Herausforderungen. Abhängig von der Messgeschwindigkeit ist ein höherer Rauschuntergrund zu erwarten, da stärkere Eigenbewegungen des Gewebes möglich sind. Laterale Bewegungen sind hierbei weniger problematisch, da ein aufgenommenes Interferogramm auf ein zuvor aufgenommenes referenziert wird. Der Zeitunterschied zwischen zwei Interferogrammen beträgt bei 2 kHz Abtastrate nur 0,5 ms. Die Größe eines Pixels beträgt auf der Objektoberfläche 10 µm. Damit ein Bildpunkt von einer Aufnahme zur nächsten um ein Pixel verschoben wird, ist eine laterale Geschwindigkeit von 2 cm/s nötig. Eine laterale Eigenbewegung mit dieser Geschwindigkeit ist auch ohne Fixierung des Gewebes nicht zu erwarten. Problematischer sind axiale Bewegungen, da diese dem Signal überlagert sind und es im Betrag übersteigen können. Um Eigenbewegungen des Objekts gering zu halten, kann ein Applikator verwendet werden. Dieser kann, ähnlich den Applikatoren von dermatologischen OCT-Systemen, aus einem Ring bestehen, der auf der Haut aufliegt und in mechanischer Verbindung zur Optik steht. Dies verhindert Eigenbewegungen und hält gleichzeitig den Arbeitsabstand zur Optik konstant.

Kleinere axiale Bewegungen lassen sich durch Nachverarbeitung der Daten kompensieren. Hierbei kann einerseits ausgenutzt werden, dass axiale Bewegungen global im Volumen zu erwarten sind und sich somit das ganze Bildfeld oder große Teile davon ändern. Photoakustische Auslenkungen sind hingegen örtlich begrenzt. Weiterhin sind sie zeitlich schneller als zu erwartende Eigenbewegungen, was das Filtern der Signale mittels Frequenzpass möglich macht. Algorithmen aus der OCT-Bildgebung (Hillmann et al. 2012) können ggf. adaptiert werden.

Insbesondere bei der Bildgebung von Blutgefäßen kann der Pulsschlag die Abbildung limitieren. Die menschliche Pulsfrequenz liegt maximal im Bereich von etwa 60 Hz. Demnach sind im Abstand von 17 ms Pulswellen zu erwarten, die den Gefäßdurchmesser bei Arterien leicht erhöhen. Dies kann ein abgebildetes Gefäß unscharf machen, wenn dessen Ausdehnung innerhalb des Auflösungsvermögens liegt.

Ein weiterer praktischer Aspekt bei der Bildgebung von Strukturen in Haut ist die Pigmentierung der Epidermis. Die melaninhaltige Schicht ist hochabsorbierend und die Bestrahlung ist aufgrund der Oberflächennähe hier wesentlich höher als in tieferen Schichten. Dies führt zur oberflächennahen Emission von akustischen Wellen. In der Literatur sind optische Ansätze beschrieben, die diesen Effekt ausnutzen, um zusätzlich zu photoakustischen Bildern reine Ultraschallbilder zu generieren (Rousseau et al. 2011). Hier wird die doppelte Laufzeit der reflektierten Signale zur Unterscheidung verwendet. Jedoch erreichen die oberflächlich emittierten Schallwellen den Detektor einerseits auf direktem Wege, weiterhin überlagert sich das Echo der Schallwellen mit Signalen von Strukturen im Inneren und kann dessen Detektion begrenzen. Bei reiner photoakustischer Bildgebung ist der Effekt hinderlich und es werden Methoden der Kompensierung beschrieben (Jaeger et al. 2013). Diese verwenden Mehrfachaufnahmen und Mittelung, wobei zwischen den Aufnahmen das Gewebe oberflächlich durch Druck des Detektors oder im Inneren durch fokussierten Ultraschall axial bewegt wird. Hierdurch kann die Auswirkung der oberflächlich emittierten Schallwellen kompensiert und die Bildgebungstiefe erhöht werden.

# 8  Zusammenfassung

Der vorgestellte photoakustische Bildgebungsansatz zeichnet sich im Vergleich zu bisherigen Arbeiten vor allem durch seine Kontaktfreiheit, seine flexible Bildfeldgröße und seine hohe Akquisitionsgeschwindigkeit aus. Hierbei wird die photoakustisch induzierte Auslenkung an der Objektoberfläche orts- und zeitaufgelöst repetitiv an einem sich über die Messung gegenüber der Anregung verschiebenden Zeitpunkt erfasst. Aufgrund der kleinen Auslenkungen im Nanometerbereich ist dazu eine extrem hohe Messgenauigkeit notwendig, die mit einem interferometrischen Aufbau erreicht wurde. Um die schnellen transienten Oberflächenbewegungen scharf abzubilden, wurde die Objektoberfläche mit einem gepulsten Laser beleuchtet und auf eine Hochgeschwindigkeitskamera abgebildet. In den meisten Experimenten zu dieser Arbeit wurden Kamera und Detektionslaser mit 2 kHz betrieben und z.B. 200 Einzelbilder mit je 25 ns Zeitversatz aufgenommen, was einer effektiven Abtastrate von 40 MHz entspricht. Die hierfür nötigen 400 Interferogramme werden in 0,2 Sekunden Messzeit aufgenommen.

Zur experimentellen Validierung der Methode wurden Gewebephantome aus Silikon mit einstellbaren optischen Eigenschaften hergestellt. Als Basis diente ein Zweikomponenten- Kautschuksilikon, welches nach Zusammenführung aushärtet und zunächst transparent ist. Die Hinzugabe von Farbpigmenten erhöhte die Absorption, die Hinzugabe von Bariumsulfat die Streuung. Es wurden Silikonphantome mit einer eingebetteten Absorberkugel aus schwarzem Silikon vermessen, in denen der Durchmesser der Kugel (1 bis 2 mm), der Absorptionskoeffizient für die verwendete Anregungswellenlänge (5 bis 20 $cm^{-1}$) und die Tiefe innerhalb der streuenden Umgebung (1 bis 3 mm) variierte. Der Streukoeffizient betrug bei allen Silikonphantomen 10 $cm^{-1}$ und war damit an die Streuung der Haut bei der verwendeten Anregungswellenlänge angepasst. Bei der Messung der Auslenkung wurden bei Maximalamplituden bis zu 26 nm Signal-Rausch-Verhältnisse (SNR) bis zu 30 erreicht.

Die Messungen der Phantomreihe wurden tomographisch rekonstruiert. Maximumintensitätsprojektionen des Volumens oder einzelne Schichten dienten der Analyse hinsichtlich der visuellen Qualität und des Bildkontrasts, der das Verhältnis der Amplitude des rekonstruierten Absorbers zu Rekonstruktionsartefakten ausdrückt. Die Analyse des rekonstruierten Kontrasts in Abhängigkeit des jeweiligen Signals machte deutlich, dass bei der Messung der Auslenkung mindestens ein SNR von 3 nötig ist, um eine gute Rekonstruktion zu erreichen.

Bei der Rekonstruktion der Kugelabsorber war auffällig, dass der Durchmesser nicht dem tatsächlichen entspricht. Die Kugeln mit einem Durchmesser von 1 mm wurden mit mindestens 1,2 mm rekonstruiert. Die Ursache hierfür ist das akustische Auflösungsvermögen bei der derzeitigen Detektionsgeometie und Sensitivität. Um kleinere Strukturen abzubilden, muss das Detektionsfeld vergrößert werden. Dies ist jedoch nur bei gleichzeitiger Verbesserung des SNR sinnvoll, da die Amplitude der Auslenkungssignale zum lateralen Randbereich schnell abnimmt und bereits im aktuellen Randbereich nicht mehr detektierbar ist. Die Kugeln mit einem Durchmesser von 2 mm wurden hingegen zu klein rekonstruiert. Ursächlich hierfür ist die bei

Silikonphantomen grundsätzlich beobachtete eingeschränkte Reversibilität der Oberflächenauslenkung innerhalb des gemessenen Zeitfensters von einigen Mikrosekunden nach Anregung. Nachdem das Maximum der transienten Auslenkung erreicht ist, sinkt die Auslenkungsamplitude zunächst auf etwa die Hälfte und bleibt dann konstant. Im Gegensatz zum erwarteten reversiblen Verlauf wird hierdurch die detektierte Transientenlänge verkürzt, was die zu kleine Rekonstruktion bewirkt. In Messungen mit deutlich längerer Abtastung konnte gezeigt werden, dass die Oberfläche erst nach einigen Millisekunden wieder in ihren ursprünglichen Zustand zurückkehrt. Die Ursache konnte bisher nicht geklärt werden, es könnten jedoch viskoelastische oder nichtlineare Effekte verantwortlich sein. Bei den Messungen am Schweinehaut-Phantom mit identischen Absorbern hingegen trat dieser Effekt in mehreren Fällen nicht auf. Hier konnten die Absorberkugeln mit 2 mm Durchmesser in annähernd korrekter Größe rekonstruiert werden.

Weiterhin wurde bei der Messung der Schweinehautphantome beobachtet, dass die individuelleren Eigenschaften der Hautphantome die Messung beeinflussen. So ist aufgrund von lokal abweichender Pigmentierung oder Unterschieden in der Verarbeitungs- und Messzeit die Signalqualität nicht mehr so reproduzierbar wie am Silikonphantom. Zudem ist die Rauschamplitude aufgrund schwächerer optischer Rückstreuung der Hautoberfläche etwa doppelt so hoch wie bei den Silikonphantomen, was bei vergleichbaren Signalamplituden zu einem schlechteren SNR und somit zu erhöhten Artefakten in der Rekonstruktion führt.

Neben der Messung der Kugelphantome kamen Silikon- und Schweinehautphantome mit einfachen Strukturen zum Einsatz. Hierfür wurden Mikroschläuche aus Silikon mit einem Innendurchmesser von 0,64 mm mit angefärbtem Silikon gefüllt und eingebettet. Die Mikroschläuche verliefen dabei in Tiefen von 0,7 bis 2 mm durch das gesamte Bildfeld und verdeckten oder kreuzten sich teilweise. Alle Schläuche konnten korrekt rekonstruiert werden, wenn auch aufgrund des geringen Durchmessers die Signalstärke teils gering war. Weiterhin fiel auf, dass zum Rand des Bildfeldes hin die rekonstruierte Amplitude abnimmt. Dies ist auf das im Vergleich zum Messfeld kleinere Anregungsfeld sowie auf das eingeschränkte akustische Auflösungsvermögen bei Absorbern im Randbereich der Phantome (*Limited View- Problem*) zurück zu führen.

Die photoakustische Sensitivität ist durch Photonenrauschen der optischen Messung limitiert. Für eine Abschätzung des zu erwartenden Rauschens der optischen Messung der Oberflächenauslenkung wurde die Sättigungsgrenze (engl. *full well capacity*, $fwc$) des verwendeten Kamerasensors experimentell bestimmt. Für die vorliegende $fwc$ von $25.000\,e^-$ ist eine Rauschamplitude von 1 nm zu erwarten. Dieses Rauschniveau wird im Experiment annähernd erreicht; abweichende Werte lassen sich durch geringere Rückstreuung und die damit geringere Detektionsintensität erklären.

Das SNR bei der optischen Detektion der Oberflächenauslenkung begrenzt die photoakustische Bildgebung kleinerer oder tiefer gelegener Strukturen. Berechnungen zeigen jedoch, dass durch Verringerung der Detektionsbandbreite stärker bestrahlt werden kann, was zu höheren photoakustischen Signalen führt. So ist eine Erhöhung der Amplitude um den Faktor 5 möglich. Praktisch konnte dies im Rahmen der durchgeführten Experimente nicht getestet werden, da die Bestrahlung durch den verwendeten Anregungslaser limitiert ist. Weitere Verbesserung des SNR ist durch Absenkung des Rauschniveaus möglich. Hierfür können laterale Bildpunkte oder bei hoher Aufnahmerate mehrere Aufnahmen gemittelt werden.

Hinsichtlich der Bildgebung von biologischen Strukturen wie Blutgefäßen in Haut zeigt ein relativer Vergleich des Grüneisenkoeffizienten, dass bei gleicher Bestrahlung und gleichem Absorptionskoeffizienten eine im Vergleich zum Silikon etwa 70 % schwächere Signalamplitude zu erwarten ist. Abschätzungen zeigen, dass bei Bestrahlung mit einer Wellenlänge von 1064 nm ein Gefäß mit 1 mm Durchmesser in Tiefen < 1 mm darstellbar ist. Geht man zu einer Bestrahlung bei 585 nm über, ist das photoakustische Signal aufgrund der deutlich höheren Absorption bei dieser Wellenlänge stärker und die Abbildung eines solchen Gefäßes erscheint bis in eine Tiefe von 3 mm ohne weitere Optimierung realistisch. Zudem ist das SNR der optischen Messung der Oberflächenauslenkung durch angepasste Messparameter, die eine höhere Bestrahlung ermöglichen, sowie lateraler und zeitlicher Mittelung, die aufgrund der hohen Pixelraten möglich ist, noch signifikant steigerbar, was die Bildgebungstiefe weiter erhöhen kann.

In dieser Arbeit wurde erstmals die kontaktlose photoakustische Bildgebung mit flächiger Detektion realisiert und konnte für die Bildgebung künstlicher Strukturen in Silikonphantomen erfolgreich evaluiert werden. Unter Berücksichtigung von Messzeit und Auflösung ist die vorgestellte flächige interferometrische Messung ähnlich sensitiv wie andere optisch oder piezoelektrisch detektierende Verfahren, bietet jedoch Vorteile, da eine vergleichsweise sehr hohe Anzahl an Bildpunkten simultan aufgenommen wird und mit angepassten Messparametern die Akquisitionszeit auf nur 10 ms reduziert werden kann. Dies ist um mehrere Größenordnungen schneller als bisherige Methoden und ermöglicht die photoakustische in vivo Diagnostik auch bei Anwendungen, die aus medizinischer Sicht kontaktfrei sein sollten oder die Ankopplung an ein Operationsmikroskop.

# Literatur



**Aizawa et al. 2008**

AIZAWA, K. ; SATO, S. ; SAITOH, D. ; ASHIDA, H. ; OBARA, M.: Photoacoustic monitoring of burn healing process in rats. In: *Journal of Biomedical Optics* 13 (2008), Nr. 6, S. 064020–064020

**Auner 2015**

AUNER, Alexander: Evaluation verschiedener Detektionsgeometrien in der kontaktlosen photoakustischen Bildgebung zur Minimierung des Limited-View-Problems. Institut für Biomedizinische Optik, Universität zu Lübeck, Masterthesis. (2015)

**Barkefors 2010**

BARKEFORS, A.: *3D Synthetic Aperture Technique for Ultrasonic Imaging*, Uppsala Universitet, Diss., 2010

**Beard 2011**

BEARD, P. C.: Biomedical Photoacoustic Imaging. In: *Interface Focus* 1 (2011), S. 602–631

**Bell 1880**

BELL, A. G.: On the Production and Reproduction of Sound by Light. In: *American Association of Advanced Science* 29 (1880), S. 115

**Berkovic und Shafir 2012**

BERKOVIC, Garry ; SHAFIR, Ehud: Optical methods for distance and displacement measurements. In: *Advances in Optics and Photonics* 4 (2012), Nr. 4, S. 441–471

**Besl 1988**

BESL, P. J.: Active, optical range imaging sensors. In: *Machine Vision and Applications* 1 (1988), Nr. 2, S. 127–152

**Bille und Schlegel 2005**

BILLE, Josef F. ; SCHLEGEL, Wolfgang C.: *Medizinische Physik 3: Medizinische Laserphysik*. Bd. 3. Springer-Verlag, 2005

**Breathnach et al. 2015**

BREATHNACH, A. ; CONCANNON, L. ; AALTO, L. ; DORAIRAJ, J. ; SUBHASH, H. M. ; KELLY, J. ; LEAHY, M. J.: Assessment of cutaneous melanoma and pigmented skin lesions with photoacoustic imaging. In: *Proc SPIE* 9303 (2015), S. 930303–930303

**Brinkmann et al. 2012**

BRINKMANN, R. ; KOINZER, S. ; SCHLOTT, K. ; PTASZYNSKI, L. ; BEVER, M. ; BAADE, A. ; LUFT, S. ; MIURA, Y. ; ROIDER, J. ; BIRNGRUBER, R.: Real-time temperature determination during retinal photocoagulation on patients. In: *Journal of Biomedical Optics* 17 (2012), Nr. 6, S. 0612191–06121910

**Burke 2000**

BURKE, J.: *Application and Optimisation of the Spatial Phase Shifting Technique in Digital Speckle Interferometry*, Carl von Ossietzky Universität Oldenburg, Diss., 2000

**Burton et al. 2013**

BURTON, N. C. ; PATEL, M. ; MORSCHER, S. ; DRIESSEN, W. H. P. ; CLAUSSEN, J. ; BEZIERE, N. ; JETZFELLNER, T. ; TARUTTIS, A. ; RAZANSKY, D. ; BEDNAR, B. et al.: Multispectral opto-acoustic tomography (MSOT) of the brain and glioblastoma characterization. In: *Neuroimage* 65 (2013), S. 522–528

**Busse 1992**

BUSSE, L. J.: Three-Dimensional Imaging using a Frequency-Domain Synthetic Aperture Focusing Technique. In: *IEEE Transactions on Ultrasonics, Ferroelectrics and Frequency Control* 39 (1992), Nr. 2, S. 174–179

**Carp und Venugopaplan 2007**

CARP, S. A. ; VENUGOPAPLAN, V.: Optoacoustic imaging based on the interferometric measurement of surface displacement. In: *Journal of Biomedical Optics* 12 (2007), Nr. 6, S. 0640011–0640019

**Cheong et al. 1990**

CHEONG, W. F. ; PRAHL, S. A. ; WELCH, A. J.: A Review of the Optical Properties of Biological Tissues. In: *IEEE J. Quantum Electronics* 26 (1990), S. 2166–2185

**Choma et al. 2005**

CHOMA, M. A. ; HSU, K. ; IZATT, J. A.: Swept source optical coherence tomography using an all-fiber 1300-nm ring laser source. In: *Journal of Biomedical optics* 10 (2005), Nr. 4, S. 044009–044009

**Cox 2013**

COX, B.: *Acoustics for Ultrasound Imaging, Lecture Notes*. University College London, 2013

**Cox und Beard 2007**

COX, B. T. ; BEARD, P. C.: Exact photoacoustic image reconstruction using a planar sensor array and image sources. In: *SPIE Proc.* 64371 (2007), S. 64371

**Creath 1985**

CREATH, K.: Phase-shifting speckle interferometry. In: *International Society for Optics and Photonics* 29 (1985), S. 337–346

**Creath 1988**

CREATH, K.: Phase-measurement interferometry techniques. In: *Progress in Optics* 26 (1988), Nr. 26, S. 349–393

**Cuche et al. 2000**

CUCHE, E. ; MARQUET, P. ; DEPEURSINGE, C.: Spatial filtering for zero-order and twin-image elimination in digital off-axis holography. In: *Applied Optics* 39 (2000), Nr. 23, S. 4070–4075

**Dainty 1977**

DAINTY, J.C.: The statistics of speckle patterns. In: *Progress in optics* 14 (1977), S. 1–46

**Daoudi et al. 2014**

DAOUDI, K. ; BERG, P. J. d. ; RABOT, O. ; KOHL, A. ; TISSERAND, S. ; BRANDS, P. ; STEENBERGEN, W.: Handheld probe integrating laser diode and ultrasound transducer array for ultrasound/photoacoustic dual modality imaging. In: *Optics Express* 22 (2014), Nr. 21, S. 26365–26374

**Dorfmüller et al. 1998**

DORFMÜLLER, T. ; BERGMANN, L. ; SCHAEFER, C.: *Mechanik, Relativität, Wärme*. Bd. 1. Walter de Gruyter, 1998

**Dorsch et al. 1994**

DORSCH, R. G. ; HÄUSLER, G. ; HERRMANN, J. M.: Laser triangulation: fundamental uncertainty in distance measurement. In: *Applied Optics* 33 (1994), Nr. 7, S. 1306–1314

**Doval 2000**

DOVAL, A. F.: A systematic approach to TV holography. In: *Measurement Science and Technology* 11 (2000), Nr. 1, S. R1–R36

**Drexler und Fujimoto 2008**

DREXLER, Wolfgang ; FUJIMOTO, James G.: *Theory of Optical Coherence Tomography in: Optical Coherence Tomography: Technology and Applications*. Springer Science & Business Media, 2008

**Duncan und Kirkpatrick 2008**

DUNCAN, D. D. ; KIRKPATRICK, S. J.: Algorithms for simulation of speckle (laser and otherwise). In: *Proc. SPIE* 6855 (2008), S. 685505–685505

**Eom et al. 2015**

EOM, J. ; PARK, S. J. ; LEE, B. H.: Noncontact photoacoustic tomography of in vivo chicken chorioallantoic membrane based on all-fiber heterodyne interferometry. In: *Journal of Biomedical optics* 20 (2015), Nr. 10, S. 106007–106007

**Esenaliev et al. 1997**

ESENALIEV, R. O. ; KARABUTOV, A. A. ; TITTEL, F. K. ; FORNAGE, B. D. ; THOMSEN, S. L. ; STELLING, C. ; ORAEVSKY, A. A.: Laser optoacoustic imaging for breast cancer diagnostics: limit of detection and comparison with x-ray and ultrasound imaging. In: *Proc. SPIE* 2979 (1997), S. 71–82

**Favazza et al. 2011**

FAVAZZA, C. P. ; JASSIM, O. ; CORNELIUS, L. A. ; WANG, L. V.: In vivo photoacoustic microscopy of human cutaneous microvasculature and a nevus. In: *Journal of Biomedical Optics* 16 (2011), Nr. 1, S. 160105–160115

**Fercher 1996**

FERCHER, A. F.: Optical coherence tomography. In: *Journal of Biomedical Optics* 1 (1996), Nr. 2, S. 157–173

**Francon 2012**

FRANCON, Maurice: *Laser speckle and applications in optics.* Elsevier, 2012

**Gamelin et al. 2009**

GAMELIN, J. ; MAURUDIS, A. ; AGUIRRE, A. ; HUANG, F. ; GUO, P. ; WANG, L. V. ; ZHU, Q.: A real-time photoacoustic tomography system for small animals. In: *Optics Express* 17 (2009), Nr. 3, S. 10489–10498

**Garcia-Uribe et al. 2011**

GARCIA-URIBE, A. ; SMITH, E. B. ; ZOU, J. ; DUVIC, M. ; PRIETO, V. ; WANG, L. V.: In-vivo characterization of optical properties of pigmented skin lesions including melanoma using oblique incidence diffuse reflectance spectrometry. In: *Journal of Biomedical Optics* 16 (2011), Nr. 2, S. 020501–020501

**Goodman 1976**

GOODMAN, J. W.: Some fundamental properties of speckle. In: *Journal of the Optical Society in America* 66 (1976), Nr. 11, S. 1145–1150

**Goodman 2007**

GOODMAN, Joseph W.: *Speckle phenomena in optics: theory and applications.* Bd. 1. Roberts and Company, Greenwood Village, CO USA, 2007

**Hahne 2011**

HAHNE, Erich: *Technische Thermodynamik: Einführung und Anwendung.* Oldenbourg Verlag, 2011

**Hecht 1987**

HECHT, Eugene: *Optics.* 4. Addison Wesley, 1987

**Heijblom et al. 2012**

HEIJBLOM, M. ; PIRAS, D. ; XIA, W. ; VAN HESPEN, J. C. G. ; KLAASE, J. M. ; ENGH, F. M. d. ; VAN LEEUWEN, T. G. ; STEENBERGEN, W. ; MANOHAR, S.: Visualizing breast cancer using the Twente photoacoustic mammoscope: What do we learn from twelve new patient measurements? In: *Optics Express* 20 (2012), Nr. 11, S. 11582–11597

**Hering 2007**

HERING, E.: *Physik für Ingenieure*. 10. Springer, 2007

**Hillmann 2013**

HILLMANN, D.: *Holoscopy*, Universität zu Lübeck, Institut für Biomediznische Optik, Diss., 2013

**Hillmann et al. 2012**

HILLMANN, D. ; BONIN, T. ; LÜHRS, C. ; FRANKE, G. ; HAGEN-EGGERT, M. ; KOCH, P. ; HÜTTMANN, G.: Common approach for compensation of axial motion artifacts in swept-source OCT and dispersion in Fourier-domain OCT. In: *Optics Express* 20 (2012), Nr. 6, S. 6761–6776

**Horstmann und Brinkmann 2013**

HORSTMANN, J. ; BRINKMANN, R.: Non-contact Photoacoustic Tomography using holographic full field detection. In: *European Conferences on Biomedical Optics* Bd. 8800 International Society for Optics and Photonics, 2013, S. 880007–880007

**Horstmann und Brinkmann 2014**

HORSTMANN, J. ; BRINKMANN, R.: Optical full-field holographic detection system for non-contact photoacoustic tomography. In: *SPIE BiOS* Bd. 8943 International Society for Optics and Photonics, 2014, S. 89431L–89431L

**Horstmann et al. 2015**

HORSTMANN, J. ; SPAHR, H. ; BUJ, C. ; MÜNTER, M. ; BRINKMANN, R.: Full-field speckle interferometry for non-contact photoacoustic tomography. In: *Physics in Medicine and Biology* 60 (2015), Nr. 10, S. 4045

**Hu et al. 2009**

HU, S. ; MASLOV, K. ; WANG, L. V.: Noninvasive label-free imaging of microhemodynamics by optical-resolution photoacoustic microscopy. In: *Optics Express* 17 (2009), Nr. 9, S. 7688–7693

**Hu und Wang 2010**

HU, S. ; WANG, L. V.: Photoacoustic imaging and characterization of the microvasculature. In: *Journal of Biomedical Optics* 15 (2010), Nr. 1, S. 1110101–1110115

**Jacques 1995**

JACQUES, S. L.: Skin Optics Summary. In: *NATO Advanced Studies Institute* (1995)

**Jacques 1991**

JACQUES, Steven L.: The role of skin optics in diagnostic and therapeutic uses of lasers. In: *Lasers in Dermatology*. Springer, 1991, S. 1–21

**Jaeger et al. 2013**

JAEGER, M. ; BAMBER, J. C. ; FRENZ, M.: Clutter elimination for deep clinical optoacoustic imaging using localised vibration tagging (LOVIT). In: *Photoacoustics* 1 (2013), Nr. 2, S. 19–29

**Janesick 2007**

JANESICK, J.R.: *DN to [lambda]:*. SPIE, 2007 (Press Monographs). – ISBN 9780819467225

**Jiao et al. 2010**

JIAO, S. ; JIANG, M. ; HU, J. ; FAWZI, A. ; ZHOU, Q. ; SHUNG, K. K. ; PULIAFITO, C. A. ; ZHANG, H. F.: Photoacoustic ophthalmoscopy for in vivo retinal imaging. In: *Optics Express* 18 (2010), Nr. 4, S. 3967–3972

**Johnson et al. 2013**

JOHNSON, J. L. ; WIJK, K. van ; SABICK, M.: Characterizing phantom arteries with multichannel laser ultrasonics and photo-acoustics. In: *Ultrasound in Medicine and Biology* 40 (2013), Nr. 3, S. 1–8

**Jordan et al. 1998**

JORDAN, H.-J. ; WEGNER, M. ; TIZIANI, H.: Highly accurate non-contact characterization of engineering surfaces using confocal microscopy. In: *Measurement Science and Technology* 9 (1998), Nr. 7, S. 1142

**Kemper et al. 2003**

KEMPER, B. ; KANDULLA, J. ; DIRKSEN, D. ; BALLY, G. von: Optimization of spatial phase shifting in endoscopic electronic speckle pattern interferometry. In: *Optics Communications* 217 (2003), Nr. 1, S. 151–160

**Kim et al. 2010a**

KIM, C. ; CHO, E. C. ; CHEN, J. ; SONG, K. H. ; AU, L. ; FAVAZZA, C. ; ZHANG, Q. ; COBLEY, C. M. ; GAO, F. ; XIA, Y. et al.: In vivo molecular photoacoustic tomography of melanomas targeted by bioconjugated gold nanocages. In: *ACS nano* 4 (2010), Nr. 8, S. 4559–4564

**Kim et al. 2010b**

KIM, C. ; ERPELDING, T. N. ; JANKOVIC, L. ; PASHLEY, M. D. ; WANG, L. V.: Deeply penetrating in vivo photoacoustic imaging using a clinical ultrasound array system. In: *Biomedical Optics Express* 1 (2010), Nr. 1, S. 278–284

**Kim und Guo 2006**

KIM, K. ; GUO, Z.: Thermal Relaxation Times in Biological Tissues Subjected to Pulsed Laser Irradiation. In: *9 th AIAA/ASME Joint Thermophysics and Heat Transfer Conference*, 2006

**Klein et al. 2011**

KLEIN, T. ; WIESER, W. ; EIGENWILLIG, C. M. ; BIEDERMANN, B. R. ; HUBER, R.: Megahertz OCT for ultrawide-field retinal imaging with a 1050nm Fourier domain mode-locked laser. In: *Optics Express* 19 (2011), Nr. 4, S. 3044–3062

**Koch und Ulrich 1990**

KOCH, A. ; ULRICH, R.: Fiber-optic displacement sensor with 0.02 $\mu$m resolution by white-light interferometry. In: *Sensors and Actuators A: Physical* 25 (1990), Nr. 1, S. 201–207

**Kolkman et al. 2004**

KOLKMAN, R. G. ; KLAESSENS, J. ; HONDEBRINK, E. ; HOPMAN, J. C. W. ; MUL, F. F. M. ; STEENBERGEN, W. ; THIJSSEN, J. M. ; LEEUWEN, T. G.: Photoacoustic determination of blood vessel diameter. In: *Physics in Medicine and Biology* 49 (2004), Nr. 20, S. 4745

**Köstli et al. 2001**

KÖSTLI, K. P. ; FRENZ, M. ; BEBIE, H. ; WEBER, H. P.: Temporal backward projection of optoacoustic pressure transients using Fourier transform methods. In: *Physics in Medicine and Biology* 46 (2001), Nr. 7, S. 1863

**Kramme 2007**

KRAMME, Rüdiger: *Medizintechnik.* 2007

**Kruger et al. 1995**

KRUGER, R. ; LUI, P. ; APPLEDORN, C.: Photoacoustic Ultrasound (PAUS) - reconstruction tomography. In: *Medical Physics* 22 (1995), S. 1605–1609

**Kruger 1994**

KRUGER, R. A.: Photoacoustic Ultrasound. In: *Medical Physics* 181 (1994), S. 823–827

**Kruger et al. 2010**

KRUGER, R. A. ; LAM, R. B. ; REINECKE, D. R. ; DEL RIO, S. P. ; DOYLE, R. P.: Photoacoustic angiography of the breast. In: *Medical Physics* 37 (2010), Nr. 11, S. 6096 – 6100

**Küchel 1992**

KÜCHEL, M. F.: Advances in interferometric wavefront-measuring technology through the Direct Measuring Interferometry method. In: *Proc. SPIE* 1573 (1992), S. 159–162

**Laufer et al. 2009**

LAUFER, J. ; ZHANG, E. ; RAIVICH, G. ; BEARD, P.: Three-dimensional noninvasive imaging of the vasculature in the mouse brain using a high resolution photoacoustic scanner. In: *Applied Optics* 48 (2009), Nr. 10, S. 299–306

**Lehmann 2003**

LEHMANN, P: *In-process Laser-Messmethoden auf der Grundlage der Fourieranalyse, Habilitation, Universität Bremen, Fachbereich Produktionstechnik.* Expert Verlag, Renningen, 2003

**Liu et al. 2014**

LIU, W. ; SCHULTZ, K. M. ; ZHANG, K. ; SASMAN, A. ; GAO, F. ; KUME, T. ; ZHANG, H. F.: In vivo corneal neovascularization imaging by optical-resolution photoacoustic microscopy. In: *Photoacoustics* 2 (2014), Nr. 2, S. 81–86

**Lutzweiler et al. 2014**

LUTZWEILER, C. ; MEIER, R. ; RUMMERY, E. ; NTZIACHRISTOS, V. ; RAZANSKY, D.: Real-time optoacoustic tomography of indocyanine green perfusion and oxygenation parameters in human finger vasculature. In: *Optics Letters* 39 (2014), Nr. 14, S. 4061–4064

**Manohar et al. 2005**

MANOHAR, S. ; KHARINE, A. ; HESPEN, J. C. G. ; STEENBERGEN, W. ; LEEUWEN, T. G.: The Twente Photoacoustic Mammoscope: system overview and performance. In: *Physics in Medicine and Biology* 50 (2005), Nr. 11, S. 2543

**Maslov et al. 2008**

MASLOV, K. ; ZHANG, H. F. ; HU, S. ; WANG, L. V.: Optical-resolution photoacoustic microscopy for in vivo imaging of single capillaries. In: *Optics Letters* 33 (2008), Nr. 9, S. 929–931

**Matthews et al. 2014**

MATTHEWS, T. P. ; ZHANG, C. ; YAO, D.-K. ; MASLOV, K. ; WANG, L. V.: Label-free photoacoustic microscopy of peripheral nerves. In: *Journal of Biomedical Optics* 19 (2014), Nr. 1, S. 016004–016004

**Merčep et al. 2015**

MERČEP, E. ; BURTON, N. C. ; CLAUSSEN, J. ; RAZANSKY, D.: Whole-body live mouse imaging by hybrid reflection-mode ultrasound and optoacoustic tomography. In: *Optics Letters* 40 (2015), Nr. 20, S. 4643–4646

**Millerd et al. 2004**

MILLERD, J. E. ; BROCK, N. J. ; HAYES, J. B. ; NORTH-MORRIS, M. B. ; NOVAK, M. ; WYANT, J. C.: Pixelated phase-mask dynamic interferometer. In: *Proc. SPIE* 5531 (2004), S. 304–314

**Moore 1990**

MOORE, W. J.: *Grundlagen der physikalischen Chemie.* Walter de Gruyter, 1990

**Möser 2007**

MÖSER, M.: *Technische Akustik.* Springer, 2007

**Münter 2015**

MÜNTER, M.: Implementierung und Evaluation eines Rekonstruktionsalgorithmus für die kontaktlose Photoakustische Tomographie. Institut für Biomedizinische Optik, Universität zu Lübeck, Masterthesis. (2015)

**Niederhauser et al. 2005**

NIEDERHAUSER, J. J. ; JAEGER, M. ; LEMOR, R. ; WEBER, P. ; FRENZ, M.: Combined ultrasound and optoacoustic system for real-time high-contrast vascular imaging in vivo. In: *IEEE Transactions on Medical Imaging* 24 (2005), Nr. 4, S. 436–440

**Olsson et al. 2011**

OLSSON, E. ; GREN, P. ; SJÖDAHL, M.: Photoacoustic holographic imaging of absorbers embedded in silicone. In: *Applied Optics* 50 (2011), Nr. 17, S. 2551–2558

**Oraevsky et al. 1999**

ORAEVSKY, A. A. ; ANDREEV, V. A. ; KARABUTOR, A. A. ; FLEMING, K. R. D. ; GATALICA, Z. ; SINGH, H. ; ESENALIER, R.O.: Laser optoacoustic imaging of the breast: detection of cancer angiogenesis. In: *Proc. SPIE* 3597 (1999), S. 352–363

**Paltauf 2013**

PALTAUF, G.: Ultraschall aus Licht. In: *Physik in unserer Zeit* 44 (2013), Nr. 5, S. 244–250

**Paltauf et al. 2007a**

PALTAUF, G. ; NUSTER, R. ; HALTMEIER, M. ; BURGHOLZER, P.: Experimental evaluation of reconstruction algorithms for limited view photoacoustic tomography with line detectors. In: *Inverse Problems* 23 (2007), Nr. 6, S. S81

**Paltauf et al. 2007b**

PALTAUF, G. ; NUSTER, R. ; HALTMEIER, M. ; BURGHOLZER, P.: Photoacoustic tomography using a Mach-Zehnder interferometer as an acoustic line detector. In: *Applied Optics* 46 (2007), Nr. 16, S. 3352–3358

**Paltauf und Schmidt-Kloiber 1996**

PALTAUF, G. ; SCHMIDT-KLOIBER, H.: Microcavity dynamics during laser-induced spallation of liquids and gels. In: *Applied Physics A* 62 (1996), Nr. 4, S. 303–311

**Patel und Tam 1981**

PATEL, C. K. N. ; TAM, A. C.: Pulsed optoacoustic spectroscopy of condensed matter. In: *Reviews of Modern Physics* 53 (1981), S. 517

**Payne et al. 2003**

PAYNE, B. P. ; VENUGOPALAN, V. ; MIKIC, B. B. ; NISHIOKA, N. S.: Optoacoustic determination of optical attenuation depth using interferometric detection. In: *Journal of biomedical optics* 8 (2003), Nr. 2, S. 264–272

**Pedrini et al. 1993**

PEDRINI, G. ; B., Pfister ; H., Tiziani: Double pulse-electronic speckle interferometry. In: *Journal of Modern Optics* 40 (1993), Nr. 1, S. 89–96

**Pehkonen et al. 2006**

PEHKONEN, J. ; PALOJÄVI, P. ; KOSTAMOVAARA, J.: Receiver channel with resonance-based timing detection for a laser range finder. In: *IEEE Transactions on Circuits and Systems I: Regular Papers* 53 (2006), Nr. 3, S. 569–577

**Prine 1972**

PRINE, D.W.: Synthetic Aperture Ultrasonic Imaging. In: *Proceedings of the Engineering Applications of Holography Symposium* Bd. 287, 1972

**Rao und Jackson 1996**

RAO, Y.-J. ; JACKSON, D. A.: Recent progress in fibre optic low-coherence interferometry. In: *Measurement Science and Technology* 7 (1996), Nr. 7, S. 981–999

**Raulin 2013**

RAULIN, C.: Lasertherapie der Haut. In: *Springer Verlag Berlin* (2013), S. 26–39

**Razansky et al. 2012**

RAZANSKY, D. ; DELIOLANIS, N. C. ; VINEGONI, C. ; NTZIACHRISTOS, V.: Deep tissue optical and optoacoustic molecular imaging technologies for pre-clinical research and drug discovery. In: *Current Pharmaceutical Biotechnology* 13 (2012), Nr. 4, S. 504–522

**Riedel 2015**

RIEDEL, S.: Image Reconstruction for non-contact Detection of Photoacoustic Signals. Institut für Biomedizinische Optik, Universität zu Lübeck, Masterthesis. (2015)

**Rosencwaig 1973**

ROSENCWAIG, A.: Photoacoustic Spectroscopy of Biological Materials. In: *Science* 181 (1973), S. 657–658

**Rousseau et al. 2011**

ROUSSEAU, G. ; BLOUIN, A. ; MONCHALIN, J.-P.: Non-contact photoacoustic tomography and ultrasonography for tissue imaging. In: *Biomedical Optics Express* 3 (2011), Nr. 1, S. 16–25

**Rousseau et al. 2012**

ROUSSEAU, G. ; GAUTHIER, B. ; BLOUIN, A. ; MOCHCHALIN, J.-P.: Non-contact biomedical photoacoustic and ultrasound imaging. In: *Institute of Biomedical Optics* 17 (2012), Nr. 6, S. 0612171–0612177

**Rubahn und Balzer 2005**

RUBAHN, H.-G. ; BALZER, F.: *Laseranwendungen: an harten und weichen Oberflächen.* Springer-Verlag, 2005

**Rudnick 2013**

RUDNICK, L. R.: *Synthetics, mineral oils, and bio-based lubricants: chemistry and technology.* CRC press, 2013

**Saldner et al. 1996**

SALDNER, H. O. ; MOLIN, N. E. ; STETSON, K. A.: Fourier-transform evaluation of phase data in spatially phase-biased TV holograms. In: *Applied Optics* 35 (1996), Nr. 2, S. 332–336

**Schmarbeck 2015**

SCHMARBECK, B.: Entwicklung standardisierter Gewebephantome zur Evaluation der Holographisch Photoakustischen Tomographie Institut für Biomedizinische Optik, Universität zu Lübeck, Bachelorthesis. (2015)

**Schreiber und Bruning 2007**

SCHREIBER, H. ; BRUNING, J. H. ; MALACARA, Daniel (Hrsg.): *Phase Shifting Interferometry (In: Optical Shop Testing).* John Wiley & Sons, Inc., 2007

**Sigrist und Kneubühl 1978**

SIGRIST, M. W. ; KNEUBÜHL, F. K.: Laser-generated stress waves in liquids. In: *Journal of the Acoustical Society of America* 64 (1978), S. 1652–1663

**Song und Wang 2007**

SONG, K. H. ; WANG, L. V.: Deep reflection-mode photoacoustic imaging of biological tissue. In: *Journal of Biomedical Optics* 12 (2007), Nr. 6, S. 060503–060503

**Speirs und Bishop 2013**

SPEIRS, R. W. ; BISHOP, A. I.: Photoacoustic tomography using a Michelson interferometer with quadrature phase detection. In: *Applied Physics Letters* 103 (2013), Nr. 5, S. 053501

**Sudkamp 2014**

SUDKAMP, H.: Off-axis full-field swept-source OCT for in vivo retinal imaging. Institut für Biomedizinische Optik, Universität zu Lübeck, Masterthesis. (2014)

**Tam 1986**

TAM, A. C.: Applications of photoacoustic sensing techniques. In: *Reviews of Modern Physics* 56 (1986), Nr. 2, S. 381–431

**Tandara und Mustoe 2004**

TANDARA, A. A. ; MUSTOE, T. A.: Oxygen in wound healing - more than a nutrient. In: *World Journal of Surgery* 28 (2004), Nr. 3, S. 294–300

**Tao und Liu 2010**

TAO, C. ; LIU, X.: Reconstruction of high quality photoacoustic tomography with a limited-view scanning. In: *Optics Express* 18 (2010), Nr. 3, S. 2760–2766

**Tiziani und Uhde 1994**

TIZIANI, H. J. ; UHDE, H. M.: Three-dimensional image sensing by chromatic confocal microscopy. In: *Applied Optics* 33 (1994), Nr. 10, S. 1838–1843

**Treeby und Cox 2010**

TREEBY, B. E. ; COX, B. T.: k-Wave: MATLAB toolbox for the simulation and reconstruction of photoacoustic wave fields. In: *Journal of Biomedical Optics* 15 (2010), Nr. 2, S. 021314–021314

**Trudel und St. Amant 2008**

TRUDEL, V. ; ST. AMANT, Y.: One- and two-dimensional single-mode differential fiber-optic displacement sensor for submillimeter measurements. In: *Applied Optics* 47 (2008), März, S. 1082–1089

**Viengerov 1938**

VIENGEROV, M. L.: Eine Methode der Gasanalyse, beruhend auf der optisch-akustischen Tyndall-Röntgenerscheinung. In: *Proceedings of the USSR Academy of Sciences* 19 (1938), Nr. 687-688, S. 687–688

**Wagner und Kretzschmar 2007**

WAGNER, W. ; KRETZSCHMAR, H.-J.: *International Steam Tables-Properties of Water and Steam based on the Industrial Formulation IAPWS-IF97: Tables, Algorithms, Diagrams.* Springer Science & Business Media, 2007

**Wang und Hu 2012**

WANG, L. V. ; HU, S.: Photoacoustic Tomography: In Vivo Imaging from Organelles to Organs. In: *SCIENCE* 335 (2012), S. 1458–1462

**Wang und Wu 2012**

WANG, L. V. ; WU, H. I.: *Biomedical Optics: Principles and Imaging.* John Wiley & Sons, 2012

**Wang et al. 2011**

WANG, X. ; FOWLKES, J. B. ; CANNATA, J. M. ; HU, C. ; CARSON, P. L.: Photoacoustic imaging with a commercial ultrasound system and a custom probe. In: *Ultrasound in Medicine & Biology* 37 (2011), Nr. 3, S. 484–492

**Wang et al. 2003a**

WANG, X. ; PANG, Y. ; KU, G. ; STOICA, G. ; WANG, L. V.: Three-dimensional laser-induced photoacoustic tomography of mouse brain with the skin and skull intact. In: *Optics Letters* 28 (2003), Nr. 19, S. 1739–1741

**Wang et al. 2003b**

WANG, X. ; PANG, Y. ; KU, G. ; XIE, X. ; STOICA, G. ; WANG, L. V.: Noninvasive laser-induced photoacoustic tomography for structural and functional in vivo imaging of the brain. In: *Nature Biotechnology* 21 (2003), Nr. 7, S. 803–806

**Welch und van Gemert 1995**

WELCH, A. J. ; GEMERT, M. J. C.: *Optical-thermal response of laser-irradiated tissue.* Bd. 1. Springer, 1995

**White 1963**

WHITE, R. M.: Elastic Wave Generation by Electron Bombardement or Electromagnetic Wave Absorption. In: *Journal of Applied Physics* 34 (1963), S. 2123–2124

**Winkler et al. 2013**

WINKLER, A. M. ; MASLOV, K. ; WANG, L. V.: Noise-equivalent sensitivity of photoacoustics. In: *Journal of Biomedical Optics* 18 (2013), Nr. 9, S. 097003–097003

**Wiora 2001**

WIORA, G.: *Optische 3D-Messtechnik: Präzise Gestaltvermessung mit einem erweiterten Streifenprojektionsverfahren,* Ruprechts-Karls-Universität Heidelberg, Diss., 2001

**Wray et al. 1988**

WRAY, S. ; COPE, M. ; T., Delpy D. ; WYATT, J. S. ; REYNOLDS, E. O. R.: Characterization of the near infrared absorption spectra of c ytochrome aa3 and haemoglobin for the non-invasive monitoring of cerebral oxygenation. In: *Biochimica et Biophsica Acta* 933 (1988), S. 184–192

**Yamazaki et al. 2006**

YAMAZAKI, M. ; SATO, S. ; SAITOH, D. ; OKADA, Y. ; ASHIDA, H. ; OBARA, M.: Photoacoustic monitoring of neovascularities in grafted skin. In: *Lasers in Surgery and Medicine* 38 (2006), Nr. 3, S. 235–239

**Yang et al. 2000**

YANG, L. ; WANG, G. ; WANG, J. ; XU, Z.: Surface profilometry with a fibre optical confocal scanning microscope. In: *Measurement Science and Technology* 11 (2000), Nr. 12, S. 1786

**Yang et al. 2007**
YANG, S. ; XING, D. ; ZHOU, Q. ; XIANG, L. ; LAO, Y.: Functional imaging of cerebrovascular activities in small animals using high-resolution photoacoustic tomography. In: *Medical Physics* 34 (2007), Nr. 8, S. 3294–3301

**Yang et al. 2009**
YANG, X. ; STEIN, E. W. ; ASHKENAZI, S. ; WANG, L. V.: Nanoparticles for photoacoustic imaging. In: *Wiley Interdisciplinary Reviews: Nanomedicine and Nanobiotechnology* 1 (2009), Nr. 4, S. 360–368

**Yao et al. 2010**
YAO, J. ; MASLOV, K. I. ; SHI, Y. ; TABER, L. A. ; WANG, L. V.: In vivo photoacoustic imaging of transverse blood flow by using Doppler broadening of bandwidth. In: *Optics Letters* 35 (2010), Nr. 9, S. 1419–1421

**Yao und Wang 2014**
YAO, J. ; WANG, L. V.: Sensitivity of photoacoustic microscopy. In: *Photoacoustics* 2 (2014), S. 87–101

**Zhang et al. 2008a**
ZHANG, E. ; LAUFER, J. ; BEARD, P.: Backward-mode multiwavelength photoacoustic scanner using a planar Fabry-Perot polymer film ultrasound sensor for high-resolution three-dimensional imaging of biological tissues. In: *Applied Optics* 47 (2008), S. 561–577

**Zhang und Beard 2011**
ZHANG, E. Z. ; BEARD, P. C.: A miniature all-optical photoacoustic imaging probe. In: *Proc. SPIE* 7899 (2011), S. 78991F–78991F

**Zhang et al. 2006a**
ZHANG, H. F. ; MASLOV, K. ; LI, M.-L. ; STOICA, G. ; WANG, L. V.: In vivo volumetric imaging of subcutaneous microvasculature by photoacoustic microscopy. In: *Optics Express* 14 (2006), Nr. 20, S. 9317–9323

**Zhang et al. 2006b**
ZHANG, H. F. ; MASLOV, K. ; LI, M.-L. ; STOICA, G. ; WANG, L. V.: In vivo volumetric imaging of subcutaneous microvasculature by photoacoustic microscopy. In: *Optics Express* 14 (2006), Nr. 20, S. 9317–9323

**Zhang et al. 2006c**
ZHANG, H. F. ; MASLOV, K. ; STOICA, G. ; WANG, L. V.: Functional photoacoustic

microscopy for high-resolution and noninvasive in vivo imaging. In: *Nature Biotechnology* 24 (2006), Nr. 7, S. 848–851

**Zhang et al. 2006d**

ZHANG, H. F. ; MASLOV, K. ; STOICA, G. ; WANG, L. V.: Imaging acute thermal burns by photoacoustic microscopy. In: *Journal of Biomedical Optics* 11 (2006), Nr. 5, S. 054033–054033

**Zhang et al. 2008b**

ZHANG, Q. ; LIU, Z. ; CARNEY, P. R. ; YUAN, Z. ; CHEN, H. ; ROPER, S. N. ; JIANG, H.: Non-invasive imaging of epileptic seizures in vivo using photoacoustic tomography. In: *Physics in Medicine and Biology* 53 (2008), Nr. 7, S. 1921